U0242107

名贵热带观赏鱼品鉴

孙向军　主编

中国农业出版社

主编简介

孙向军　毕业于天津农学院。现任北京市水产科学研究所副所长，中国水产学会理事，中国水产学会观赏鱼分会副主任委员兼秘书长，全国水产标准化委员会观赏鱼分技术委员会副主任委员。观赏鱼现代农业产业技术体系北京市创新团队首席专家，研究员。

从事观赏鱼研究与推广工作20余年，在SCI核心期刊发表论文近50篇，主要著作有《精养热带鱼10例》（主编）、《观赏鱼鉴赏与养护》（主编）、《锦鲤的鉴赏与养殖》（执行副主编）、《趣养金鱼》（副主编）等10余部。获北京市科技进步奖2项、中国水产科学研究院科技进步奖1项、北京市农业技术推广奖8项。

编委会名单

序

饲养观赏鱼一直是人们喜爱的休闲活动之一。在家中放置一个水族箱，闲暇时静然欣赏，看鱼儿自由地在水中游弋，是一件非常惬意且快乐的事情。

近年来随着人们生活水平的不断提高，市场上观赏鱼的品种也发生了不小的变化，许多价格不菲的名贵观赏鱼开始逐渐走进千家万户。特别是以龙鱼、花罗汉鱼、血鹦鹉鱼、七彩神仙鱼为代表的名贵热带观赏鱼，广泛受到爱好者的追捧。太平盛世，国泰民安，经济繁荣之时，饲养名贵观赏鱼成为一种时尚，为达官贵人、文人雅士所追逐。而在市场经济的时代，生产经营名贵观赏鱼成为特种水产养殖中的新兴产业，为许多养殖户带来了可观的经济效益。

目前，不论是名贵观赏鱼的饲养繁殖技术，还是品鉴欣赏方法，我国都处于初级阶段，许多深层的观赏、繁育、养殖技术问题和文化历史资源挖掘与传承问题还有待于业者们不断去摸索研究。在这一点上，以孙向军同志为代表的观赏鱼研究团队走在了前面，树立了榜样。

孙向军同志具有扎实的理论基础和丰富的实践经验，由他主导编写的《名贵热带观赏鱼品鉴》，其中很多内容都是当前非常值得推广的技术，比如各种观赏鱼的生产化养殖技术、疾病防治技术、杂交育种技术等。而当我看到本书每种观赏鱼的鉴赏分类方法时，也为编写团队所收录的国内外资料之全、内容之实，感到赞叹。从某种意义上说，本书的出版

既是国内对名贵观赏鱼整体知识的一次非常成功的总结，也是助推我国名贵观赏鱼产业健康发展的一次功德之举，对于推广名贵观赏鱼养殖技术、传播名贵观赏鱼文化、引领名贵观赏鱼消费市场具有重要意义。

相信《名贵热带观赏鱼品鉴》一书的出版，一定能为读者送去优秀的精神食粮，成为观赏鱼研究者、养殖者及爱好者的得力工具。值此也希望孙向军同志及本书的编写团队所有同志们，能够继续努力研究，为读者送出更多更优秀的研究成果，也为推动我国观赏鱼产业的健康发展做出更大的贡献！

司徒建通

2016 年 4 月

（本序作者为中国水产学会副理事长兼秘书长，研究员）

概 述

在众多的热带观赏鱼中，名贵热带观赏鱼格外受到人们的重视，这是因为它们价值高，市场利润大。那么，什么样的观赏鱼才能算是名贵观赏鱼呢？

第一、 它们要有很高的市场价值，具有普遍的市场认同性。

第二、它们要有独立的消费群体，形成区别与其他观赏鱼的特有文化。

第三、它们要经过人们的杂交选育，有自己的鉴赏标准和分级制度。

第四、这些名贵观赏鱼一般都要有专门的养殖场，并且有一定的养殖规模。

根据以上 4 点，本书总结归纳了亚洲龙鱼、花罗汉鱼、血鹦鹉鱼、七彩神仙鱼、淡水魟鱼 5 种目前市场上常见的名贵观赏鱼。它们其中有的是因为自然种稀少，人工繁殖产量低，市场供不应求成为名贵观赏鱼；有的是因为养殖历史悠久，色彩变化丰富，优秀个体具有不可复制性的特征而为名贵观赏鱼；还有的是因为批量养殖困难，生长周期长，体型奇特，颜色华丽成为的名贵观赏鱼。

不论是哪一种名贵观赏鱼，它们都是观赏鱼大家族的优秀品种，了解和饲养观赏鱼不但可以提高品位，带来愉悦，还能通过繁殖得到可观的经济回报。养殖名贵观赏鱼更是利润颇丰的事业。在后面的章节中，将对前面提到的 5 种名贵观赏鱼的历史、分类、饲养、繁殖以及它们的疾病防治做出系统的介绍。

CONTENTS

目　录

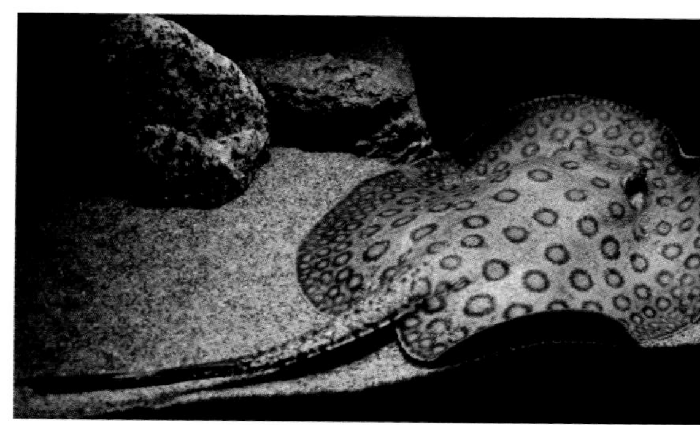

O-RED

亚洲龙鱼
Asian Arowana

龙文化不仅影响了中国，也影响了中国邻国的文化，日本、韩国、马来西亚等国家也同样崇拜龙图腾，认为龙是吉祥和权力的象征。特别是在东南亚地区，由于那里侨居的华人非常多，龙文化已经渗透到生活的许多方面。

一、龙鱼文化的发展历史

1. 龙鱼与龙文化

在中国传统文化中，龙有着重要的地位和影响力。在距今7 000多年的新石器时代，先民们就开始对模糊的原始龙图腾进行崇拜，到今天人们仍然多以带有“龙”字的成语或典故来形容生活中的美好事物。

上下数千年，龙已渗透到中国社会的各个方面，成为一种文化凝聚和心理积淀。龙是中华民族的象征、中国文化的象征。“龙的子孙”“龙的传人”这些称谓，常令我们激动、奋发、自豪。龙文化除了在中华大地上传播承继外，还被远渡海外的华人传播到了世界各地，在世界各国的华人居住区或中国城内，最多和最引人注目的饰物仍然是龙。因而，“龙的传人”“龙的国度”也获得了世界的认同。

历朝历代，帝王贵胄视龙为权力、富贵的化身，地位至高无上；平民百姓则怀着趋吉避害的心理，视其为幸运、吉祥的化身。随着历史长河的沉淀，龙作为一个符号，一种象征，一种情结，已渗透进了社会生活的各个方面，成为了无所不在的观念和深潜的心理因素，撑起民族精神的骨架与基石。

古建筑中的龙形象

龙文化体现在我们生活的方方面面，特别是装饰品、艺术品有相当一部分采用龙或与龙相关的形象。在古代帝王墓穴出土的玉璧中龙形象层出不穷，可见龙文化在我国的悠久历史和广泛普及。

龙文化不仅影响了中国，也影响了中国的邻国文化。日本、韩国、马来西亚等国家也同样喜欢、崇拜龙的形象，特别是在东南亚地区，由于那里侨居的华人非常多，龙文化已经渗透到日常生活的许多方面。

亚洲龙鱼作为名贵观赏鱼的兴起，就是从马来西亚开始的。1957 年，马来西亚正式脱离英国宣布独立，当时全马来西亚华裔几乎占该国总人口的半数。这些居住在南洋的华裔居民，同样承袭中国原有的风俗文化，使得“龙”在华裔人们心目中代表着尊贵、吉祥、好兆头的观念也流传了下来，因此，在家中饲养金龙鱼除了显耀身份之外，最大的目的是将其视为“镇家之宝”。他们认为，金龙鱼是居家避邪煞之气最佳的风水鱼，同时也是民间流传最多神话的“奇鱼”。

金龙鱼不单只是华裔爱好饲养，这种爱好也影响到马来民族，而且成为了当地具有代表性的一种文化。当时许多马来西亚生产的消费品，均纷纷采用金龙鱼作为商标，不仅在食油、大米、食盐或糖果、玩具、衣服等使用金龙鱼的标识，而且就连马来西亚的国产轿车也以金龙鱼命名，金龙鱼在社会文化中深远的影响，由此可见一斑。正是在这样的背景下，金龙鱼正式成为名贵观赏鱼的主流。

在马来西亚，龙文化和佛教文化一样被广泛认同

那么，金龙鱼是如何一步一步登上名贵观赏鱼的巅峰之位的呢？

2. 观赏性龙鱼的产生

1978 年，在马来西亚首都吉隆坡的两家钓具店同时向马来西亚某英文报纸宣称，自己的钓具店才是马来西亚首家出售金龙鱼的商店。其中一家表示，该店早在 1972 年开业时，因其老板喜爱钓鱼，进而将所钓获的龙鱼摆设于自家店内贩卖，由于惊见鱼鳞金光闪闪，因此取名为金龙鱼；另外一家商店也表示，他们才是将金龙鱼发扬光大的创始店，该店一群钓鱼发烧友经常把钓到的龙鱼售给该店，而该店摆设出售龙鱼已超过 6 年的时间，论年资也比其他商店更久远。数年来该店已售出百尾以上金龙鱼。当报社在钓鱼专栏相继报道这两家钓具商店争夺第一的消息时，却奇妙地使得金龙鱼零售市场一下火爆起来。龙鱼市场行情越发看涨，水族商家一窝蜂地投入了龙鱼经

营，一尾质量良好的过背金龙鱼瞬间身价百倍，观赏鱼爱好者开始近乎疯狂地追求、饲养龙鱼。

龙鱼在马来西亚被广泛饲养的初期，其价值虽比一般观赏鱼略高，但也不能算名贵观赏鱼。是什么原因使龙鱼的价格突飞猛涨，栖身于名贵观赏鱼价格之首的位置呢?

龙鱼身价的倍涨，赌博起到了推波助澜的作用。以往前来南洋打工的华人，大多数是属于劳工阶层，除了养活自己外，还得把赚得的酬薪多半汇回老家养育父母妻儿。赌博是当时生活在社会低层的劳工们寻求一夜暴富的一种途径。在马来西亚，英国殖民政府将赌博业合法化，并成立了一家赛马场，赛马也兼设赌博。赛马时会发售一种猜 4 个数字号码的彩票，称之为万字票，也有 3 个数字的千字票，还有类似乐透彩之类的多多彩等，这类彩票每周都会开 2 ～ 3 次奖。马来西亚的赌博业一时兴起，最大支持者仍以一般劳工阶层为主，赌徒们除了求神拜佛、幻想奇迹发生外，还将生活中各种离奇的数字看作购买彩票的灵感，而龙鱼在成长期内，鳃盖两面出现的类似阿拉伯数字的线纹，便吸引了人们的目光。在多方猜测之下，只要想象力丰富，不免会把线纹与数字联想一起。在众多赌徒里，只要一位通过此方法猜中了万字票，那便似乎说明“龙鱼数字”

金龙鱼的原产地武吉美拉湖

又灵又准。于是消息很快在民间夸张的渲染下传扬开来，人们甚至认为龙鱼便是财神爷的化身。

于是，龙鱼在迷信的人们眼中便有了招财进宝的超强魔力，自然身价远远高过了其他观赏鱼。而且，在贩卖龙鱼的业者角度来说，如果卖便宜了，别人还会认为你的龙鱼不“灵验”呢！

然而，贩卖龙鱼的暴利却给野生龙鱼带来了灭顶之灾。

马来西亚盛产金龙鱼。距离吉隆坡郊外约有55公里的“八丁燕带”园坵，原有许多原始湖泊与河溪，龙鱼身价猛涨的消息传开后，几乎每天都会迎来大批垂钓金龙鱼的冒险家，甚至有人竭泽而渔，将水抽干来捕捞，还有人下麻醉药抓捕龙鱼。贪财的人们几乎是竭尽全力，不将龙鱼捞绝似乎不肯罢休，八丁燕带有大大小小数十个湖泊，总面积约有2.5km^{2}左右，其间生活的金龙鱼仿佛在一夜之间便化为乌有，之后的十几年竟没有再听说过任何人曾在此地钓获龙鱼的消息。

在马来西亚遭受破坏的河溪湖泊之中，武吉美拉湖算是幸运的，虽然它离城市不远，但因为很早就被马来西亚政府规划为蓄水湖，成为供应马来西亚中北部乡镇生活用水的巨型水库，所以得以幸免。这使得生活在其中的龙鱼资源逃过灭绝的危机，否则，恐怕现在就见不到野生金龙鱼了。

武吉美拉湖的过背金龙恰巧在金龙鱼价格顶峰时期被推出，但由于武吉美拉湖湖面较大，且该地每年只有9—11月才有稚龙出现，加上当地土著并不太欢迎外来的渔猎者，所以很多人只能通过熟人中转的方式才能获得龙鱼，当然价格更是高得离谱。起初人们只关注金龙鱼，但由于资源的近乎枯竭，金龙鱼越来越难获得，因而颜色不同的青龙鱼也走入了精明商人们的视线，大量商人开始向西发展，捕捞青龙鱼。

查看西马来西亚地图，人们不难发现其中央部分是人烟稀少的原始森林，这片热带雨林将马来西亚分成了东西两部分，西边只出产金龙鱼，而在东边也只出产青龙鱼。金龙鱼、青龙鱼在自然分布上有如楚河汉界般分界清晰。各种龙鱼的生长都是在酸性软水区，为何东边的龙鱼会是绿色的呢？在一块地域

大量养殖的龙鱼

中却有如此分别，这是现在还很难解释的物种演化奥秘。事实上，青龙鱼比金龙鱼的分布更广泛，东边至少有3个州都有大量分布，而最早发现有青龙鱼的是吉兰丹州的白沙湖，最奇怪的是此地并非在深山之中，栖息于此的青龙鱼也与其他地方的龙鱼有所分别，鳃盖两边都长有线纹，这是其他龙鱼少有的特色。

至20世纪70年代末，作为最名贵的观赏鱼——亚洲龙鱼，已经在马来西亚、印度尼西亚、日本、泰国、菲律宾以及中国南方的许多地区产生影响。龙鱼市场需求大幅度增加，这使得同样产出龙鱼的东南亚国家也开始纷纷进行捕捞，其中包括印度尼西亚（主要产出红龙鱼）、泰国、缅甸和越南（主要出产青龙鱼）。

1980年联合国为保护野生动物制定的《华盛顿公约》将亚洲龙鱼列为濒临灭绝的生物，严禁捕捞和销售野生龙鱼，个人饲养亚洲龙鱼成为奢望。为了适应龙鱼的市场需求，龙鱼的人工繁殖便成为亟待解决的难题。

首例人工繁殖的龙鱼最早诞生于马来西亚柔佛州的岑株吧辖县。当时，一家热带鱼养殖场将卖剩的龙鱼放入池塘中，不久后竟偶然在塘边发现有小龙鱼在水中游。塘主人非常兴奋，经过一段时间研究，终于发现了龙鱼繁殖的方法。这个困扰多年的难题被破解，使龙鱼走上了人工繁殖之路。

之后几年，马来西亚、印度尼西亚、新加坡等国的龙鱼繁殖场如雨后春笋般相继出现，技术也是不断进步。经过各国的努力，人工养殖龙鱼也获得了国际销售许可。到1995年，印度尼西亚8家、马来西亚2家、新加坡1家，总共11家亚洲龙鱼繁殖场获准销售所繁殖的第三代及之后的亚洲龙鱼。

3.在现在商业中龙鱼被赋予的美好寓意

虽然现在龙鱼养殖已不是太难的事情，但养殖意味着龙鱼数量的不断增加。而欧美市场并不接受亚洲龙鱼，亚洲本地的市场销售近乎饱和，这时生产者开始考虑新的市场运作方法，制造出了许多能被广泛流传的销售噱头。其中最能吸引人们眼球的，便是这些噱头往往结合了影响深远的民俗民情的文化因素。正是通过这些方法，才使生产数量过多的龙鱼价格能居于稳定的位置。

亚洲龙鱼是一种大型鱼类，一身熠熠生辉的“盔甲”，一副如大鹏之翅的胸鳍，一双炯炯有神的龙目，两条威风凛凛的巨须，与神话传说中的龙的形象特别相似。龙鱼在水中的泳姿，从容而霸气，就像御驾出征的皇帝，体现出传说中龙的神气和尊贵。

龙鱼与龙一样，具有很多良好的寓意。如其寿命很长，有“长命百岁，寿比南山”之寓意；其形神似龙，是无上权力、尊贵地位的象征等；龙凤吉祥，暗含聚财、富贵之意。人们在

龙鱼身上寄托了如此多的美好愿望，把它们作为最佳风水鱼而请进千家万户也就是一件必然之事了。

在中国古老的道家文化中，一直有“青龙、白虎、朱雀、玄武，天之四灵，镇守四方”的说法，意即龙、虎、凤以及龟蛇合体的玄武兽分别镇守着东西南北四方。龙鱼作为龙在现实世界的假想化身，在民间风俗中也就产生很多说法。如龙鱼与飞凤混养，暗含“龙凤呈祥”之意，寄托了人们对家庭生活幸福美满的美好愿望；龙鱼与虎鱼混养，则暗合“天龙地虎”之意，寄托了人们降妖辟邪、保家安宅的愿望；龙鱼与龟混养，则有长久、长寿的寓意；而四者一块混养，更是可震慑四方恶煞，招来好运程。

亚洲龙鱼有金龙、红龙、青龙三种的不同颜色，在民俗中代表着不一样的彩头。一般认为，红色和银色可招财，金色有利事业发展。甚至喂养龙鱼的数目也有讲究，一般认为九条最佳。“九鱼”象征吉利。一般鱼缸放不下九条，则可养六条或三条，分别代表“六六无穷”和“三三不尽”之意。

金龙鱼工艺品

二、亚洲龙鱼的品种分类

龙鱼属骨舌鱼科，是一类古老的大型淡水鱼，早在距今3亿多年以前的远古石炭纪时就已经存在。后来，随着地壳的移动，它们分散到世界各个大陆，如今在亚洲、南美洲、澳洲以及非洲都能寻觅到它们的踪迹。因为其神态威严，体形长而有须，鳞片多带金属光泽，能够跳出水面捕食小昆虫，酷似中国神话中的龙，故俗称龙鱼。南美洲所产的龙鱼为银龙鱼和黑龙鱼，非洲产的龙鱼称为非洲黑龙鱼，大洋洲产的龙鱼分为斑纹龙鱼和星点龙鱼两种。这些龙鱼因野生数量大，颜色不艳丽并且没有经过专门的商业运作，因此不能算名贵观赏鱼。本书中着重介绍的是野生产于东南亚地区的亚洲龙鱼。

亚洲龙鱼，学名是美丽硬仆骨舌鱼。英文名Asian Arowana。体色有金红色、金黄色、青白色以及红尾白色或黄尾白色等。以前的分类学将它们统统归为一种*Scleropages formosus*。现在由于龙鱼的特殊市场地位，加之它们确实有明显的产地区分，2013年一些科学工作者根据形态学和遗传学将其分为四种，即：亚洲龙鱼模式种*Scleropages formosus*（过背金龙鱼、黄尾龙鱼）、*Scleropages macrocephalus*（青龙鱼或亚洲银龙鱼）、*Scleropages aureus*（红尾金龙）、*Scleropages legendrei*（红龙鱼）。但这种分类方法还有待进一步论证，因此并没有被广泛采用，是否科学还有待考证。（2013年前后有科研工作者在越南发现了亚洲龙鱼的一个新亚种，其颜色和青龙相仿，身上布满图腾样式花纹，很像澳洲龙鱼，称为图腾青龙鱼。目前这种鱼因采集的标本有争议，尚未科学定名，市场上也很少见。）

龙鱼身体各部位名称

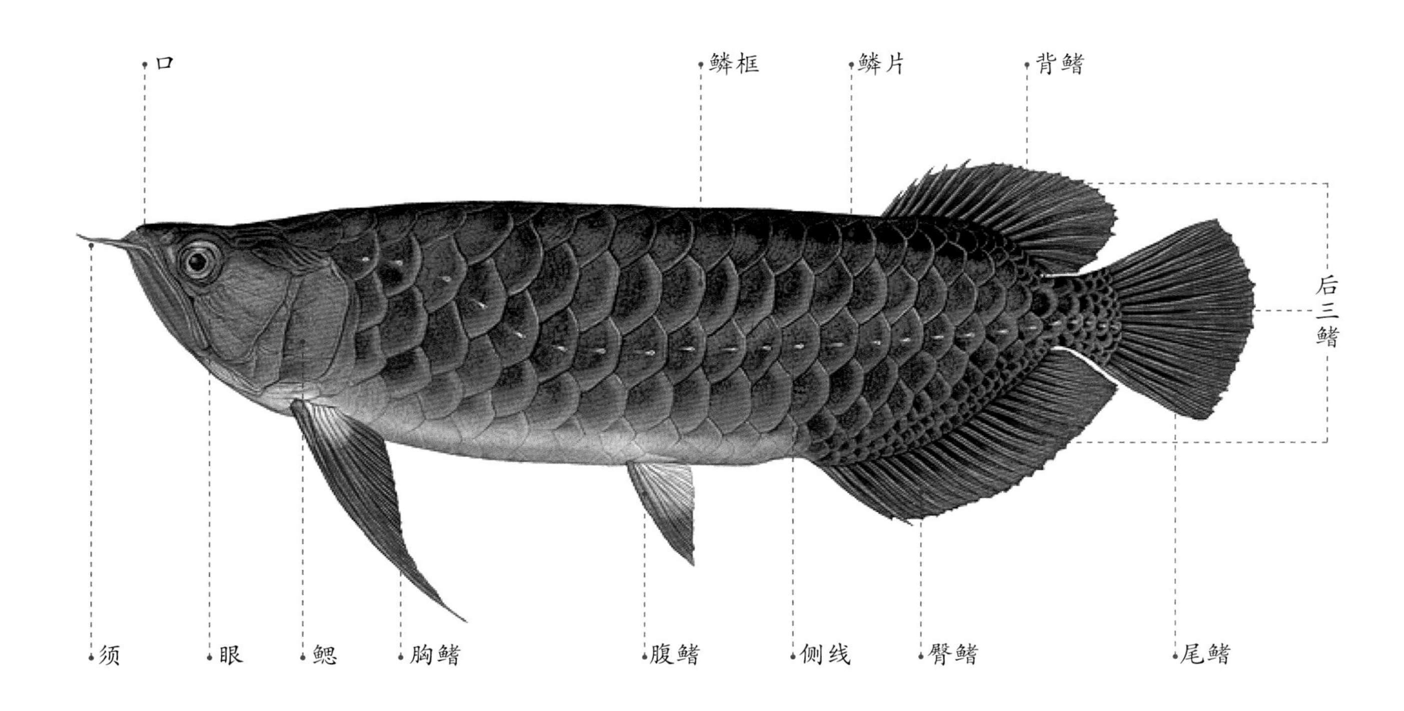

龙鱼的发现始于1829年，在南美亚马逊流域，当时是由美国鱼类学家温带理博士（Vandell）定名的。1933年法国鱼类学家卑鲁告蓝博士在越南西贡发现红色龙鱼。1966年，法国鱼类学家布蓝和多巴顿在金边又发现了龙鱼的另外一个品种。之后又有一些国家的专家学者相继在越南、马来西亚半岛、印度尼西亚的苏门答腊、班加岛、婆罗洲和泰国发现了另外一些龙鱼品种。真正把龙鱼作为观赏鱼引入水族箱，始于20世纪50年代后期的美国，直至20世纪80年代才逐渐在世界各地风行起来。

1. 过背金龙鱼

过背金龙鱼的野生栖息地位于马来西亚半岛西侧，靠近加里曼丹和槟城中间名为卡普亚斯河水系的地方，其中心在武吉美拉湖和古伦河。马来西亚产的金龙鱼中，鳞框的金色框缘一直延伸到背部的个体称之为过背金龙，此形态是马来半岛亚洲龙鱼的独有特征，而鳞框会有持续不断的轮状纹路展现一派豪华。

按照鳞片基底部的色彩，可以分为蓝底和金底。其中出现率越低的价值越高。在过背金龙鱼优良个体里，出现率最低的是鳞片基底部呈蓝紫色，鳞框是金色的蓝底过背金龙鱼。在幼鱼期时，从下方观察可以见到略带蓝色的光泽，到了25cm以后就会呈现原有的蓝紫色鳞底，鳞框金色宽幅小的个体可谓魅力无穷。在幼鱼、亚成鱼时期，蓝底的个体随着成长，鳞框的金色会越来越明显，鳞框金色宽幅大的个体称为粗框。此种微妙色彩变化所呈现的蓝紫色不容易维持，饲养时的水质、照明、食饵等因素都会影响色素细胞的排列而产生变化，造成蓝色色泽隐藏起来。

金色色彩强烈的金底过背金龙鱼指的是从鳞框到鳞底都呈金色的个体。鳞底没有蓝色色彩，略带暗褐色。

过背金龙鱼的养殖场主要在马来西亚、新加坡等国。

过背金龙较其他龙鱼的头短而小

过背金龙的尾鳍一般比较小

背部所有鳞片都是金色，这就是“过背”一词的含义

过背金龙幼鱼

2. 红尾金龙鱼（Redtail Golden Arowana）

红尾金龙鱼原名就是金龙鱼，后来为了区分出更名贵的过背金龙鱼，才为其加上了“红尾”二字。其实所有金龙鱼在成熟后，尾鳍上都会展现出不同程度的红色。在介绍红尾金龙鱼之前先来介绍一下高背红尾金龙鱼。高背红尾金龙鱼鳞片亮度从腹部数起可达4～5排，甚至背部会亮（这种个体相当少见）。一般对高背红尾金龙鱼的出产没有确切的定论，有人认为是过背金龙鱼和红尾金龙鱼的杂交种出产的高背红尾金龙鱼。经销商则称之为宝石龙鱼。

红尾金龙鱼产于印度尼西亚西部苏门达腊岛。特征是臀鳍呈红色，背鳍和尾鳍上叶为黑褐色。背鳍基底附近的鳞片没有金色鳞框。从腹侧开始数第5排鳞完全没有鳞框。野生红尾金龙鱼主要分布在苏门达腊岛中部东岸的康巴鲁地区。主要栖息地的5条河川里所产的个体多少会有色彩上的差异，只是，近来这些特征已经明显不存在，唯一只以北康巴鲁的红尾金龙鱼为种亲进行累代繁殖的个体，以北康巴鲁之名在市场流通。

红尾金龙鱼与高背金龙鱼、过背金龙鱼的区分还是很容易的。过背金龙幼鱼时期，背鳍下方细小鳞片的金色鳞比较显著，而在高背金龙的幼鱼时期多多少少也会有一些金色鳞框，红尾金龙鱼则是连一片鳞框也没有。并且从幼鱼期开始红尾金龙鱼尾鳍的上下部分颜色是分开的，下叶略带红色，上叶则是偏暗色。

红尾金龙鱼的幼鱼售价比较平实，是饲养金龙的入门品种，一直保有高人气。马来西亚和新加坡的人工繁殖个体，品质还算不错。

头要比过背金龙长而尖，
类似红龙的头型
尾鳍下半部和臀鳍
明显呈现红色
背部从上至下2～3排鳞片不呈
金色，这是与过背金龙的明显区别

红尾金龙的幼体和过背金龙鱼的
幼体外貌很接近

3. 黄尾龙鱼

黄尾龙鱼产于印尼加里曼丹东部的班扎尔马新（Banjarmasin），其体色和青龙鱼很像，但其身体后面三鳍为橙黄色所以又称为“黄尾龙”。

因为黄尾龙鱼幼年时，各鳍为橙红色，过去便有人将其充当红龙鱼出售，也有不良业者使用更高明的骗术，把黄尾龙鱼和红龙鱼杂交的后代，当作血红龙鱼贩卖。但这些龙鱼体色不但不会红，还终将成为一条黄尾银白身的龙鱼。这种行为，为人所不耻，然而在信息贫乏的 20 世纪 90 年代，有不少人受过欺骗，后来人们便把这一类的龙鱼，包含黄尾龙在内，统称为“一号半红龙”或“二号红龙”。

4. 青龙鱼（Green Arowana）

青龙鱼又称绿龙鱼，是整个东南亚中分布最广的龙鱼品种。其主要产地在西马来西亚东海岸彭亨州百乐镇的百乐湖 (Tasik Bera)，彭亨州斯里再也村 (Sri Jaya)，彭亨州兴楼弄边国家公园 (Endah Rompin National Park)，彭亨州大汉国家公园 (Taman Negera)，丁加奴州吉地湖 (Kerteh)，丁加奴州肯逸湖 (Tasik Kenyir) 和吉兰丹州白沙湖 (Pasir Puteh)。另外，缅甸、越南、泰国等地也有零星分布。不同区域的青龙鱼外形差异颇大，但整体而言，头形较圆，嘴部较不尖锐。成熟后的青龙鱼，鳃盖为银亮色，体侧鳞片为透明中带青蓝色泽的斑点，鳞框不明显且带点淡淡的粉红色，身体后面三鳍为褐中带灰蓝色，第 4 及第 5 行鳞片散发着优雅的淡蓝色光芒，最佳品质的青龙鱼鳞片中心具有淡紫色调。青龙鱼的性情非常温驯，容易与其他鱼混养。

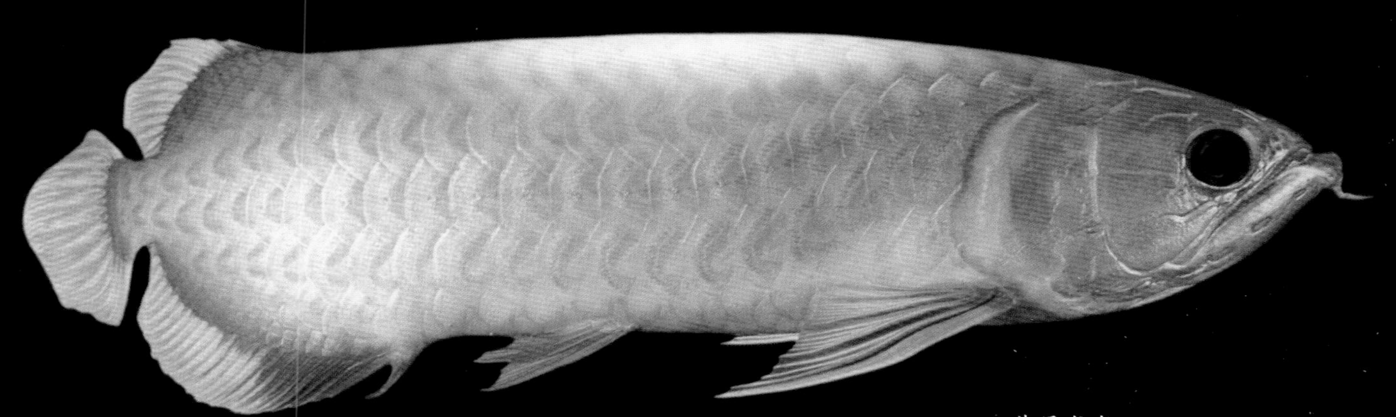

黄尾龙鱼

青龙鱼

5. 红龙鱼（Red Arowana）

野生红龙鱼只产自印度尼西亚的加里曼丹省和苏门达腊，目前野生品种濒临绝种，已列入《濒危动植种贸易保护公约》（CITES）。按照野生产地略有不同，红龙鱼可分为辣椒红龙鱼和血红龙鱼。

辣椒红龙鱼产于印度尼西亚加里曼丹省仙塔兰姆湖。成鱼的体型较大，各鳍也较大，吻端比较尖翘呈汤匙头形，肩背部略为隆起，体高较高。小龙鱼头形较长，吻端尖翘，桃尾(菱形)，发色比较快，颜色偏亮红色。辣椒红龙鱼取名为“辣椒”，是因为鱼的鳞片有着明显的底色，底色与鳞框之间有明显的区分，正像市面上所见到的辣椒一样有着鲜明的红绿对比(当然在现在人工繁殖下也有蓝底的)。所以有辣椒红龙鱼的名称。

血红龙鱼产于印度尼西亚加里曼丹省仙塔兰姆湖以北，指卡巴尔托卡兰附近流域的红龙。其成龙体形比较修长，头形较钝。小龙鱼头形较圆短、扇尾，发色比较慢，颜色为厚重的暗红色。由名称上可以很明确的下定义，就是整条鱼红彤彤的，像血红色的鳞片布满了身体。在顶级红龙鱼中，鳞框比较不明显的红龙鱼(会吃框的鱼)的发色会由鳞框一直延伸到鳞底的。

红龙鱼身上的色彩通常快则1年，慢则10年才会完全显现，一般时间为4～5年。很多时候，红龙鱼的色彩是渐次地先由黄转为橙，再从橙转为浅红，最后才转为深红色。也有时鱼儿会突然在一两周内全身转为红色。养红龙鱼要耐心，只要是红龙鱼，早晚有一天会红。

红龙鱼的养殖场主要在印度尼西亚。

由于近30年的商业运作，加上龙鱼养殖场自行品牌的建立。现在在市场上，实际上我们很难听到红龙鱼、金龙鱼、黄尾龙鱼等叫法，学名就更是鲜有人提起。取而代之的是形形色的龙鱼的商品名称。

血红龙鱼头宽大、平直，头顶不弯曲，嘴不上翘

血红龙鱼有宽大的尾鳍，这一点是和辣椒红龙的区别

血红龙鱼鳞片底色多呈暗红色或金色

血红龙鱼的幼鱼

辣椒红龙鱼的幼鱼

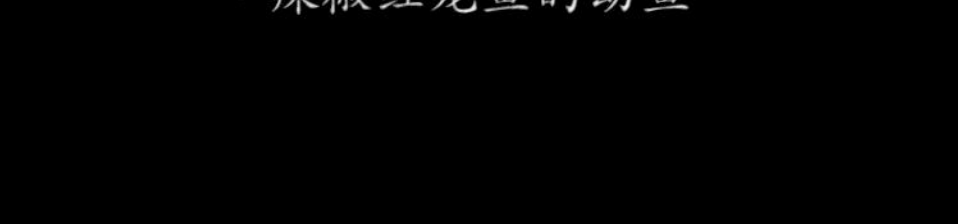

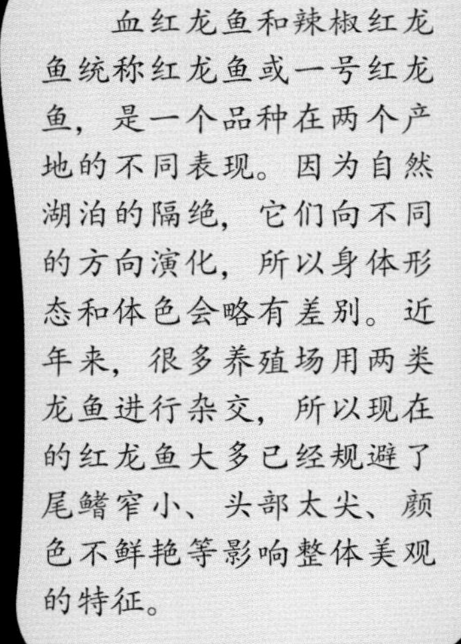

血红龙鱼和辣椒红龙鱼统称红龙鱼或一号红龙鱼，是一个品种在两个产地的不同表现。因为自然湖泊的隔绝，它们向不同的方向演化，所以身体形态和体色会略有差别。近年来，很多养殖场用两类龙鱼进行杂交，所以现在的红龙鱼大多已经规避了尾鳍窄小、头部太尖、颜色不鲜艳等影响整体美观的特征。

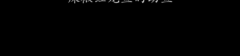

辣椒红龙鱼头顶向下弯曲，嘴向上翘，这一点是改良品种特有的特征

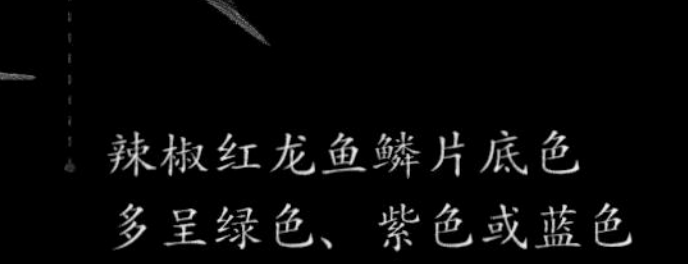

辣椒红龙鱼鳞片底色多呈绿色、紫色或蓝色

辣椒红龙鱼的尾鳍较细长，没有其他品种的尾鳍伸展

6. 过背金龙鱼常见的商品分类

① 七彩过背金龙鱼

指鳞片底色丰富，带有蓝绿色金属光泽的过背金龙鱼。

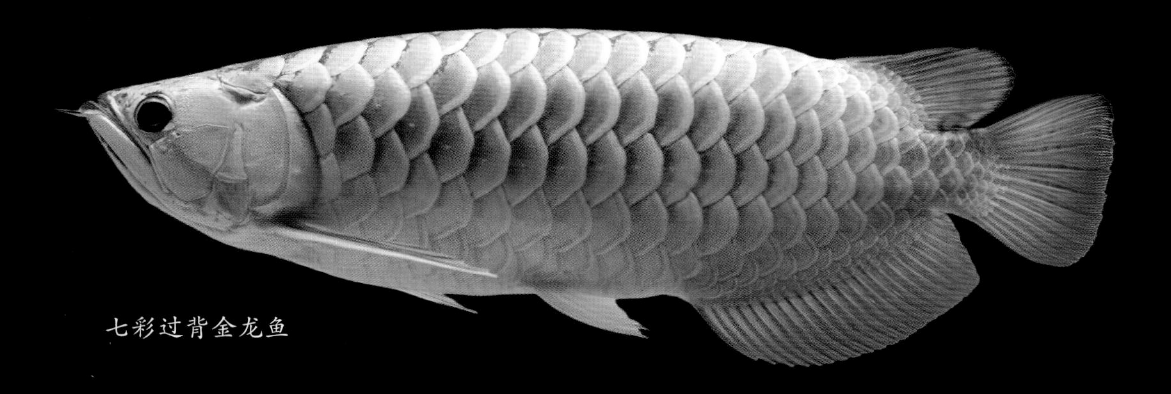

七彩过背金龙鱼

② 蓝底过背金龙鱼

指鳞片底色带有蓝色的过背金龙鱼。

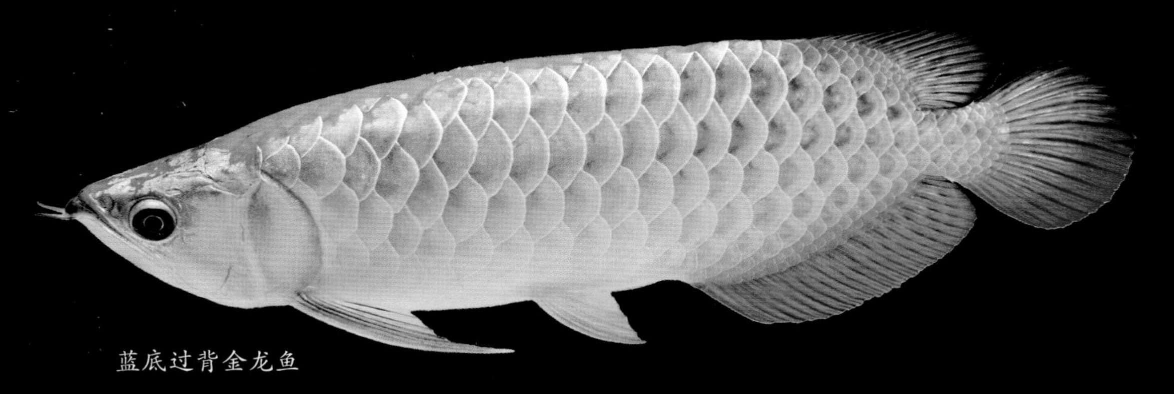

蓝底过背金龙鱼

蓝底过背金龙鱼

③ 白金过背金龙鱼

指颜色变浅，全身呈淡金色的过背金龙鱼。这种鱼颜色不稳定，通常只在幼体时期出现。龙鱼成年后背部和头部会恢复成较深的颜色或黑色。

白金过背金龙鱼

白金过背金龙鱼幼鱼

④ 重金属过背金龙鱼

指金色深重，甚至成为茶金色的过背金龙鱼。是比较原始的品种，通常尾鳍比较小。

重金属过背金龙鱼

⑤ 白化过背金龙鱼

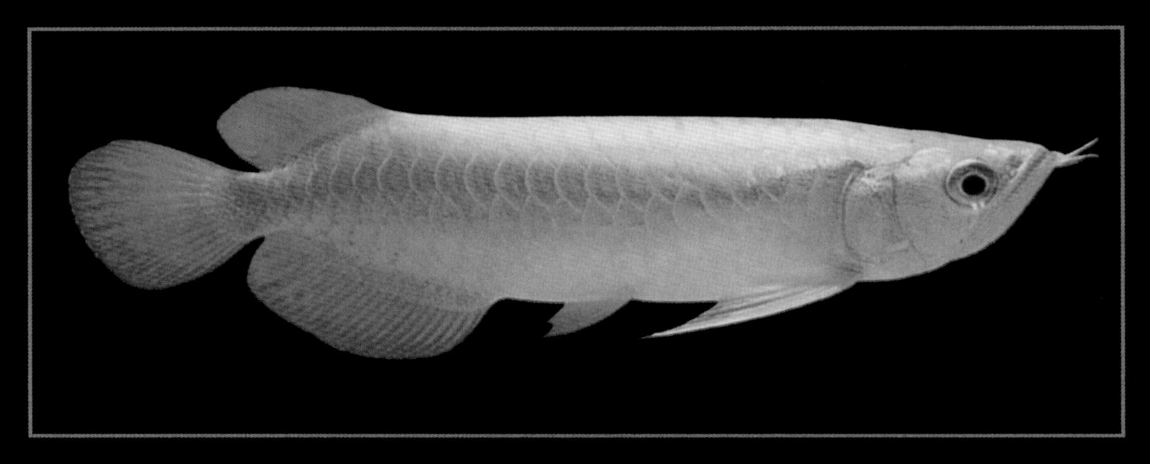

⑥ 金底过背金龙鱼

⑦ 紫金过背金龙鱼

7. 红尾金龙鱼常见的商品分类

高背红尾金龙鱼

高背红尾金龙幼鱼

① 高背红尾金龙鱼（宝石龙鱼）

介于红尾金龙鱼与过背金龙鱼之间的鱼种，其主要特征为亮鳞能超过 4 排半以上，甚至主色有过背的表现，但不完全过背，亦即主色过背，底色也无法过背。有些马来西亚的过背金龙鱼也有这样的表现，二者几乎很相近，差别在于马来西亚的不完全过背金龙鱼是流线炮弹头形，完全过背形的红尾金龙鱼则没有完美流线形的“炮弹头”，马来西亚的不完全过背金龙鳞片外表看来多呈圆形，而红尾金龙系列的鱼种大部分呈梯形。

② 红尾金龙鱼苏门答腊型

红尾金龙鱼产于苏门答腊的种群，颜色比其他种群较深。

③ 黑背红尾金龙鱼

指成年后，背部和头顶部呈现黑色的红尾金龙鱼。

红尾金龙鱼苏门答腊型

8. 红龙鱼常见的商品分类

杂交红龙鱼幼鱼

① 一号红龙鱼（辣椒红龙鱼、血红龙鱼）

一号红龙鱼也称为超级红龙鱼，包括辣椒红龙鱼和血红龙鱼两类。

超级红龙鱼

辣椒红龙鱼

② 二号红龙鱼（橘红龙鱼）

超级红龙鱼与黄尾龙鱼或者青龙鱼的配种，所以也称为班札红龙鱼（Banjar Red）。基于配种的养系，这种龙鱼看上去简直就像是一条带有一块块红斑的黄尾龙鱼或者青龙鱼。一些等级较高的鱼可能还会像超级红龙鱼一般长有红彤彤的鳍，但永远不可能会有红色的唇和触须。龙鱼身体后端三面鳍上的黑色斑点都是依着鳍的形状而排列的，而真正的超级红龙鱼鱼鳍上的斑纹与硬刺则形成十字花样。

橘红龙鱼

③ 一号半红龙鱼（班札红龙鱼或黄尾龙鱼）

也可称为二号红龙鱼，指产于印度尼西亚班札尔星流域的黄尾龙鱼及黄尾龙鱼与红龙鱼的杂交后代。前者主要特征为各鳍鲜黄，鱼体色泽近似青龙鱼，但底色带有粉红色；后者体色会带有不同程度的粉红色。

辣椒红龙鱼和血红龙鱼杂交的后代

身体畸形的元宝龙鱼

④ 金红龙鱼

血红龙鱼与过背金龙鱼杂交的后代。鳞片色彩除了粉红中略微带点蓝色外，上面的金色也比较深。

另外，在龙鱼养殖过程中，不论是红龙鱼还是金龙鱼都出现过白化现象。白化的龙鱼瞳孔呈现红色，全身雪白或白中透粉，是难得的稀罕品种。

三、亚洲龙鱼的家庭饲养方法

亚洲龙鱼属于热带观赏鱼，由于体形较大，寿命较长（一般在 50 年以上），故此饲养方法和对饲养设备的要求较其他热带观赏鱼略有不同。

1. 饲养设备

亚洲龙鱼的饲养设备包括：水族箱、过滤器、加热棒、照明灯以及紫外线杀菌灯等设备。有些饲养者为了保持龙鱼完美的体形还可能使用造浪泵等设备。

① 水族箱

亚洲龙鱼成年体长一般在 50 ~ 70cm 左右，体形壮硕的个体可以生长到 80cm。故此需要用大型水族箱饲养。一般饲养一尾龙鱼建议使用长 1 500cm，宽 60cm，高 50cm 以上的长方形水族箱。当然，如果家中空间允许，则水族箱的尺寸越大越好。水族箱容积越大，龙鱼游泳的空间就越多，其生长速度也就越快。同时，大饲养空间水质稳定，还有助于龙鱼的健康

生长。如果想要同时饲养多条龙鱼，则建议分多个水族箱饲养。因为龙鱼有强烈的领地意识，在同一水族箱中同时放入两条龙鱼会发生严重的打斗现象，有时甚至会导致一条鱼死亡。也有人摸索出了多条龙鱼混养在同一水族箱中的方法，但用来饲养多条龙鱼的水族箱个体一定要足够大，通常要在长 250cm，宽 70cm，高 60cm 以上。准备混养在一起的龙鱼要选择个体和年龄一样大的，并且同时放入水族箱中。不能同时饲养2条或3条，数量过少会造成龙鱼争斗对象过于单一，可能会让弱势的个体丧了性命。最好一次同时混养 5 条以上，这样龙鱼因为找不到唯一的敌人而渐渐乏于争斗，最终能和平相处。

饲养龙鱼的水族箱应选择长方体的标准水族箱，原型、三角形和不规则形态的异形水族箱由于会限制龙鱼游泳的空间，不建议采用。

水族箱应安放在通风、宽敞、无阳光直射的地方。要远离厨房和空调可以吹到的地方，避免油烟落入水中，同时防止因空调影响，水温大幅度波动。水族箱下要安放牢固的底柜，底柜内可以放置过滤器等饲养设备。底柜和水族箱高度都不宜过高，要方便平时将手伸入水中清洁玻璃内壁。

龙鱼专用水族箱

为了美观，可以在水族箱后面贴上黑色或深色的塑料纸，将龙鱼的美丽衬托出来。但不要贴红色、黄色等鲜艳颜色的纸，以防龙鱼受到颜色刺激而乱撞。水族箱要加一个盖子，因为龙鱼善于跳跃，如果不加盖子可能会跳出水族箱而造成伤亡。

② 过滤器

在选购好水族箱后，就要为水族箱安装上合适的过滤器。目前市场上出售的成品套装龙鱼水族箱一般自带过滤器。若选择购买无过滤器的水族箱或定制水族箱则需要自行配置过滤器。

用于热带观赏鱼的过滤器可分为上部过滤器、底部过滤器、圆桶过滤器和内置过滤器。圆桶过滤器和内置过滤器由于内部容易堵塞且清洗麻烦，通常只用于饲养小型热带观赏鱼。适合用来饲养龙鱼的过滤器一般只有上部过滤器和底部过滤器。

上部过滤器是一组放置在水族箱上方的盒子，分为多层，最上层放置过滤棉，以下诸层分别可放置陶瓷环、生物球、麦饭石等。在水族箱内放置一台水泵，水被水泵抽起，通过导管流入过滤器。经多层过滤后，水从过滤器最下层流回水族箱中。这种过滤器的优点是安装方便、清洁容易、价格低廉、过滤面积大；缺点是美观度比较差。

上部过滤器

底部过滤器是安装在水族箱下方底柜里的一组过滤器，由一个大水槽、水泵和过滤材料构成。水族箱内的水靠虹吸原理自行流入下面的过滤槽中，经过多层过滤后，再由水泵抽回水族箱中。这种过滤器的优点是：过滤面积大、清洁容易、可以随意增加或减少辅助设备、安放在底柜内部影响水族箱的整体美观。缺点是：安装麻烦、造价高、产生的噪音比其他过滤器略大。

不论使用哪种过滤器，过滤器的最上层都应放置过滤棉，过滤棉起到阻隔鱼的粪便和大颗粒杂物的作用，因此过滤棉要定期清洗。通常每周至少要清洗 2 次。在过滤棉下方可以放置生化棉、陶瓷环、生物球等过滤材料，用来充当菌床培养消化细菌。水中的氨氮有毒物质靠菌床上的细菌进行分解。

有些人还喜欢在过滤槽内放置活性炭、麦饭石等过滤材料。前者可以吸附水中的颜色、气味和多数微小颗粒，后者能吸附或释放钙质，起到稳定水中硬度和酸碱度的作用。但这两种过滤材料要经常更换，以免吸附饱和后，对水质造成不良影响。故此，若非必须，并不建议长期使用。

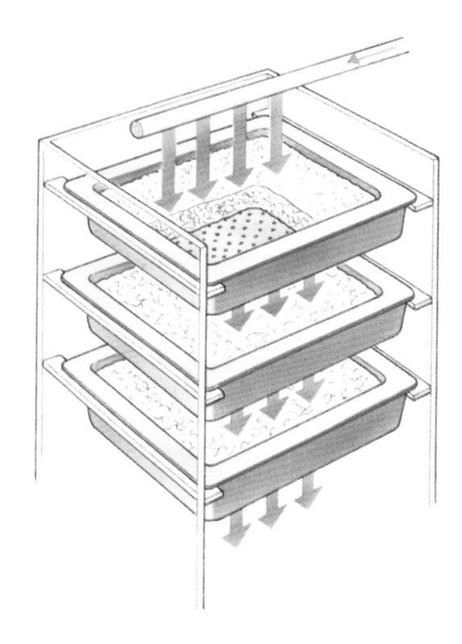

滴流过滤方式：

滴流过滤方式是培养硝化细菌最好的方式。它让水流过暴露在空气中的滤材，过滤过程中氧含量充足，非常适合硝化细菌的生存和工作。不过滴流过滤一般不是很美观，不容易隐藏在柜子里。

③ 加热棒

野生亚洲龙鱼生活在东南亚的热带湖泊中，那里常年水温在 22℃ ~ 28℃。因此，在我国大部分地区冬季饲养龙鱼都需要给水族箱内水加温。目前普遍使用的加温设备是加热棒，根据其功率大小分成若干型号。因为饲养龙鱼的水族箱盛水较多，故此要使用大功率的加热棒。一般选用 300W 以上的型号，若水族箱非常大，可按没盛水 1L 使用 1W 的加热棒来换算应购买多大功率的加热棒。

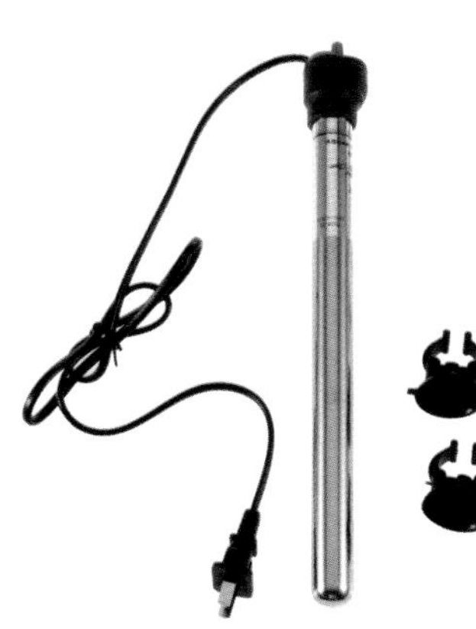

加热棒有自动控制器件，能在将水加温到合适温度后自动关闭，当水温不够时再自动开启，因此不必考虑过度消耗能源的问题。在选购加热棒时，应选择质量好、有保障的大品牌产品，不要图便宜购买劣质加热棒。一旦劣质产品的温控原件损坏，它有可能将水煮开，造成龙鱼成为汤羹。加热棒要最少购

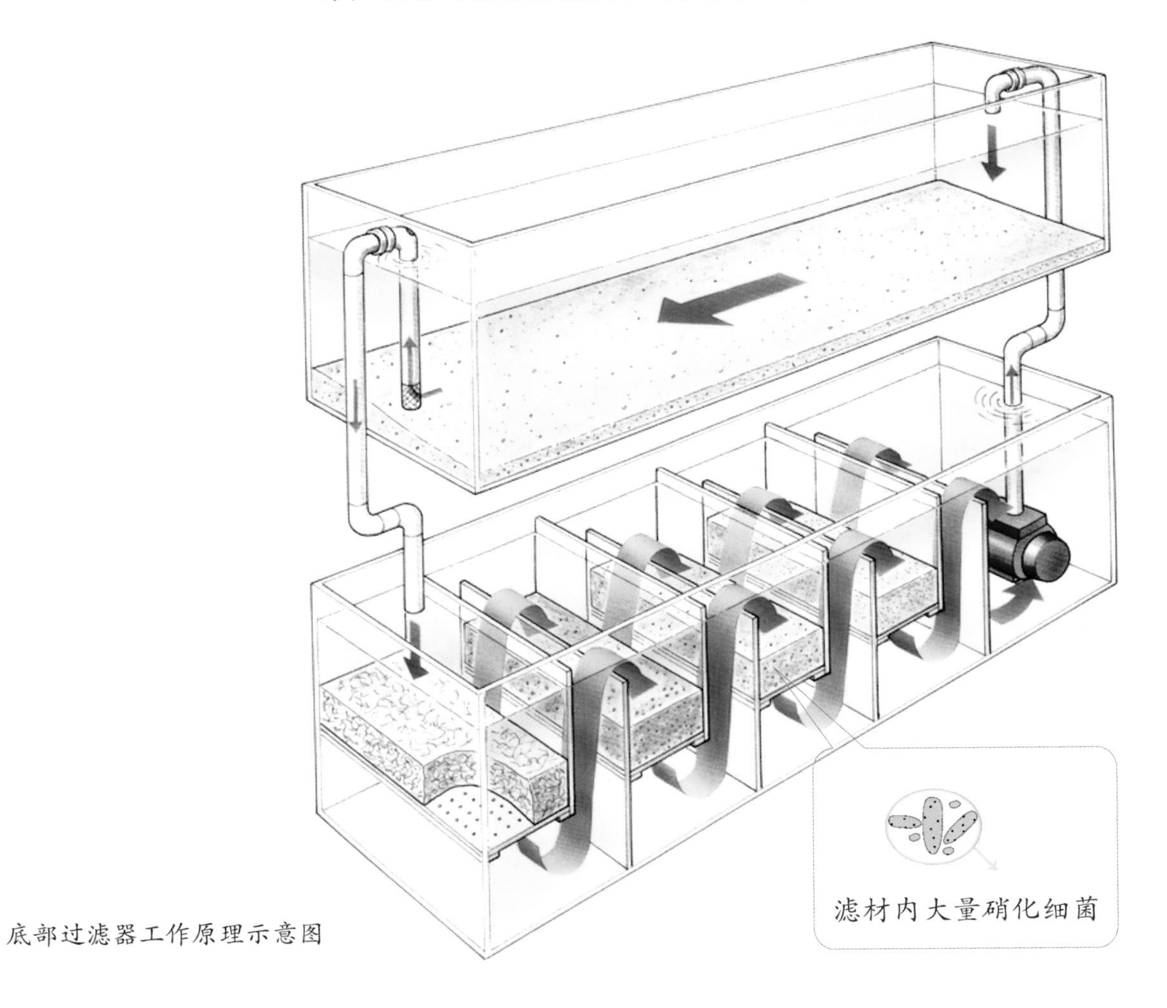

底部过滤器工作原理示意图

硝化细菌（Nitrifying bacteria）是一种好氧性细菌，生活在有氧的水中或沙层中，是水质净化过程中很重要的角色。包括亚硝酸菌和硝酸菌。硝化细菌属于自养型细菌，完全无需专门购买，鱼缸中氧含量和有机物达到正常水平后，1周左右就可以建立起稳定的菌落。菌落一旦稳定之后，只要环境不发生剧烈变化（如放入杀菌剂或倒入开水），就可以长期不断繁殖，完全无需添加。

中一根损坏，不工作了。另外一根也能保证水温不急速下降，造成鱼的死亡。同时，加热棒要每月检查 1 ~ 2 次，发现有破损的痕迹要及时更换。

④ 照明灯

为了便于欣赏，通常会在水族箱上方安放一盏照明灯，晚上开启照明灯时，龙鱼在灯光下闪闪生辉，显得格外美丽迷人。近年来人们喜欢用品红色荧光灯作为红龙鱼的照明设备，因为这种灯产生粉红色光线，会让红龙鱼看上去更红。有些人鼓吹红色光可以刺激龙鱼发色，但此种说法并无科学上的依据。龙鱼的颜色和年龄、性成熟有关，适当的紫外线照射会让成年龙鱼颜色更亮丽，但红色光绝对起不到作用。有条件的话，可以在气温不炎热的季节，让龙鱼接触一些自然光的照射，这倒是对其体表色素沉淀和光泽的形成有促进作用。

⑤ 紫外线杀菌灯

紫外线杀菌灯通常安装在水泵的导水管路上，让水流过内部安装有紫外线杀菌灯管的黑色套管，起到杀灭细菌和少量寄生虫的作用。紫外线杀菌灯不能直接照射鱼或人，会造成眼睛和皮肤的损伤。同时紫外杀菌灯也能杀死水中的有益细菌，因此不能长期开启。以每天开 4 小时左右为宜。紫外线杀菌灯管有使用寿命，当其达到说明书上的使用时间，其杀菌效果就会衰减，因而要更换新的杀菌灯管。

杀菌灯

⑥ 造浪水泵

造浪水泵通常用于饲养珊瑚和海洋无脊椎动物的水族箱中，起到推动水流运动的作用。近年来有些爱好者在饲养龙鱼时也使用这一设备，为的是让龙鱼保持流线形的体型，同时减少多条鱼争斗的现象。

造浪水泵

因为龙鱼生活在野外水面广阔的湖泊或鱼塘中，在空间狭小的水族箱中必然缺少运动，这会造成龙鱼过度肥胖。过度肥胖的龙鱼头背部肉隆起，影响美观，也不利于健康生长。因此人们用造浪泵增加水流强迫龙鱼在水族箱中用力游泳，同时在

缺少运动的龙鱼体形

幼鱼在水流的影响下不停游泳

高速水流的影响下，龙鱼忙于顶着水流游泳，相互的争斗的机会也就减少了很多。

造浪泵要选择功率适中且质量好的品牌，最好能选择变频的产品。这样让水流有强有弱，可以制造出自然界湖水的潮汐流动效果，同时弱水流时还能让龙鱼得到适当的休息。

⑦ 其他设备

饲养龙鱼的其他设备还包括：温度计、pH 监测表、硬度监测表、导电度监测表等，都是用来监测水温、水质变化的仪器。饲养者可根据自身经济实力和需要程度来购买。这些产品都会配有相应的使用说明，这里不多赘述。

2. 选购与日常管理

在家庭中饲养龙鱼要经过选购、运输、过水、静养等步骤，然后进入日常的投喂、清洁、换水、观察的日常管理阶段。

① 选购

亚洲龙鱼的选购分为大小选择、健康甄别和品相甄别等。关于购买龙鱼大小的选择可因人而异，有些人喜欢选择饲养幼

体的龙鱼，在家中观看它的全部生长发育过程。有些人则喜欢直接购买成年龙鱼，这样就能一下子欣赏到龙鱼成年后的美丽颜色和硕大体形。当然成年鱼要比幼体贵很多，饲养者可根据自己的财力来决定。

不论是购买成鱼还是幼鱼，甄别龙鱼是否健康都是十分重要的步奏。要挑选到一条健康的龙鱼可通过如下几点来观察判断：

a. 看龙鱼身体是否饱满，既不过于消瘦也不过于肥胖。健康的龙鱼体形光润丰满，背部有肉但不隆起。过于消瘦的龙鱼通常背部薄，如刀片状。这可能是其体能有寄生虫，造成营养吸收不足的表现。过度肥胖的龙鱼也可能会有其他疾病。

b. 看龙鱼游泳的姿势是否悠闲自得。健康的龙鱼游泳时悠闲沉稳，时而看你两眼，但不会紧张得逃避，更不会因人走到水族箱前，就上蹿下跳地乱游。否则，就是龙鱼以前受到过惊吓还没有恢复，或者是有体表寄生虫等疾病，这样的龙鱼不可选购。

c. 看龙鱼两鳃是否开合均匀平缓，不快速开合也不单鳃开合。健康的龙鱼两鳃会随着游泳有节奏地缓慢开合，让水慢慢流过鳃丝，起到呼吸作用。有病的龙鱼因为需要更多的氧，所以呼吸急促，两鳃开合速度快，看上去很紧张。一些鱼鳃内有寄生虫，表现出一个鳃开合，一个鳃不开合。这样的鱼都不能选购。

d. 看龙鱼是否有外伤，是否掉鳞片、短须、鱼鳍破损。龙鱼会由于运输不当或相互争斗造成外伤，表现出鳞片掉落、口须折断或鱼鳍破损等。有外伤的龙鱼容易被细菌或寄生虫感染，尤其是运输和到达新环境后的一段时间内。因此不要选购有外伤的龙鱼。

e. 在购买过程中，有条件时，请店家或出售人出手投喂龙鱼，看龙鱼食欲是否强。健康的龙鱼食欲非常强，在捕食小鱼的时候表现得十分凶猛。不健康的龙鱼食欲低下，有时即使小鱼到口边也不愿捕食。这种龙鱼就不要选购了。

② 运输

选购好龙鱼后就要把它运输回家，通常店家会将龙鱼用塑料袋打包好，在袋内充入氧气，保证运输途中的正常氧消耗。同时包好的塑料袋要放在保温的泡沫箱中，特别是炎热的夏季和寒冷的冬季，一定要保证袋内水温不过高或过低。运输时不要将龙鱼放置在有阳光直射的地方，也不要放置在温度波动大的地方。最好买鱼后马上直接回家，虽然在包装完好的情况下，龙鱼能在袋子中生存 24 小时以上，不过运输时间越少对龙鱼身体的损伤也就越小。

③ 过水

龙鱼到家后先不打开塑料袋，要连同袋子一起泡入水族箱的水中，浸泡 30 分钟以上。这是为了让袋子内外的水温相同，不至于投鱼入箱时因水温大幅波动而刺激到鱼。袋内温度与水族箱温度平衡后，要先将龙鱼连袋内水一起放置到一个大盆，或者运输用的泡沫箱中，然后用虹吸管从水族箱中缓慢向泡沫

用塑料袋运输的龙鱼

箱中抽水，使水族箱内水和原先袋内水进行混合。这是为了让龙鱼逐渐适应新水族箱内的水质，防止水质大幅波动损伤鱼的器官。这个环节称为过水，一般过水 30 ～ 40 分钟即可。如果室温较低，应当在泡沫箱中加一个加热棒，防止过水过程中，箱内水温急速下降。过水时要用小型气泵，向泡沫箱中打气，防止鱼缺氧死亡。

④ 静养

经过过水环节，就可以将鱼放入水族箱中了，要缓慢将鱼捞起轻轻放入水族箱中。关闭水族箱的照明设备，如果水族箱处于较明亮的位置，要用窗帘将光遮上，以防鱼受到强光惊吓而乱窜。放入水族箱中的鱼要经过数天的静养，此期间鱼要适应新环境。不可以开灯，也不必喂食（通常喂食也不吃）。3 ～ 5 天后，鱼开始平缓的游动，此时可尝试开启照明，若鱼没有受到惊吓的反应，则投喂一点儿饵料，如果鱼开始进食则

龙鱼要对新环境适应一段时间

静养期顺利完成。静养期的长短和龙鱼的体质以及年龄有直接关系。通常体质好的幼鱼一两天就能适应新环境，而成鱼则慢一些，少数体质弱的成年鱼甚至需要 10 ~ 15 天才能适应环境。

⑤ 投喂

龙鱼成功适应环境后，就可以进行规律性投喂了。一般成鱼一天就喂一次，投喂量按其体重的 3% ~ 5% 即可。如果鱼出现短期食欲不振，可以饿它一两天，增强食欲。鱼的抗饥饿能力很强，成年鱼即使一年不吃东西也不会饿死。幼鱼每日可投喂 2 ~ 3 次，每次按其体重 3% 左右。进行要有规律的投喂，可以在每天早上和下午进行，夜间不建议投喂龙鱼。更不要想起来就喂个饱，想不起来就几天不喂。在投喂规律的情况下龙鱼生长速度很快，通常 20cm 左右的幼鱼，一年就可以生长到 40cm 以上。

⑥ 清洁

饲养龙鱼过程中，水族箱要定期进行清洁，建议每周至少清洁一次，有条件的可每周清洁 2 ~ 3 次。清洁时要擦去水族箱内部的藻类，更换或清洗过滤棉，清除水泵入水口处阻塞的污物。还应当擦拭水族箱盖和照明灯，并对各种用电设备进行检查。

⑦ 换水

饲养龙鱼不必频繁换水，但规律性换水还是必要的。龙鱼喜欢弱酸性软水，因此每次换水不可过多。建议每周换水一次，可在清洁后进行。每次换水量约占水族箱总水量的 10% ~ 20%。若非特殊需要，最好不一次换水超过 20%。新水一般比老水硬度大，水质硬度波动过大会刺激龙鱼侧线和鳃丝，造成其体质下降，感染疾病。

⑧ 日常观察

家庭饲养龙鱼时，要养成勤观察的习惯。每天要观察数遍，

特别是早晨和晚上关灯前。观察其体表有无伤损，游动和鱼鳃开合姿势是否正常等。若发现异常，应及时采取措施。不清楚的情况下，要赶快找鱼店或专业人士咨询。

3. 饵料选择

亚洲龙鱼属大型捕食性淡水鱼，在野外主食小鱼、小虾、昆虫幼虫以及少数小型两栖动物和哺乳动物。理论上讲，它们是不挑食的捕食专家。只要嘴能吞下的动物它们都吃。在养殖场里，通常使用小河鱼投喂龙鱼。在家庭饲养中，因小河鱼携带有大量细菌和寄生虫，在狭小的水族箱环境中，细菌和寄生虫极容易爆发，故此不建议用小河鱼作为龙鱼的主食。也有少数爱好者使用人工合成饲料投喂龙鱼，但龙鱼并不爱吃，甚至有些个体根本不接受人工合成饲料。为了让龙鱼健康生长，需要为它们提供各种营养，因此饵料的多元化十分重要。以下介绍几种常用的家养龙鱼饲料，供读者选择使用。

① 虾

虾的种类繁多，营养方面基本大同小异，是一种蛋白质非常丰富、营养价值很高的食物，其中维生素 A、胡萝卜素和无机盐含量较高，脂肪含量极低，且多为不饱和脂肪酸，是龙鱼的主要食物之一。把虾买回家后，用清水冲洗，冷冻时不要含水，可以把虾装进塑料袋里冷冻，细菌及寄生虫基本也就被冻死了。每次购买虾的数量不宜过多，足够让龙鱼吃一周左右就好了。喂养的时候必须摘除虾枪及虾尾，不然很容易伤及肠胃，使龙鱼得肠炎。喂小龙时除了去除虾枪及虾尾外，最好还得去除虾壳，或选用比较小的河虾作为主食。

② 杜比亚蟑螂

杜比亚蟑螂是人工养殖培育，专门作为观赏鱼和两栖爬行动物所食用的饵料动物。杜比亚蟑螂体内含有特殊的蛋白和酵素，特别是粗蛋白的含量很高，中龙以后多喂食蟑螂可以提高

龙鱼的肌体免疫力、促进龙鱼的生长发育，对于龙鱼的发色和体质有着一定的催进作用，是龙鱼饲料中不错的选择之一。不过由于蟑螂的适口性非常好，所以小龙阶段最好不要多喂养，以免导致龙鱼以后偏食。另外活捉的蟑螂注意不要受到药物污染，并且在饲喂时最好去除所有的腿再投饵，不然龙鱼吞食时被蟑螂腿卡喉，处理起来会很麻烦。

③ 金鱼

众所周知，金鱼营养价值比一般的鱼还高，当然由于价格上的原因，若以它来作为活食势必会提高饲养龙鱼的成本。不过市场上有大批量的低档小金鱼（金鲫鱼）在售卖，它们的价格不会很高，作为活食的话，花销上与小河虾大致相同。小金鱼买回家后不要马上喂龙，因为在金鱼的生长过程中有可能会接触大量有害性的药品。如果买回来就直接喂龙，有害物质就会在龙鱼的体内沉积，从而影响龙鱼的寿命。所以买回小金鱼后，必须喂养一段时间，每天换水，同时配备过滤循环，让金鱼把体内的毒素代谢出去。另外，金鱼不适宜做长期主食，一旦处理不妥容易让龙鱼得内寄生虫，或是由于骨刺太大而伤及肠胃，治疗比较麻烦。

④ 面包虫

面包虫是龙鱼最爱的食物之一，因为在野生环境下，昆虫本身就是龙鱼食谱中重要的一部分。人工投喂面包虫，算是对龙鱼天然习性的一个回归。面包虫体内富含多种氨基酸，特别是色氨酸和苏氨酸，维生素含量也很高，幼虫含粗蛋白51%，脂肪28.56%，蛹含粗蛋白57%，成虫含粗蛋白64%，简直可以说是营养的宝库。不过也正因为如此，所以龙鱼投喂面包虫不宜过量，免得暴食上火，影响健康。面包虫最好的作用是作为龙鱼的副食。

⑤ 大麦虫

大麦虫的营养跟面包虫大同小异，也是龙鱼理想的主要昆虫饲料。其含有丰富的甲壳素和少量虾红素。大麦虫也可以作龙鱼的重要副食。

⑥ 泥鳅

泥鳅是一种营养价值较高的鱼类，有“水中活人参”之说，其中维生素 B_1 的含量比鲫鱼、黄鱼、虾类还要高，维生素 A、C 也较其他鱼类高，并含有蛋白质、脂肪、钙、磷、铁、等营养成分。不过泥鳅的生命力超强，甚至被龙鱼活吞后都可以在龙鱼肚子里长时间存活，并且不停蠕动，最终穿透鱼肠，造成惨剧。所以，为了防止悲剧发生，饲喂泥鳅前一定要将其杀死，或是提前冷冻储存，随取随用。

⑦ 蟋蟀

蟋蟀是一种含有丰富蛋白质，体内含有天然的红色素昆虫，可以稍微增加龙鱼体色，也是龙鱼比较喜爱的昆虫类。 但是由于有季节性的限制，所以蟋蟀最适合作为夏、秋两季龙鱼换口的零食。另外蟋蟀外壳比较硬，适合喂中鱼期或成年的龙鱼。如果一定要喂幼年的龙鱼，可以将蟋蟀先饲养一段时间，然后选取刚刚蜕皮的软嫩个体投喂。

⑧ 青蛙

青蛙，因其肉质细嫩胜似鸡肉，故而也称为“田鸡”。青蛙含有丰富的蛋白质、糖类、水分和少量脂肪，肉味鲜美，也是龙鱼的大补品。青蛙在龙鱼创伤时具有比较明显的调理作用，对治疗地包天的龙鱼也有一定的恢复作用（尤其是初期相对效果更好）。但青蛙体内寄生虫含量比较多，喂食时必须消毒处理，最好的办法就是去除表皮及内脏，仅留用多肉的大腿部分，或是提前冰冻消毒，饲喂时随时解冻。

⑨ 小甲鱼

给龙鱼喂养小甲鱼同样对于治疗初期地包天的龙鱼有一定的改善作用，此外甲鱼的营养丰富，蛋白质含量高，是不可多得的饵料佳品。需要注意的是由于其蛋白质含量过高，所以同其他的高营养饵料一样，不可多喂，最好用于零食。

3.水质控制

俗话说："养鱼先养水"。水是鱼类赖以生存的环境，较好的水质能减少鱼类疾病的发生，更有利于鱼类的生长。评价观赏鱼的健康程度和观赏价值首先要观察水的品质，龙鱼是高档的大型观赏鱼，分泌物、排泄物、食物残渣都会比一些小型鱼要多很多，因此水的品质尤为重要。水族箱里的水体环境要比所养鱼类的天然环境更难控制，这就要求我们要调控出比天然环境更优良、更利于我们观赏的养鱼用水。

其实龙鱼是适应能力非常强的鱼类，你需要营造的是稳定的水质条件，培养稳定健全的微生物链，创造稳定的水族生态系统，确保有益菌种占主导地位，从而抑制有害菌的生长，通过规律性管理，把各项水质指标控制在合理的范围之内，保持

水质良好的情况下，龙鱼颜色鲜艳有光泽

水质的长期稳定，就能满足饲养龙鱼的要求。

水质的好坏可以根据水体的氨、亚硝酸盐、硝酸盐浓度、pH（酸碱度）、溶解氧、有机物耗氧量、透明度等指标来衡量。

① 亚洲龙鱼适应的水温环境

野外的亚洲龙鱼分布在东南亚热带地区，常年有着稳定的水温环境。因此家庭饲养时可将水温控制在26℃～28℃，最高温度不要高过30℃，最低要保证在24℃以上。虽然龙鱼能在20℃的水温中存活，但会影响其进食、成长和发色，造成鱼呆滞不爱运动。而过高的水温，亦不利于龙鱼的生长，会造成水体内细菌和寄生虫的泛滥。

② pH 对龙鱼的影响

pH是水中氢离子浓度指数。饲养龙鱼pH一般控制在6.5～7.5之间。pH过高或过低，对龙鱼都有直接的损害，甚至会造成死亡。pH过低的水可使龙鱼血液中的pH下降，削弱其血液载氧的能力，造成龙鱼自身患生理缺氧症。尽管水中的溶解氧较高，但龙鱼仍常浮头；由于血液载氧能力低，耗氧也低，新陈代谢功能下降，龙鱼处于饥饿状态。pH过高的水则可能腐蚀龙鱼鳃部组织，使龙鱼失去呼吸能力而死亡。另外，水中的pH过高或过低，均会造成水中的微生物活动受到抑制，有机物不易分解。pH高于8.0时，水中大量的氨会转化为有毒的非离子态氨（NH_3）。pH低于6时，水中90%以上的硫化物以硫化氢（H_2S）的形式存在，增大了硫化物的毒性。所以，龙鱼饲养中水质的pH是至关重要性的一环。

那么影响pH的主要因素有哪些呢?

决定pH因素很多，但最主要的是水中游离二氧化碳和碳酸盐的平衡系统，以及水中有机质的含量和它的分解条件。二氧化碳和碳酸盐的平衡系统根据水的硬度和二氧化碳的增减而变动。二氧化碳的增减又是由水中生物呼吸作用、有机质的氧化作用和植物光合作用的相对强弱决定的。

一般来说饲养龙鱼的水族箱内 pH 过低，说明水有可能硬度偏低，腐殖质过多，溶解二氧化碳 CO_2 偏高而溶氧量不足，鱼的密度过大以及微生物受到抑制，整个物质代谢系统代谢缓慢。如果 pH 过高，或硬度较高，说明藻类等繁殖过于旺盛，光合作用过强或者水中腐殖不足。

平时注意规律性换水，不在过滤器中添加不需要的过滤材料是稳定 pH 的主要方法。

③ 水硬度对龙鱼的影响

水的硬度是指水中钙镁离子（Ca_2^+、Mg_2^+）的总量，它包括暂时硬度和永久硬度。水中钙镁离子以酸式碳酸盐形式存在的部分，因其遇热即形成碳酸盐沉淀而被除去，故称为暂时硬度；而以硫酸盐、硝酸盐和氯化物等形式存在的部分，因其性质比较稳定，故称为永久硬度。

水硬度是表示水质的一个重要指标，按照水中钙镁离子的含量（mg/L）可分为：0 ～ 75mg/L 极软水、75 ～ 150mg/L 软水、150 ～ 300mg/L 中硬水、300 ～ 450mg/L 硬水、450 ～ 700mg/L 高硬水、700 ～ 1 000mg/L 超高硬水、钙镁离子含量大于 1 000mg/L 时为特硬水。龙鱼能够生活在软水和中硬水中，喜欢软水环境。如果使用家用自来水曝气处理后饲养龙鱼，则无需担心硬度过高的问题。但若使用井水等高硬度水，则必须进行降低硬度处理。

降低水硬度的方法有：

a. 煮沸法。煮沸水可排除水中碳酸化合物，降低暂时的硬度，但不能解除硫酸化合物、氯化物等。所以煮沸法降低硬度的幅度有限。

b. 活性炭吸附法。活性炭可吸附水中金属离子，从而降低水的硬度，同时还有杀菌和除腥味的作用。将活性炭放入滤化器水中，把需要调整的水反复通过活性炭，也能降低水的硬度。

c. 配比法。即在原有水中加入软水，降低原有水的硬度。

④ 水中氨氮含量对龙鱼的影响

水中的氨氮含量包含氨（NH_3）、铵（NH_4^+）、亚硝酸盐（NO_2）、硝酸盐（NO_3）4个成员，它们是龙鱼排泄物和水中有机物分解后的产物，前三者都是有毒的，硝酸盐虽然毒性不大，但水中含量过多也会造成龙鱼频繁爆发疾病。处理掉硝酸盐的最好办法就是定期换水，而处理其三种成分的办法就要讲究方式方法了。

氨，龙鱼排泄物、残饵等有机物由益氧性细菌分解成氨。水中氨的浓度对龙鱼有很大影响。氨的浓度为0时，龙鱼生理状态健康，活泼好动、食欲旺盛，鱼鳍尤其是龙鱼的后三鳍舒展度好，各种表现正常；氨的浓度为0.5～1ul/L时，龙鱼开始出现紧迫感，呼吸加速，缩鳍；氨的浓度为2～3ul/L时，龙鱼就会有明显的紧迫感，不但呼吸加速，缩鳍，而且会出现细菌感染等并发症，严重时会危及生命；氨的浓度为4～5ul/L时，龙鱼的死亡机率就会达到50%；氨的浓度超过6～7ul/L时，龙鱼的死亡机率就会更高。氨的毒性反应还表现为龙鱼体表灼伤、体表出现黑斑、鱼鳍撕裂、没有方向地转小圈回游、趴缸或跳缸等。

亚硝酸盐对龙鱼的毒性比氨还要厉害，3～5 ul/L就可以致命。亚硝酸盐中毒可以表现为龙鱼缺氧症状，呼吸急促，游在上层（浮头），鳃丝呈褐色而不是正常的鲜红色。亚硝酸盐

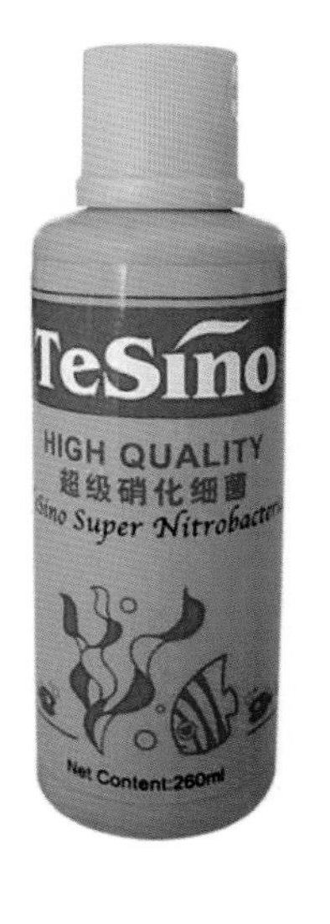

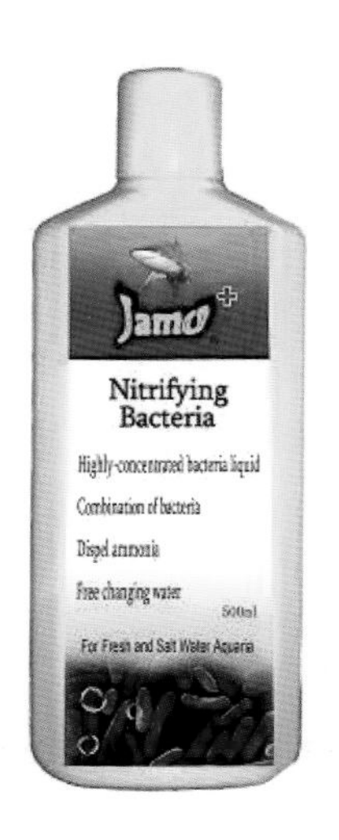

市场上的各种硝化细菌

损伤了龙鱼的鳃，形成了鳃部肿胀，出现黑鳃或黄鳃现象。由于龙鱼携氧能力遭到损害，造成龙鱼肝脏及鳃部出现空泡化等异变，进而造成龙鱼的死亡。

亚硝酸盐经由硝酸菌分解成硝酸盐，亚硝酸盐形成以后，为硝酸菌提供了食物。这里仍以新开的龙缸为例，开始的时候，硝酸菌繁殖的速度比亚硝酸盐的形成速度慢，亚硝酸盐升高，到第 17 天左右，亚硝酸盐的浓度达到 1 个峰值。接下来，由于硝酸菌分解消耗亚硝酸盐的速度超过亚硝酸盐的形成速度，亚硝酸盐的浓度逐渐下降，第 30 天左右，亚硝酸盐被逐渐减至零。

硝酸盐一般没有毒性，也有容忍的范围，安全范围为 40ul/L 以下。超过安全范围时，龙鱼也会有紧迫感，不爱游动，鱼鳍上出现红斑或血管充血，免疫力下降。

降低水中氨和亚硝酸盐的有效方法是合理使用过滤器，并保持水质其他指标的稳定。那么如何合理使用过滤器并保持水质稳定呢?

a. 硝化细菌的使用

市场上销售的硝化细菌制剂可分为活菌及休眠菌两种。前者是利用细菌的活体制成，在显微镜的观察下，可看到它们的活动情形。后者是利用休眠菌制成，在显微镜的观察中，则无法看到它们具有活动能力。饲养者可以根据自己的需要选购使用。

活菌多为液态制剂，选择活菌的好处是除氨效果迅速，最适用于氨浓度过高的紧急情况。但是由于活菌对氧气的要求十分严格，尤其是硝酸菌属的细菌只能在氧气充分的情况下才能生存，正因为如此，要将活菌保存并制成产品，常有保存上的困难。所以在购买这类产品时，要特别注意它的有效使用期限，如果使用过期产品，就除氨的效果而言，也是没有什么好处的。

休眠菌多为干粉状，其优点是耐久藏，相对不用担心失效的问题，由于休眠菌变成活菌所需的活化过程可能需要一定的时间，因此其发挥效力就会相对慢一些。休眠菌的保存期限约为一年，使用时需注意商品所标明的使用期限，以免过期失效。

b. 过滤泵的排量

理论上说，水泵应该是排量越大处理能力越强，这样在单位时间内流过滤材的水量越多，被处理的水体容积越大。但实际并非如此，因为过快的水流会把未经过处理的水又带回到原缸中。在常见的底部溢流过滤中，过滤泵的每小时排量为水族箱和底部过滤槽总容积的 2 ～ 4 倍时处理效果最佳，上部过滤则以 2 ～ 3 倍为宜。因为一定的水体容积所承受的饲养密度是一定的，想要达到理想的水质标准，常规的水质检验是不可缺少的。

c. 有规律的喂食和换水

换水的频率和多少，要和喂食的情况结合起来考虑，饲养密度大或是喂食量大，水体内的有机废物就相对较多。氨、亚硝酸盐、硝酸盐的含量也会比较高，这种情况下，换水量就应相应增加，比如每次换掉 1/3，但最多不应超过 1/2。换水的频率也要相应增加，比如每 5 天就要换一次。反之，饲养密度小或是喂食量小，硝化细菌的食物不充足，频繁大量的换水反而会使硝化系统不稳定。

换入的新水一定要经过晾晒处理，去除自来水中漂白粉所产生的氯。新水进缸一定要“慢”，防止温度和 pH 剧烈变化引起龙鱼的不良反应。

黑水是降低 pH 常用的药物

d. 保持稳定的 pH

经研究和试验证明，龙鱼对氨的耐受程度和水的 pH 存在反比例关系，也就是说 pH 增加，龙鱼对氨毒性的容忍范围减低。pH 高时，氨可转化为对龙鱼有很大毒性的分子态氨，抑制龙鱼生长，损害鳃组织，加重鱼病。分子态氨在致死浓度下，会使龙鱼急性中毒而死亡。龙鱼在发生氨急性中毒时，会表现为严重不安。在这种情况下，如 pH 高于 7，具有较强的刺激性，使龙鱼体表黏液增多，体表充血，尤其是鳃部及鳍条基部出血明显。

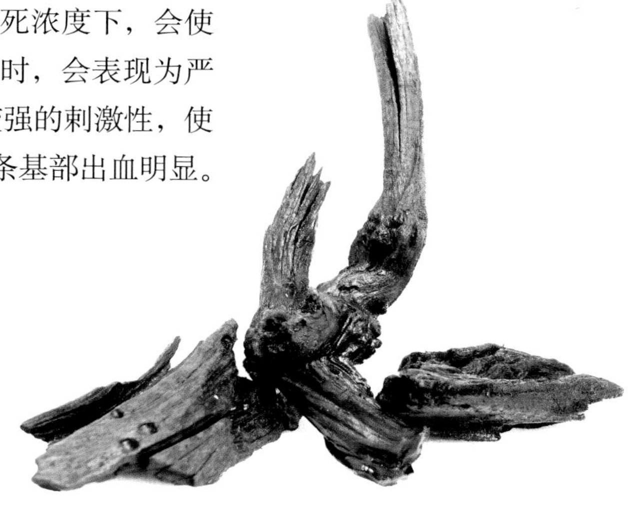
沉木也能降低水的 pH

下面引用一组数据：

pH 为 7.0 时，氨浓度不能超过 4ul/L
pH 为 7.2 时，氨浓度不能超过 3ul/L
pH 为 7.4 时，氨浓度不能超过 2ul/L
pH 为 7.6 时，氨浓度不能超过 1ul/L
pH 为 7.8 时，氨浓度不能超过 0.75ul/L
pH 为 8.0 时，氨浓度不能超过 0.5ul/L

4. 饲养龙鱼常见问题的预防和解决

在家庭饲养亚种龙鱼的过程中，总会有这样或那样的问题困扰着刚入门的爱好者。 比如龙鱼掉眼、趴缸等。这些问题虽然不致命，但也大大影响龙鱼的美观。如何才能有效预防这些问题呢，如果遇到这些问题该如何解决呢？

① 趴缸

趴缸是龙鱼日常饲养过程中的常见现象。多数不能算作疾病，但是看着心爱的龙鱼无精打采趴在缸底，对龙鱼爱好者来说是一种打击和折磨，毕竟有谁不想欣赏龙鱼那充满霸气的高贵泳姿呢？

趴缸的成因主要有 4 点：

a. 水质的大幅度波动。多见于大量换水，大量更换清洗滤

材，从而引发水质大幅度动荡。此种情况，老水缸换水过后更容易出现。老水缸的 pH 越低，换水后 pH 波动超过 0.4 时很容易出现这种现象。另外新龙入缸后出现的趴缸现象，一样是水质不适的直接反应。

b. 鱼缸内外环境的大幅度改变。龙鱼对周围环境的变化比较敏感。包括水族箱内部环境的变化。比如增加或者减少了混养鱼，设备的变动，水流，光线强弱的变化，以及水族箱外部环境的改变都会造成龙鱼的紧张，从而有趴缸现象的发生。

c. 疾病。因为疾病，龙鱼往往也会有趴缸的现象，这种趴缸的现象有别于以上两种。应该仔细观察龙鱼的体表有无明显的变化，食欲的好坏往往最能说明问题，

d. 精神紧张。任何生物都存在天敌，使它们的精神时刻处于戒备状态，这是生物精神紧张产生的缘由。同样，龙鱼的精神紧张和环境的变化有着千丝万缕的联系，周围突然出现异常声光信号，都会使龙鱼受到惊吓，从而伴随趴缸现象的产生。白天经常趴缸而晚上比较正常的龙鱼多是由于精神问题造成的。

当水质大幅度变化时，龙鱼很容易出现趴缸现象

趴缸的处理方法有：

a. 保持水质的稳定。避免大量换水，老化的滤材要用原缸水少量分批清洗或者更换。避免硝化系统破坏造成水质不稳定。换水速度不宜过快，保持规律性换水。

b. 保持环境相对稳定。一旦龙鱼入缸就要克制自己试图改变环境的欲望，环境的稳定对于稳定龙鱼情绪，促进龙鱼食欲都非常有利。

c. 仔细观察对症治疗，龙鱼恢复了健康也就摆脱了趴缸的困惑。

d. 尽量避免水族箱周围异常声音和景物的突然变化。

另外，龙鱼趴缸不但让欣赏者感觉不舒畅，对于龙鱼来说，因缺少运动量造成食欲下降、体形肥胖，间接影响到龙鱼的健康。因此可以通过增加冲浪泵加大冲浪水流来迫使龙鱼增加运动。

提供适当的水流强度，龙鱼的胡须会笔直坚挺

② 龙鱼须打结弯曲、长瘤以及唇部长瘤

挺直的龙须是龙鱼帝王般威严的象征，但是往往有很多龙鱼饲育者受到龙须打结、长瘤以及唇部长瘤的困扰。

龙鱼须打结、长瘤以及唇部长瘤的原因主要有：

a. 长期的水质不良。龙须打结、长瘤以及唇部长瘤多发生在水质老化的水族箱里，由于饲育者疏于管理，饲养密度较大，换水没有规律，换水周期较长，造成高硝酸盐的生存环境。

b. 水质的波动大：多见于大量换水，大量更换清洗滤材，从而引发水质大幅度动荡。

c. 龙鱼有上下磨缸的习惯，造成的局部组织增生。

d. 水族箱里冲浪的水流过强。

处理龙鱼须打结，长瘤以及唇部长瘤的方法有：

a. 做好水质管理工作，通过少量多次换水，调整水质，比如每天换水 1/5，连续换几次，使老化的水质得到改善；保持规律性换水，确保水质优良；控制合理饲养密度，创造良好生存空间。

b. 避免大幅度调整水质，大量清洗更换滤材，保持水质稳定。

c. 适当控制水流强度。

③ 龙鱼拒食

龙鱼拒食是让人感到头痛的事。有的龙鱼短至十天半月，长至半年以上没有食欲，给饲养者造成了极大的心理负担。

龙鱼拒食的主要原因有：

a. 长期单一性食物。当您发现龙鱼见到平时非常喜爱的食物也不狼吞虎咽，而是细嚼慢咽的时候，表示这种食物它已经吃腻了。

拒食的龙鱼当小鱼游到口边也不进食

b. 水质的剧烈震荡造成的拒食。大量换水，大量更换清洗滤材，从而引起硝化系统破坏，造成水质大幅度动荡。龙鱼由于调节机能不能短时间适应，造成没有胃口。

c. 环境的突变造成龙鱼拒食。由于水族箱内外环境的改变，造成龙鱼的精神压迫，使食欲降低。

d. 缺少竞争机制，长期美食饱食造成厌食。自然界中的野生龙鱼迫于自身生存的需要，对于食物的渴望非常强烈。而单养在水族箱里的龙鱼，没有竞争对手的存在，久而久之这种欲望就被消耗殆尽了。

e. 疾病造成的拒食。通常龙鱼生病后没有胃口或胃口下降。

龙鱼拒食的处理方法有：

a. 不定期改变食物的种类，既能避免营养不良又可以杜绝单一食物造成的厌食症发生。亚成鱼以后适度控制饮食，每周定期停喂两天，有助于保持食欲旺盛。

b. 保持水质的稳定，避免大量换水，老化的滤材要用原缸

水少量分批清洗或者更换。避免硝化系统的破坏造成的水质不稳定。换水速度不宜过快，保持规律性换水。

c. 增加混养鱼。选择比所饲养的龙鱼体形略小一点的龙鱼，至少两条。这种竞争机制的引入对于增进食欲功效卓著，立竿见影。

d. 进行季节性和阶段性停食。

e. 找出病因，对症下药。恢复健康的龙鱼自然胃口大开。

另外还可以通过增加冲浪的水流，迫使其增加运动量。适度提高水温，加快龙鱼自身新陈代谢。添加龙鱼专用免疫维他命促进龙鱼食欲。

④ 龙鱼掉眼

所谓掉眼，是指龙鱼的眼睛没有平直地“镶嵌”在眼眶中，而是呈一定角度的向下坠出，好像要从眼眶中“掉” 出来一样。这是龙鱼最常见的问题之一。

龙鱼掉眼一般是由于光线问题造成的。光线强弱不均是造成龙鱼掉眼的罪魁祸首。动物的眼睛有“趋光”和“羞光”两重性。由于生存的需要，近水面猎物在眼中的成像刺激，造就了龙鱼追逐上方活动景物的本能，这就是眼睛的“趋光性”。由于突然的强光刺激，龙鱼眼睛瞬间产生回避光线的自然反应，这是眼睛的“羞光性”。为什么水族箱里生活的龙鱼容易产生掉眼呢？因为在水族箱里如果光照强度过大，超出了龙鱼眼睛的承受能力，龙鱼就会因为长期的“羞光”造成调节机能的疲劳从而造成掉眼。另外有些使用水中灯的水族箱因为光照强度不均衡，造成水族箱里有明亮区域和阴暗区域，这种光线强弱不均同样会造成龙鱼眼睛调节机能的疲劳，促成掉眼的发生。

处理龙鱼掉眼的方法有：

a. 合理选择灯光的强度，减少强光对龙鱼眼睛的刺激。通常龙鱼不需要太强的光照强度。一般长 1.5m 水族箱照明设备应在 40w 左右，1.8m 水族箱 60w，2.0m 水族箱 80w 比较合适。

b. 合理利用龙鱼眼睛的“趋光性”，尽量保持水族箱内光线强度的一致性，有利于减少龙鱼视觉调节机能的疲劳，对于防止掉眼是十分有利的。

c. 保持水族箱外环境的相对稳定，水族箱内外光线强度不能有太大反差。

d. 保持合理的开关灯顺序，先开室内灯，再开鱼缸灯，先关鱼缸灯，再关室内灯，给龙鱼的眼睛以充足的调节时间。避免不必要的突然开关灯，最好用定时开关控制，定时开关灯。

e. 合理使用水中灯。使用水中灯时可以在水族箱内部上侧增加一盏上部灯配合使用，以确保水族箱内光线强度的一致性。

⑤ 龙鱼口部地包天

饲养龙鱼的过程中，这种“地包天”的现象非常多见。红龙鱼相对于过背龙鱼好像更多一些。除去先天遗传的因素，人为控制生长是“地包天”产生的主要原因。大家都知道龙鱼是通过下颚的运动吞咽食物，利用“用进废退”的原理更好解释这种现象，因此大多数龙鱼的下颚比上颚要长一点是正常的。但是严重的“地包天”从审美的角度看，并不讨人喜欢。

饲养水质不良造成了龙鱼口部不能完全吻合

长期饲养在狭小的环境中，
造成地包天的几率很高

龙鱼口部地包天的处理方法是：

轻度的地包天是可以通过后天调节完全恢复，而中度的地包天通过适当的方法也可以得到改善。操作方法主要是调节龙鱼食欲，增加饮食和营养。平时多喂鱼虾、泥鳅、青蛙、小鳖等钙质含量高的食物，同时可以增加维他命补充弥补营养不足。

⑥ 龙鱼缩鳍

龙鱼缩鳍的产生原因有：

a. 寄生虫是龙鱼缩鳍的原因之一。

b. 水质的波动是诱发缩鳍的重要因素。

c. 环境太过空旷，造成的精神压迫也是龙鱼缩鳍的重要原因。

另外还有很多不明的原因造成龙鱼缩鳍，由于缩鳍严重影响到龙鱼优美身姿的展现，需要我们认真观察，确定病因加以克服。

龙鱼缩鳍的处理方法有：

a. 幼龙期可以先在比较小的环境中饲养，以减少精神压迫对于龙鱼的影响。

b. 保持良好水质，确保水质的稳定，避免疾病的发生。

c. 做好活饵的消毒检疫工作，避免寄生虫滋生。

d. 做好日常管理工作，发现问题及时处理。

健康的龙鱼有飘逸的胸鳍

健康龙鱼捕食时胸鳍舒展

印度尼西亚的龙鱼养殖场

四、亚洲龙鱼的生产性养殖技术

亚洲龙鱼由于市场价格高，一直是观赏鱼养殖业内的重要产品。养殖龙鱼是投资大、利润高的项目，许多养殖户在具有一定资本后，想试图养殖亚洲龙鱼。然而，遗憾的是，由于亚洲龙鱼对水质、温度等多方面因素的特殊需求，目前只有原产地国家能大规模繁殖。国内只有零星繁殖成功记录，其成熟经验还有待摸索。

本节中主要结合国外养殖经验，介绍一下亚种龙鱼养殖的基本条件和方法。考虑到诸如水质、水温等因素，生产性养殖和家庭性饲养没有太大区别，这里就不重复介绍了，读者可参考前面家庭饲养部分的介绍。本节主要介绍亚种龙鱼的繁殖和育种技术。

1. 亚洲龙鱼的繁殖

由于亚洲龙鱼属于大型热带鱼，而且性成熟比较晚。因此需要较大的饲养面积，且必须能满足其对温度的需要。故此，养殖亚洲龙鱼只适合在热带地区进行。在我国只适合在广东南部、海南岛和台湾地区进行养殖。其余地区因冬季供暖消耗能源太多，不宜开展养殖。

从龙鱼口中取出的龙鱼卵

龙鱼养殖场要建设在地势较高、向阳通风且采光好的环境中。土壤要求是酸性红土壤。可使用食用鱼鱼塘改建为龙鱼养殖塘。每个鱼塘要求长30m宽20m以上，通常每亩建设一个鱼塘即可。鱼塘可使用土塘，也可在塘边用水泥砌筑出防水堤岸，但为了用比较经济的方式使水保持在弱酸性，最好不使用全水泥池塘。池塘四边和上方要安装防护网，防盗和防止其他动物偷食龙鱼，造成损失。

鱼塘深度在2m左右，可采用四边浅中间深的建造方法。底部土壤夯实，减少水的下渗。有条件的可在塘边种植少量水生植物，调节水质。而且水生植物引来的昆虫也是龙鱼喜欢食用的天然饵料。

鱼塘建好后，要用每亩15kg的生石灰对其进行消毒。消毒后要至少放水静养1个月，以便让酸性土壤充分中和掉生石灰所带来的过多硬度。之后就可以选择个体强健、生长成熟的龙鱼作为种鱼放入池塘饲养了。

龙鱼的雌雄鉴别虽然从外表上看十分困难，但也还是有区别特征的：雄鱼口部宽大，雌鱼口略窄小。成熟后雄鱼鱼鳍比雌鱼宽大，且体表颜色更加鲜艳。选好的雌雄龙鱼可按照1 ∶ 1的比例放入养殖塘中，每亩放种鱼10 ~ 12尾为佳。种鱼放养密度过大，不但不会顺利繁殖，反而会造成龙鱼争夺领地相互

龙鱼幼苗

打斗导致死亡现象。

除养殖塘外，应另建幼鱼养殖室若干间，内建水泥池和大型水族箱，以便饲养存放幼鱼。饲养幼鱼的鱼池应在长 2m，宽 1m，高 0.6m 左右为宜。水族箱尺寸为长 1m，宽 0.5m，高 0.4m，用来存放孵化 1 个月以内的龙鱼苗。

养殖塘内的亲鱼每天投喂两次，早上、下午各 1 次，每次投喂量按鱼体重的 5% 即可。可使用河水杂鱼为主饲料，配合使用昆虫幼虫等。亲鱼在池塘内自行配对繁殖，产卵后雄鱼将卵含在口中孵化。亚洲龙鱼的雄鱼 7 龄性成熟、雌鱼 6 龄性成熟，一般 8 龄以上进入最佳繁殖期。亚洲龙鱼每次产卵 20 ～ 50 粒，一般在 30 粒左右，每年可繁殖 1 ～ 2 次。龙鱼卵直径 2cm 左右，40 天后小鱼能从亲鱼口中游出，此时小鱼还不能觅食，靠悬在腹部的残余卵黄存活。亲鱼会一直照顾小鱼，40 天后，小鱼能自由游泳觅食。在孵卵期间，雄鱼不进食，因此让亲鱼自己照顾小鱼对亲鱼的体力损耗太大。为了提高产量，避免因亲鱼将小鱼误吐在池塘中，被其他鱼吃掉，应尽可能采取人工孵化鱼卵。

养殖户应每月打捞一次池塘中的亲鱼，发现含卵的亲鱼，应掰开鱼嘴将卵倒入事先准备好的水盆中，拿到幼鱼繁育室内

定期打捞
检查亲鱼

采集龙鱼卵的过程

孵化。这样亲鱼不久后就又会发情产卵，同时小鱼在人工环境下孵化的成活率也比较高。

当孵化出的幼鱼可以自己觅食时，就进入了龙鱼幼苗的养成阶段。

2. 亚洲龙鱼不同生长阶段的饲养方法

亚洲龙鱼的不同生长阶段主要分为：稚龙期、幼龙期、中龙期和成龙期 4 个阶段。

① 稚龙期的饲养方法

稚龙期是指从孵化到体长 15cm 的龙鱼，这个阶段的前半部分，龙鱼不进食主要靠腹部悬挂的卵黄存活，俗称“脐带龙”。随着卵黄被吸收的逐渐减小，到 40 天龄的时候稚龙开始寻觅食物。此时可用切碎的鱼肉或细小的河鱼苗喂给稚龙。但要注意饵料的消毒，因为稚龙体制十分弱，非常容易感染疾病。这个阶段，龙鱼生长速度很快。如果饲养良好，100 天时就可以长到 15cm 以上了。此时进入幼龙的饲养阶段。

200 日龄的红龙鱼苗

1 年龄的金龙鱼幼苗

② 幼龙期的饲养方法

幼龙期是指体长 15 ～ 30cm 的龙鱼，此阶段是龙鱼的黄金生长期。在此期间应该适度保持较高的水温，以 30℃为宜，保持高一点的换水频率，根据饲养密度的大小，基本每周需要定期更换总水量 1/5 ～ 1/4 的水，以刺激幼龙的新陈代谢，提高对环境的适应能力。食物以河杂鱼、金鲫鱼等活饵为主，对于大麦虫、虾仁等适口性更高的饵料，幼龙时期不宜过早喂食，否则一旦将幼龙嘴巴喂刁，容易造成偏食，营养摄取不均衡，生长趋于迟缓，得不偿失。幼龙的饲喂频率以多餐少食为宜，每天 2 ～ 4 餐，每餐 8 分饱。

龙鱼的发色一般在体长 25cm 左右时开始，也有很多龙鱼在更小的时候开始发色，有些则发色要晚一些。根据实践经验，发色的早晚不是以后发色优劣与否的标准。幼龙鱼发色期间，应尽量多提供一些阳光照射，这样有利于日后龙鱼体色的鲜艳度和光泽度。

③ 中龙期的饲养方法

中龙期是指体长 30 ～ 45cm 的龙鱼，此阶段的龙鱼发色和成长同样重要，这个时期可以适当降低水温，控制在 28℃～ 29℃比较理想，夏季应该采取必要的降温措施。水温

过高龙鱼会有明显的褪色现象。饮食上需要对食量做出适当限制，可以添加一些昆虫作为辅助饵料，以促进增色，但一定要明确过快的生长不利于色素层的堆积，反而会日后降低龙鱼的市场卖价。营养的均衡是健康成长和发色的基础。为了避免龙鱼嘴刁偏食，投喂的原则为先给不吃的鱼虾（小鱼小虾），再给爱吃的昆虫（蟋蟀、大麦虫），不吃鱼虾则什么也不给。每天 1 ～ 2 餐，每餐 7 分饱。

大约生长到体长 30cm 左右后，红龙鱼的鳞框出现发色迹象，一般发生在第 2 ～ 4 排、第 1 ～ 3 纵列的鳞片，开始没有明显的界限，随着时间逐渐明朗。逐渐向尾部铺展。直至幼龙长到 40 ～ 45cm 左右，鳞框的发色有从外向内蔓延的趋势，色素带的宽度增加了。而过背金龙鱼的发色要比红龙鱼稍晚一些。

④ 成龙期的饲养方法

体长 45cm 以上的成龙生长速度明显趋于迟缓。除去大部分进入市场出售外，留下的可以作为种鱼的待选个体。这个时期可以适当延长换水周期，减少换水频率。将水温控制在 28℃左右，用 pH 较低的老水培养，龙鱼的颜色会更加鲜艳。食物的供给趋于多样化，小鱼、虾、昆虫都可以投喂，但过度的喂食会造成脂肪累积，因此保持适当的饥饿感对于控制体形和健康非常重要。此阶段每天投喂 1 餐，每周停喂 2 天，每次 5 ～ 6 分饱就基本能够满足营养的需求。

如此再经过 5 ～ 6 年的培养，就可以作为亲鱼使用了。

成熟发色中的红尾金龙鱼

五、亚洲龙鱼的鉴赏和评选标准

关于龙鱼的鉴赏标准是一个“众口异词”的话题，因为每个人对于美的理解不同，在每一个饲养者的心中都有自己的审评准则。养龙的最高境界是精神修养，是追求一种全新的有利于身心健康的自然生活。以快乐的心境享受整个饲养过程。是对一种健康生活方式的理解和追求。饲养是这个过程中的一个重要环节。饲养的最高境界是“雕琢”。细节成就完美，一件完美的“龙鱼作品”需要从各个细节去修身塑形。

龙鱼所具有的阳刚之美很难用笔墨来形容。先天优良基因的继承和后天饲养环境共同打造了龙鱼所独具的魅力神态和飘逸身姿。每一条龙都值得我们细细品味。

可以从以下几个部分去欣赏品鉴龙鱼的美。

1. 头型

龙鱼的头型基本上有两种，即炮弹头形和汤匙头形。钝头形，也就是所谓的炮弹头形，原生版的血红龙鱼多见，给人的

红龙鱼的头型

金龙鱼的头型

感觉是稳重大方。翘头形，多见于辣椒红龙，翘头形因为形似汤匙，故被称为汤匙头形，因为更符合大众的审美观念，被更多的红龙鱼迷喜欢，所以倍受追捧。但是钝头形的过背金龙鱼因为更具有古典过背的风范，反而是优质过背龙鱼的重要评价指标。

2. 胡须

挺直的龙须是龙鱼帝王般威严的象征。胡须要求长且挺直并齐。胡须有内八字或外八字的表现，绝对的两须平行很少见，略微外伸的外八字更符合多数人的审美原则。

在日常的管理中要注意对龙须的保护，一旦外伤造成残缺，严重影响龙鱼的美感。龙须虽然能再生，但一旦严重损伤则难以完全复原。另外精神紧张的龙鱼有顶着缸壁上下磨缸的习惯，容易造成龙须局部组织增生或须瘤。龙须对水质变化敏感，大量换水造成的水质动荡也往往使龙须弯曲、打结、变形，因此保持良好水质和稳定环境非常重要。

胡须过短的类型

正常向前伸展的胡须

正常向前伸展的胡须

3. 唇

唇的红度往往被红龙爱好者作为幼龙挑选的重要指标之一，对于红龙来说深红或者暗红的唇相较于橘红色的唇能够使红龙更具魅力。

地包天的嘴型

正常嘴型

4. 上下颚

上下颚均要求不突出，完全吻合。在实际饲养的过程中，上下颚的交界处，也就是嘴角常出现凸起状增生物，一般多为水质波动过大造成的应激反应。所以保持水质稳定，一段时间以后能够自然恢复。龙鱼由于吞咽食物过于猛烈或者机械性撞击，造成上下颚不能闭合，类似人类脱臼的情况，轻微的可以自然复原，严重一点的需要人工按摩，帮助其完全恢复。先天造成的下颚突出，基本无法改变。因此在幼龙挑选的过程中要尽量避免选择下颚明显突出的个体。后天的下颚突出在日常饲养过程中，只要提供均衡的营养，基本可以避免。

5. 眼睛

优秀龙鱼的眼睛大小要均匀，平贴，明亮有神，不下垂，无白浊现象。眼睛和头部的比例要适中。后天的人为控制生长往往造成龙鱼眼睛与头部的比例失调，因此即使采用慢养的手法，也不可过度。细菌性凸眼造成眼睛凸出有碍美感，因此平时的水质管理不可疏忽。后天光照环境不良造成的掉眼，严重时不利于观赏，因此选择强度适中，光照均匀的饲育环境十分必要。

掉眼的形态

向内凹陷的眼睛

6. 鳃

龙鱼的鳃要与身体的弧度相配合，紧贴鱼身，软鳃平顺，无外翻、内合现象，无褶皱，无凸起或凹陷。龙鱼的鳃要有细腻的光泽，呼吸时开合顺畅，频率适中。

常见的鳃部疾病多为软鳃外翻，也有内合现象，多由于水质管理不善造成抗机能性反应。一般通过改善水质，加强过滤，加大换水频率，增加水中的溶解氧，可以改善或者恢复。也有鳃霉菌或者原生动物以及黏孢子虫类造成翻鳃的情况。发现翻鳃现象要及时处理，一旦翻到硬鳃，完全恢复就有难度，相应的保守治疗没有效果，应尽快采取麻醉手术剪除外翻的软鳃，保持良好的水质，一段时间以后基本可以复原。

7. 鳞片

鳞片是一条龙鱼最重要的观赏点。整齐、宽大、明亮，平顺而不变形是龙鳞的基本要求。同时龙鳞反映了龙鱼的营养状况，营养均衡的龙鱼鳞片边角完整，营养不良则有锯齿状龙鳞表现。鳞片是决定龙鱼体色的最重要因素，鳞片的色彩是欣赏龙鱼的重点之一，所以龙鱼的鳞片对爱好者来说至关重要。

鉴赏龙鱼鳞片时，鳞片基底最好不能有黑色斑点。幼龙（15cm 左右）鳞片的光泽度和第一鳞框的清晰度往往是区分质量优劣的重要指标之一。现在的审美观念中往往根据鳞框的宽度划分为细框、中框、粗框或无框，鳞框的宽度决定了主发

鳞框，龙鱼发色的源泉

色带的宽度。位于鳞片内侧与鳞底之间的是第二鳞框，第二鳞框便是龙鱼鳞片发色的“源泉”。第二鳞框的表现在粗框鳞片上尤为明显，一般随着龙鱼的不断成长，第二鳞框不断变宽，逐渐向鳞底铺展，也就是所谓的“吃底”。根据实践经验，生长的速度决定着吃底的速度，采取快养的手法，往往吃底速度较快，但第一鳞框与鳞底的边界没有层次感，色素层的厚度明显变薄。水的酸碱度同样对鳞框影响很大，往往高 pH 的水质条件下，龙鱼细框的表现更长久一些，低 pH 的条件下吃底的速度更快一些。

恶劣的水质条件和营养不良一样会造成溶鳞，严重时需要手术拔除。新的鳞片长出来以后，基本可以完全恢复。另外水质不良、营养不均造成的侧线孔放大，通过加强管理，适当补充维生素可以避免。

龙鱼鳞片的色彩除了先天的色素基因显现外，和饲养环境

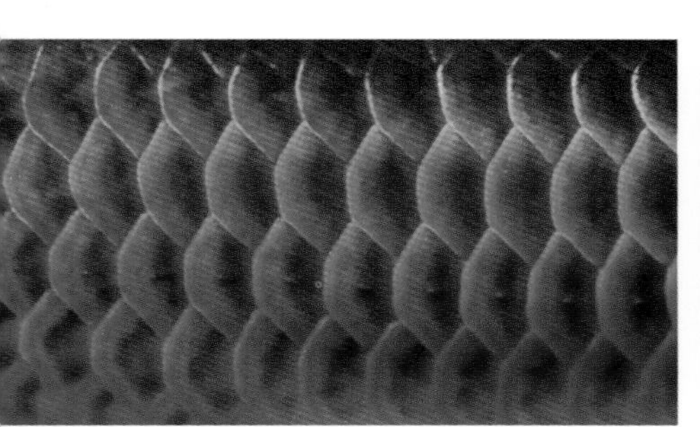

绿底色红龙鱼的鳞片

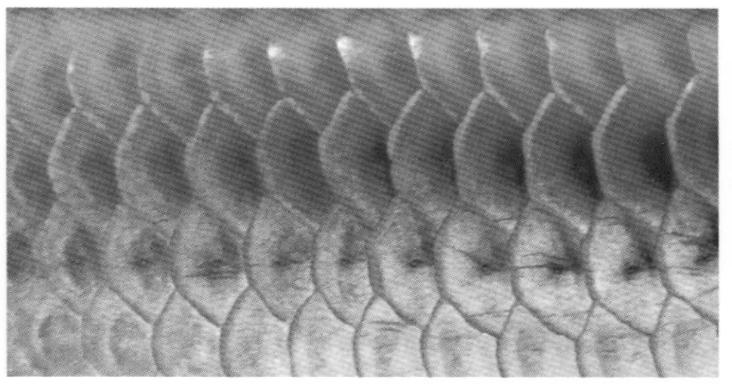

紫底色红龙鱼的鳞片

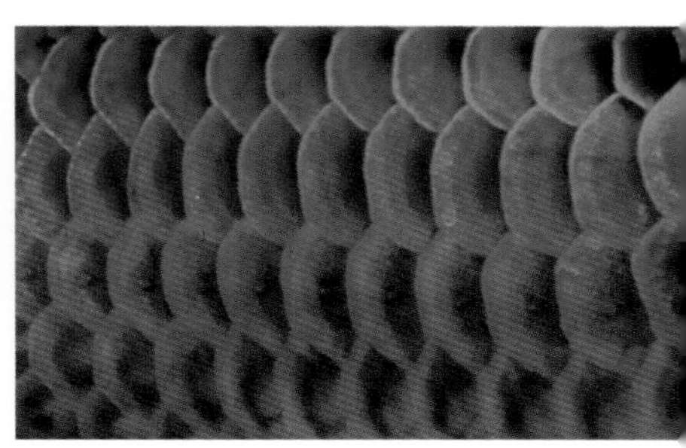

蓝底色红龙鱼的鳞片

密切相关。在黑水、黑色背景营造的幽深氛围中鳞底给人的感觉就是比较“脏”。但是鳞片的色彩有明显加深的感觉；通透的环境、清爽的水色会造成鳞底更干净明亮，但色泽会明显降低。如果不使用黑水，不开红色植物灯，不喂增色饲料来培养龙鱼的鳞片，无疑对于展示鳞底有着很重要的作用。而无论是红龙或是过背金龙，这都是除发色之外另一个角度的重要欣赏，金底、蓝底、黑底、紫底、白底、青紫底在不同光照环境下焕发出的“五彩光芒”，着实令人目不暇接，美不胜收。

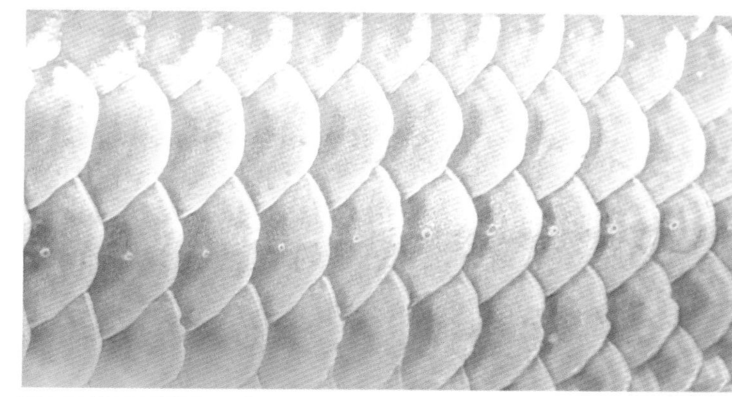

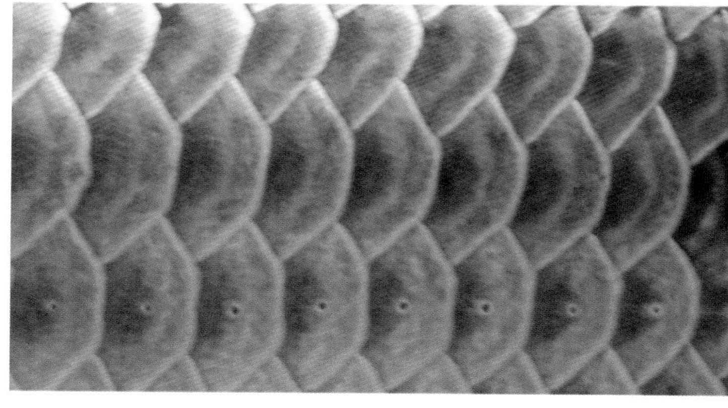

上：白金色金龙鱼鳞片
中：金龙鱼鳞片
下：蓝底色金龙鱼鳞片

8. 胸鳍

胸鳍必须具有美丽的弧形，平滑的伸展，在这一点上红龙鱼的表现比金龙鱼更加受到人们的重视。传统的审美观念中，更多的红龙鱼迷把胸鳍宽大舒展，长度超过腹鳍作为选择标准，因为宽大舒展的胸鳍的确更具威武气势。

9. 腹鳍以及后方三鳍

腹鳍要完整左右对称，后方三鳍大而张开，不能歪扭，梗骨平顺。后方三鳍以大为美，对红龙鱼来说，各鳍的颜色越红艳越好。

龙鱼各鳍容易因为机械性外伤造成破裂，以及常见的自切现象，一般情况下能够自然恢复，或者进行外科手术整形。胸

优雅舒展的胸鳍

鳍因水质长期不良会出现瘤状增生物。如果调整水质没有效果，则需要手术切除。尾鳍有凸起状增生，往往为外伤造成的代偿性增生，水质稳定会逐渐消退，但会留下永久的疤痕。缩鳍多为精神紧张所致，因此应该尽量保持稳定的饲育环境，避免造成龙鱼精神紧张。

宽大的红龙鱼后三鳍

宽大的金龙鱼后三鳍

后三鳍伸张不够的金龙鱼

后三鳍伸张不够的红龙鱼

10. 肛门

龙鱼的肛门要求不凸出，无红肿。

由于饲养投喂尖锐状食物，难于消化的食物或者喂食过度往往造成龙鱼脱肛。一般通过投喂易于消化的食物，少量多餐进行调养。或者停食一段时间能够自然复原，并且脱肛情况多发生于幼龙及中龙阶段。如造成习惯性脱肛需要手术剪除，因此日常管理不能松懈。

六、亚洲龙鱼的疾病及防治

龙鱼对水温较为敏感，因此不能急剧变化水温。龙鱼的饲养水温为24℃～29℃。因此一般采用加盐加温的方法，可以取得不错的防病效果。

龙鱼的病害多因氧气含量不高、活饵带入病害、水质恶化、打斗外伤等因素引起。龙鱼的病害主要包括以下几类：

细菌病：朦眼病、立鳞病、 积水病、腹水病等。

真菌病：水霉病。

寄生虫病：白点病、指环虫病、锚头鱼蚤 病、 病、肠寄生虫病等。

综合性疾病：翻鳃、自切症、凸眼、掉眼症等。

1. 细菌类疾病

① 朦眼症

[病因]一般龙鱼眼睛遭受结核菌、弧菌侵入时会产生白朦，甚至有凸出现象。有人认为此病与水质不良有关。

[症状]病鱼眼膜有白色薄膜；眼球混浊；眼球肿胀，并有白色棉絮物出现。

[防治方法]防治应着重于改善水质和营养。每天换水1/3，加入粗盐，浓度为0.3%～0.5%之间，加温至30℃～33℃；病情严重时，必须投药治疗。用25～30mg/L福尔马林浸泡，同时升温至30℃～33℃，使用该方法3次以后，病情好转，可控制此病。还可用水溶性的金霉素和青霉素等药物进行治疗。

② 立鳞病

[病因]病原为气单胞菌、假单胞菌或类似这一类细菌。病因可能是季节变换，水温和酸碱度突变，或者体表受伤引起。

[症状]立鳞病是幼、小龙鱼在养殖过程中的出现一种常

见病，成年龙鱼很少患此病。病鱼体表粗糙，鳞底部积满脓性水样物；体表各处常伴有出血，并有食欲不振、眼球突出、腹部膨胀，腹水等现象。

[防治方法]移出会与龙鱼发生争斗的鱼，以减少伤口感染的机会；用盐浴加温的方法进行治疗，即向水族箱中加入0.5%的粗盐，水温升高至32℃～33℃，保持恒温，增强通气，增加溶解氧；将病鱼从水族箱中取出，放到特效黄粉中药浴，浓度5～10mg/L，药浴时间视鱼体状况而定，然后再放回水族箱中。

③ 积水病

[病因]可能是小鱼、小虾等活饵带菌，感染龙鱼，经鉴定病菌为摩氏摩根氏菌。

[症状]病鱼患病初期，骨舌肿大、发炎、变黄，舌尖弯曲程度变大；鱼体食欲减退，游动缓慢。症状严重时，病鱼沉于水底，不游动，最终死亡。鱼体有严重的鳔积液，肝略有褪色。

[防治方法]使用磺胺二甲嘧啶等磺胺类药物治疗，效果不错。由于龙鱼喜食活饵料，故将治疗药物先注射到活饵鱼虾体内，再用含药活饵料投喂龙鱼的方法，达到给药目的。

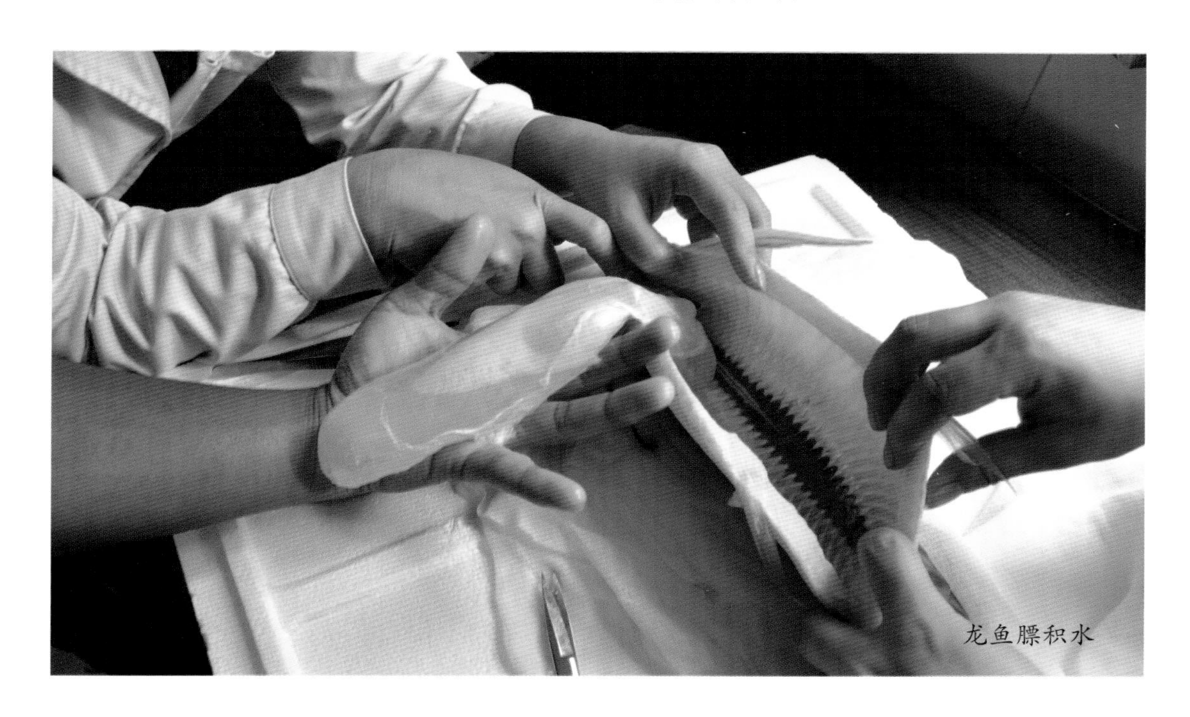
龙鱼鳔积水

④ 腹水病

[病因]这种病主要发生在幼龙期，多数是因摄食了不新鲜的饵料，或饵料里带刺（如虾头的虾剑去除不净），吞食时伤及内脏，遭弧菌感染而引起内脏水肿。

[症状]鱼体腹部肿胀，肛门或鱼鳍基部有红肿现象，腹腔内堆积液体，内脏器官变色；后期由于腹部积水，压迫鱼体，导致龙鱼失去平衡，头部朝下。

[防治方法]该病的防治重点在于预防，往往发现时间较晚，延误了治疗时机。

2. 真菌类疾病

水霉病

[病因]病原为水霉细囊霉菌、丝囊霉菌等几个囊霉菌。

[症状]病菌附生在鱼的伤口处，为灰白色。肉眼可看到在龙鱼伤口处有棉絮纤维状物体覆盖，病鱼游动不稳并会在缸壁或缸底摩擦，食欲减退，逐渐衰竭而死亡。

[防治方法]不要使鱼体受伤；用2%粗盐水浸泡病鱼，然后放回水缸，连续治疗3天；用1mg/L孔雀石绿药浴病鱼，药浴时间视鱼体状况而定；可全缸泼洒亚甲基蓝2～4mg/L。

3. 寄生虫病

① 白点病

[病因]由小瓜虫引起。

[症状]病鱼体表形成1mm以下的小白点，故称白点病。病情严重时白色小点粒甚至会布满鱼的躯干、头、鳍、鳃及口腔，体表黏液增加，表皮糜烂、脱落；病鱼消瘦，游动异常，经常与水族箱内壁摩擦。最后病鱼因呼吸困难而死。

[防治方法]由于该病发病较急，因此一旦发现需要尽快处理。可将水温提高至33℃，但龙鱼养殖水温度不宜急剧变化，

因此需逐步提升温度，让鱼体适应一段时间后再升温；药物一般选择亚甲基蓝或市售治疗白点病药物，给药的同时需提高水温 2 ℃ ~ 3 ℃，加强通气，提高溶氧量；治疗的同时，必须将水族箱及工具进行消毒，否则附在上面的胞囊又会再次感染鱼；治疗阶段要增加鱼的营养，增强抵抗力，恢复健康后，最好用高锰酸钾全缸消毒。

② 指环虫病

［病因］病原为指环虫，属于单殖吸虫。主要寄生在鱼鳃，吸取鱼体营养。该病的传染性很强。

［症状］大量寄生时，病鱼鳃盖和鳃丝黏液增多，鳃盖微微张开而难以闭合，鳃丝肿胀，呈暗灰色或苍白色。病鱼游泳缓慢；严重时停止摄食，呼吸困难，最终因呼吸受阻而窒息死亡。指环虫可寄生在鳃丝的任何部位，用后固着器上的中央大钩和边缘小钩钩在鳃上，用前固着器粘附在鳃上，并可在鳃上爬行，引起鱼体鳃组织死亡。

［防治方法］用 3mg/L 的高锰酸钾溶液浸泡病鱼，药浴时间视鱼体状况而定；用 25 ~ 40mg/L 的甲醛溶液浸泡病鱼，药浴时间视鱼体状况而定；用 5 ~ 10mg/L 特效黄粉浸泡，药浴时间视鱼体状况而定。

③ 锚头鱼蚤病

［病因］喂食的活饵将锚头鱼蚤带入鱼体。锚头鱼蚤的头部钻入龙鱼的皮肤组织内，使寄生部位的周边发生炎症。

［症状］被锚头鱼寄生的龙鱼体表出现红肿、淤血现象，而后腐烂。大量寄生时病鱼呈现不安、食欲减退等症状，既而鱼体消瘦，游动缓慢。

［防治方法］预防龙鱼感染体表寄生虫，必须要在投喂饵料之前，对饵料进行寄生虫检疫；只有确认无寄生虫的饵料，才能投喂；用 5 ~ 10mg/L 高锰酸钾对鱼体进行药浴，每日一次，连续 3 ~ 5 日；在不伤害鱼体的前提下，可用小镊子小心

地将附着在龙鱼体表的锚头鱼蚤夹去，再进行消毒和杀菌；注意，龙鱼在寄生虫感染治愈后需对整个养殖水族箱消毒处理，避免寄生虫卵残留在鱼缸内。一般做法是先关掉过滤器的泵，只用气泵，将温度保持在31℃左右，放入粗盐，浸泡1天后，换1/3的水即可。

④ 鲺病

［病因］鲺是一种身体背腹偏平、略呈圆形或椭圆形的寄生虫。在腹部有一对吸盘，它会借助吸盘将自己固定在鱼的皮肤上。鲺的口部突出，称为尖口，能将尖口由鱼鳞之间刺入皮下，吸取血液，同时吐出毒液。鲺一般是由病鱼、水草或水蚤等带入水族箱中。

［症状］鲺寄生部位遍及龙鱼全身，但多发生于鳍基，与锚头鱼蚤的"定位寄生"不一样，鲺是"移动性寄生"，高水温时常发生。鲺寄生在鱼体时，鱼体易受损伤，造成该部位肌肉变质，致使二次细菌感染的机会增多。

［诊断］鲺体大，肉眼能看到其在鱼体身上爬动。

［防治方法］可以用高浓度盐水浸泡，鲺会自然由鱼体上脱落；如果鱼体表皮发炎，用高锰酸钾泼洒或药浴；龙鱼在治愈后需对整个水族箱进行消毒，避免有虫卵残留。一般做法是先

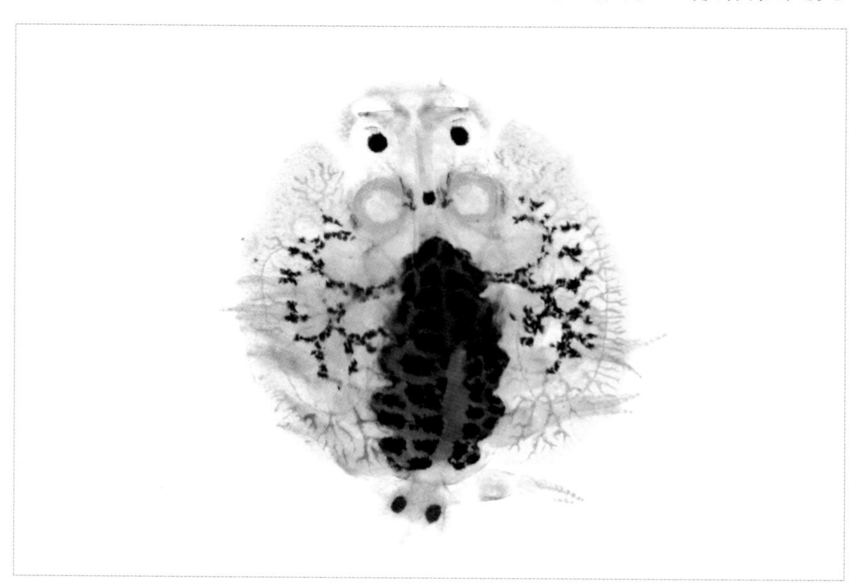

鱼鲺

关掉过滤器的泵，只用气泵，将温度保持在 31℃左右，放入粗盐，浸泡一天后，换三分之一的水即可。

⑤ 肠内寄生虫病

［病因］龙鱼肠胃部有时长有带虫、绦虫、圆虫或棘头虫等。

［症状］病鱼无精打采地栖息在水族箱的角落，不爱吃食，体重减轻，腹部膨胀。水族箱底部有时可见数厘米长的白色虫。寄生很多时，龙鱼肠道被堵塞，并引起发炎和贫血，导致死亡。

［防治方法］治疗用阿苯达唑药浴，驱杀绦虫率达 95.5% 以上、每次 40mg/L，每日 2 次，连用 3 天。停药一星期左右，然后再进行一个疗程。

4. 综合性疾病：

① 翻鳃

［病因］患病原因众说不一，一般认为有三种：水质恶化，残饵和排泄物等引起水族箱的 pH 下降；氨、亚硝酸盐等有害物质浓度过高，水中的溶解氧含量降低；由于水族箱空间狭小，使龙鱼无法直线自由游动而导致呼吸障碍，而龙鱼为了增加氧气的吸入，让鳃更容易接触水，所以鳃盖软骨部分卷起；还有人认为是龙鱼精神紧张造成的，例如温度变化太大或人为惊吓等。

［症状］翻鳃指鳃盖末端的软骨部分（鳃膜）慢慢卷起，初期症状为病鱼鳃缘部位开合不顺，呼吸不正常，软质部分略微增长；而后鳃盖凹陷，软质部分翻卷，可见红色的鱼鳃；严重时呼吸急促，浮头，不进食，并继发细菌感染，窒息死亡。

［防治方法］针对上述的病因，有下列防治方法：改善水质。因水质恶化引起的翻鳃，需勤换水，但不能大量换水；增加通气，加冲浪泵，加大水流冲击，初期翻鳃一般就能够治愈；消除环境不利因素。如果因为水族箱尺寸较小而引起翻鳃，则要换成比较大的鱼缸。一般选择水族箱的长度需要比鱼身长 3 倍或更多，宽度需要让龙鱼能够轻松转弯；手术治疗。准备好手

翻鳃的龙鱼

术工具，包括麻醉剂、消毒好的镊子和剪刀、红霉素眼药膏和盐。将龙鱼放置在一个小量水体内，加麻醉剂进行麻醉，待其昏迷后，捞出放置在洁净的托盘或毛巾上。用剪刀修剪翻鳃的软质部分，将红霉素眼药膏涂在修剪处，然后将病鱼迅速放回水族箱中。向水族箱中加盐，关闭灯光，静养两天，再开始喂食。龙鱼鳃的软质部分一旦长出，即说明痊愈。一般来说，幼鱼在手术后 3 周即可痊愈，而成鱼需 1 个月左右才能痊愈。

② 自切症

也称乱尾病、断鳍病、断尾病。

[病因] 龙鱼一旦遇到水质急剧变化或严重的外界惊吓时，如搬运、捞网等，会像蜥蜴断尾一样自断尾鳍、背鳍和臀鳍等。

[症状] 症状轻的只是鳍的边缘断裂，或稍微裂开；症状严重时整个鳍断掉。大多发生在幼龙时，要避免这些情况出现。如果已自断了需要对其进行治疗。

[防治方法] 投放甲基蓝或用特效黄粉药浴，投喂营养丰富的饵料，持续一个月或数月，鳍会再生。破损、断裂的鳍可用手术剪剪去。

③ 凸眼

[病因]凸眼的病因非常多，一般包括：换水不及时，导致水族箱的水体老化，NO_2积累过多；体内寄生虫和细菌感染；水质含碘量过高；为使龙鱼发色，饲料中添加了过多的激素和色素，使龙鱼鱼体生长缓慢，而眼睛过大，不成比例；维生素C缺乏会引起眼球微凸；维生素E缺乏会引起眼内充血；缺乏维生素B_1和泛酸会导致水晶体白浊；维生素A缺乏会引起眼角膜水肿；缺乏维生素B_2和锌会引起白内障；水族箱内某种气体积累过度，可在眼球内产生大气泡，引发凸眼；机械损伤，如渔网捞鱼时对龙鱼眼睛的伤害，也可引发凸眼。

[症状]顾名思义，患病龙鱼眼球凸出，这不仅影响龙鱼的观赏价值，也会诱发多种疾病。

[防治方法]凸眼病的预防和治疗方法包括：及时换水，保持水质良好；对活饵料消毒后再投饵，避免其带入寄生虫和细菌；治疗龙鱼疾病时，不要使用含碘盐；不要在饲料中盲目多加激素和色素，要根据龙鱼的大小和生长需求添加；在投饵时，适量补充维生素和矿物质，特别是维生素C、B_1、B_2、A和矿物质；如果是溶氧过度引起的凸眼，可将小孔气石换成大孔气石；及时清理水族箱，避免缸内积累有机物，从而避免其他气体的积累；捞鱼时若不小心碰到眼睛，需用抗生素涂抹伤处，或投放抗生素浸泡，以预防细菌感染。另外，龙鱼还容易患掉眼症，由于凸眼和掉眼在病因、危害和防治方法中多有不同，因此将掉眼症放在后面阐述。

用药注意事项：

①龙鱼对敌百虫药物很敏感，因此不能使用敌百虫。

②龙鱼对碘敏感，水质含碘过高会引起凸眼，因此在治疗龙鱼疾病时不要使用碘盐。

③龙鱼对一些抗菌药比较敏感，如黄粉、呋喃西林等。使用黄粉治疗龙鱼病害时，只能短时间药浴，然后迅速将龙鱼放回缸里。如果将龙鱼一直泡在黄粉里，龙鱼会中毒。

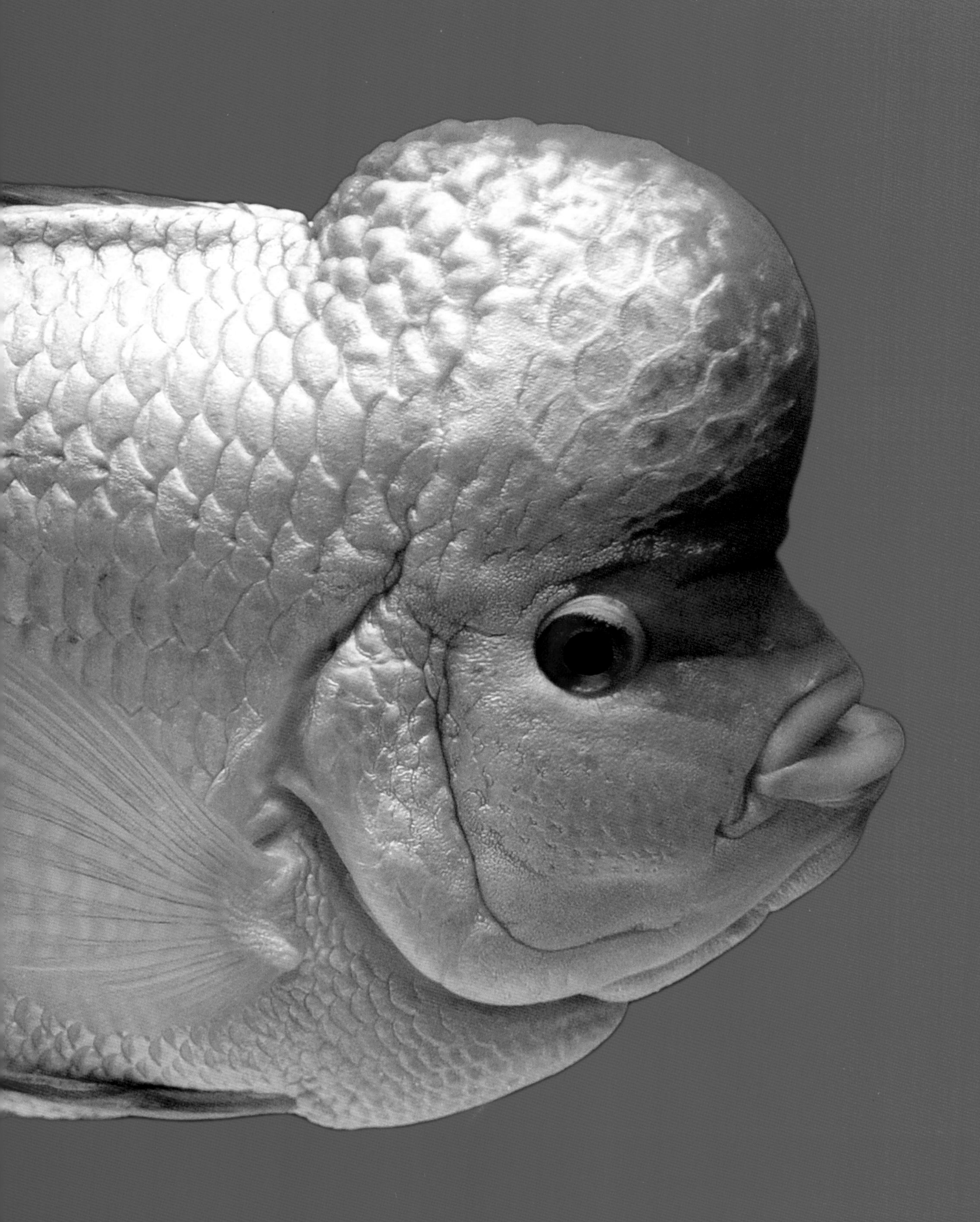

花罗汉鱼
Flower Horn Fish

现今罗汉鱼的品种更加丰富起来。原先的珍珠、花角两个品种成为了大宗的品系，与它们并列的还有金花、马骝等大品系。每个大品系下又分有小品系，每个小品系下还有许多的品种。至此，花罗汉鱼真正成为了一种有自己文化的名贵观赏鱼。

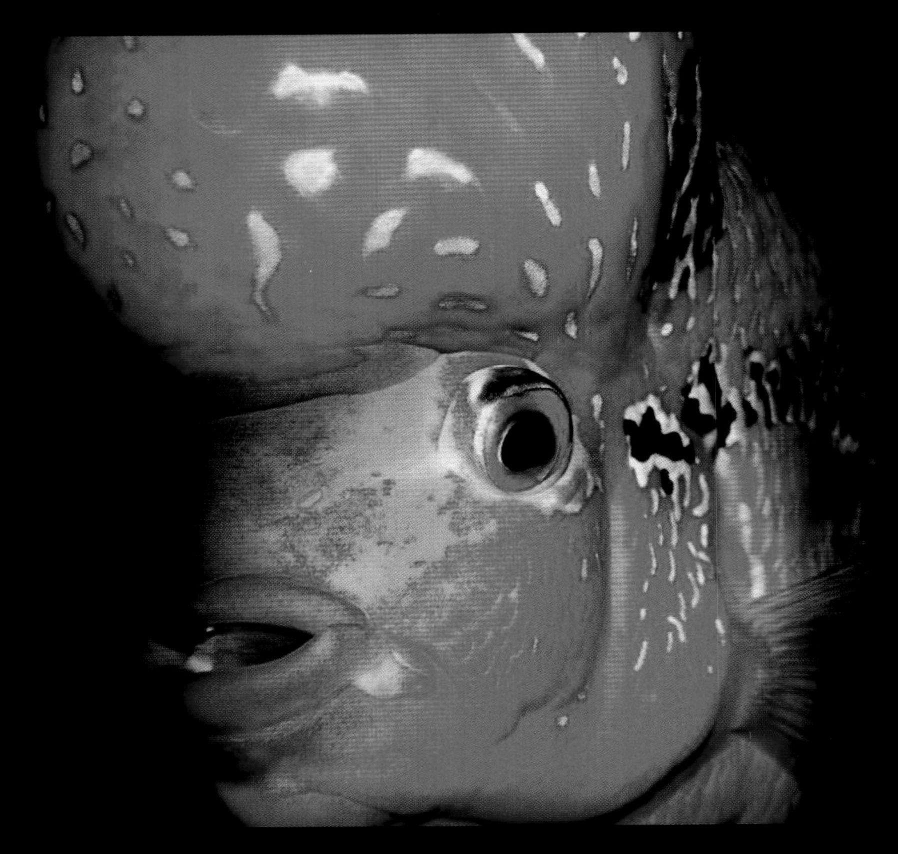

一、花罗汉鱼的由来和发展历史

花罗汉鱼也被称为彩鲷（Flower Cichlasoma）、花角、罗汉鱼等，是一种人们用多种南美洲所产的慈鲷鱼类反复杂交得到的观赏鱼。因为反复杂交的原因，花罗汉鱼没有所谓的纯种之说。其基因很不稳定，如何才能繁育出品质优良的花罗汉鱼一直是养殖者保守的秘密，所以，有关花罗汉鱼的起源至今仍是众说纷纭，难以定论。但是通过分析它的体型和特点，我们不难看出，它至少显示出以下 5 种慈鲷鱼类的特征，它们分别是青金虎鱼、紫红火口鱼、金刚鹦鹉鱼、金钱豹鱼、蓝火口鱼。追踪这 5 种鱼在世界观赏鱼市场上的流向和养殖地，再通过大量的传说，我们大概可以复原花罗汉鱼诞生的情况，并且推测其发展的过程。

1990 年前后，南美洲所产的大型慈鲷类观赏鱼在世界观赏鱼市场上非常流行，其饲养爱好者很多。由于南美洲慈鲷

美洲慈鲷是20世纪90年代前比较流行的观赏鱼

美洲慈鲷生性好斗，饲养期间的争斗在所难免

类非常容易繁殖，所以在泰国、马来西亚以及我国台湾地区的观赏鱼养殖场都有大量养殖。在东南亚地区养殖的慈鲷价格要比从南美洲捕捞的低，因此市场非常好。但随着养殖数量的增加，市场近乎饱和，到1995年前后，美洲慈鲷价格急速滑坡。养殖者们转而重视新兴的非洲慈鲷养殖。造成大量积压的美洲慈鲷被多品种地混养在一个池子里，奇迹也就出现了。由于美洲慈鲷的自然分化时间比较短，在原产地主要靠不同水域的自然隔绝，而人工饲养在一起后，它们开始相互杂交。第一代花罗汉鱼几乎在马来西亚和我国台湾地区的观赏鱼养殖场同时出现。其亲本应当是青金虎鱼和紫红火口鱼，因为第一代花罗汉鱼基本上只具备以上两种鱼的特征。

这时渔场开始出售这些杂交的小鱼，结果发现这些鱼比其亲本的颜色更鲜艳，体型更强健而且接近方形，头部的脂肪突

20世纪90年代末出现的大规模花罗汉鱼养殖场

起在成熟后也比亲本更高大。许多购买者非常喜欢这个品种，于是纷纷开始订货。这种不经意的杂交给养殖场带来了惊喜和意外的利益，于是养殖者开始大量杂交繁殖，并且为这种鱼植入了其他品种的血统，比如用第一代罗汉鱼和金钱豹鱼、九间菠萝鱼杂交，于是得到了颜色更丰富的品种。到1996年，马来西亚业者觉得这种鱼头部的金色斑块很像僧人头上受的戒疤，故给这种鱼起名叫“花罗汉”。从此，该鱼名声大作，成为了享誉亚洲的观赏鱼。之后，泰国观赏鱼养殖场奋起直追，又将花罗汉鱼继续杂交培育出更多的品种，于是便有了现在琳琅满目的各种花罗汉品系。

由于花罗汉鱼基因不稳定，即使极其名贵的一对鱼所生下的后代，也不一定就是好鱼，甚至有可能都不是花罗汉鱼。只有通过杂交的方式才能得到完美的花罗汉鱼，而如何杂交却是养殖场对外保守的秘密。这使得品质优秀的花罗汉鱼成为了难得的孤品，市场价格极高，从而让它们跻身名贵观赏鱼之列。

纵观花罗汉鱼的发展，可以简单的分为五个时期。分别是：彩鲷时期、花罗汉时期、马来罗汉时期、市场低谷期和理性回归期。

1. 彩鲷时期（1995—1996）

这个时期是花罗汉鱼的诞生阶段，观赏鱼市场上还没有这种新杂交品种的规范名称。因为它们是美洲慈鲷杂交的后代，颜色又十分丰富，因此多数人称它们为彩鲷。当初不知情的爱好者曾经误认为这种鱼是南美洲某河流中刚刚被发现的新慈鲷品种，也有人认为这种鱼就是青金虎鱼的变异后代。总之，那个时期的花罗汉鱼并没有受到太多的重视，由于幼体颜色暗淡，很难卖到比较高的价钱。少数领略过成年花罗汉鱼丰富色彩的人们，也不觉得这种鱼比其他纯种的美洲慈鲷成年后能美丽多少。

2. 花罗汉时期（1996—2003）

1997 年，彩鲷鱼被马来西亚养殖者正式定名为花罗汉鱼，命名灵感来源于这种鱼头部后侧的金色斑块，这个斑块让人联想到了僧人头上的戒疤，而且花罗汉鱼成年后不论雌雄头部都会长出巨大的脂肪突起，很像和尚的光头。由于这种命名十分贴切生动，让花罗汉鱼从此声名远扬。本来，以泰国、马来西亚为东南亚代表的国家大多信仰佛教，而居住在南洋地区的华人也非常迷信佛教所衍生出的神话故事。他们认为金刚和罗汉都是护法的尊者，在民间可以起到消灾挡煞的作用。于是花罗

早期诞生的花罗汉鱼

汉鱼凭借与佛教中罗汉形象重名，让人觉得有许多的神秘色彩。再加上这种鱼身上的花纹不稳定，有时会生长出如同梵文或数字般的花纹，有些迷信的人认为这种带有“经文”的罗汉鱼可以为自己消灾免祸，甚至可以使自己发财。而更多的人则也愿意借着这种说法养一条，图个口头吉利。就这样，花罗汉鱼开始在东南亚地区风靡起来。

3. 马来罗汉时期（2003—2005）

饲养花罗汉鱼的爱好先是在马来西亚、新加坡、泰国以及我国台湾地区传播，到 2000 年前后这股饲养花罗汉鱼的风尚便传到了我国大陆的广东省，同样比较信奉神佛能带来好运的广东人很容易就接受了新型的花罗汉鱼文化。之后的两年里，在广东观赏鱼贸易商的促进下，花罗汉鱼传遍了大江南北。到 2003 年，国内的每一个观赏鱼市场上都能看到各色花罗汉鱼的身影。

花罗汉鱼的繁殖比较容易

这个时期的花罗汉鱼主要通过从马来西亚进口，虽然广东和台湾地区也有少量养殖，但由于没有掌握杂交技术，直接用花罗汉鱼作为亲鱼进行繁殖，结果得到的鱼苗多数都不是花罗汉鱼，故此，名贵的成鱼还必须依靠进口。由于这个时期马来西亚也是另一种名贵观赏鱼——龙鱼的出口大国，所以花罗汉鱼就搭载着龙鱼的“便车”一路高价地走进了中国的观赏鱼市场。

花罗汉鱼形象的招财摆件

从马来西亚进口花罗汉鱼的时期，市场上的品种并不多，主要分为花罗汉和珍珠罗汉两个品种，之后又从花罗汉中分化出“花角”这一品系。在这三个类别中，所有花色都没有单独分成更细致的品种，爱好者只是根据自己的喜好挑选喜欢的颜色。至于后期出现的全蓝色、全红色、猴子等品种此时还没有出现。当初的三个分类品种，也就是现在市场上主流的三个品系：古典罗汉、珍珠罗汉和花角罗汉。后来的实践证明，这三个品系在选择亲鱼杂交上也略有不同。

2005年前后，花罗汉鱼的市场价格疯涨，其主要原因是输出国的主销售市场在中国，中国是亚洲最大的观赏鱼消费市场。即使全马来西亚养殖出的所有罗汉鱼都卖到中国，似乎也有些供不应求。这时期，一尾普通的珍珠罗汉鱼也可以卖到数千元的价格，颜色或花纹特殊的个体更是高达数万乃至十几万元不等。这种暴利刺激了许多国内外的养殖户，花罗汉鱼养殖风潮开始流行起来。

4. 市场低谷期（2005—2010）

至2006年年底，由于花罗汉鱼带来的巨大市场利润，让许多观赏鱼养殖户，甚至是从没有接触过观赏鱼的小型投资者感到了潜在的投资价值。于是许多人开始购买亲鱼大量养殖。这时期国内养殖罗汉鱼最多的地区是东北地区和台湾地区。

人工丰头的花罗汉鱼

为什么最适合养殖热带鱼的广东和海南两省却落在了后面呢？原因是广东省的养殖户前期吃过花罗汉种鱼血统不纯的亏，宁可搞进口生意，也不愿意再自行养殖。海南省的大批养殖户，此时正忙着养殖另一种名贵观赏鱼——血鹦鹉鱼，所以无暇顾及。

由于花罗汉鱼是南美洲慈鲷鱼的后代，所以人工养殖非常容易，很快东北和中国台湾两地都纷纷有大量的鱼苗产生。但一两年后，当这些养殖户将鱼苗养大后发现，真正能达到其亲本样子的，甚至万条里也挑不出一条。这让养殖户很诧异，也很沮丧，购买种鱼时的大量资金投入很可能血本无归。怎么办？于是一场犹如期货交易般的罗汉鱼苗炒作“大戏”悄悄地拉开了帷幕。

为了不让自己的投资血本无归，养殖场开始尝试销售没有长成型的小鱼苗。由于当时市场上进口罗汉鱼的价格还居高不下，而大多数消费者也不知道罗汉鱼的基因如此不稳定。所以以成鱼价格的 1/10 ～ 1/30 出售鱼苗，还是能吸引人的。消费者甚至认为捡到了便宜，还有人大量收购便宜的鱼苗，准备养成后高价出售，从而轻松获利。发财梦弥漫在花罗汉鱼市场上空，大量的人开始炒作罗汉鱼苗，一批批鱼苗从南方被倒卖到东北，几天后又从东北被倒卖到西北。参与其中的有养殖场、中间商、投资者还有普通爱好者。可是那时，谁也没有见过真正长大后的罗汉鱼到底是什么样子。销售进口罗汉鱼的店铺，因为受到国内繁殖的鱼苗低价格的侵袭，出现大量滞销，甚至亏损。而购买到鱼苗的人在饲养一两年后，却发现鱼苗根本不是花罗汉鱼，想要卖出难于登天。人们这时才明白，原来靠罗汉鱼发财的想法，其实是黄粱美梦。

这时为了让更多的挤压鱼苗出货，有人开始采取“赌罗汉”的方式进行销售。出售者声称花罗汉鱼本身就是挑选出来的，

大家可以底价购买大量鱼苗饲养，等养成后只要有一条是真正的罗汉鱼你就赚到了。比如鱼苗 30 元一尾，优秀的成年罗汉鱼 10 000 元一尾，你一次购买 300 尾鱼苗，只要其中一尾能成型就不亏，假若其中有两尾甚至更多好的，你就赚到了。这种出售者一般会在幼鱼边上摆放一两条漂亮的成年罗汉鱼，让人误认为小鱼苗就是这两条鱼的后代，而进行风险投资。此期间，罗汉鱼苗的价格虽然没有以前高了，但出售量却大得惊人，很多本着赌运气的人一买就是几千上万尾。但他们得到的结果和前期投资繁殖花罗汉鱼的人没什么区别，都是空欢喜一场。

花罗汉鱼苗越来越不好卖，而且还有大量已经长成亚成体或成体的次品。这些鱼扔了可惜，留着也卖不出去。怎么办呢？给次品罗汉鱼进行人工美容，是当时人们想到的“好办法”，至今这种办法一些不法商贩仍然还在沿用。次品罗汉鱼没有鲜艳的颜色，可以通过给它们吃激素使其发色。而没有巨大的头部脂肪突起怎么办呢？一些人就借鉴人类隆胸的方法，向罗汉鱼头部皮层下分期注入油脂或硅胶，使体长仅十几厘米的幼鱼“长”出高达 5cm 的头瘤。然后将这些鱼充当优秀的鱼出售，价格又比真正优秀的罗汉鱼便宜好多。于是马上在市场上流传开来。可是这种人工“美容”后的鱼，由于肌体组织受到了损害，买回家后并不吃食，几周后就突然死亡了。人们还误认为罗汉鱼不好养而责怪自己，伤心很久。

纸里包不住火，不久这种骗人的伎俩被揭穿了，虽然大多数人不再受骗，但这种欺骗行径也给花罗汉鱼市场带来了灭顶

各种花罗汉鱼专用产品

之灾。人们不能分辨哪些鱼是人工“美容”的，哪些鱼是真正的优秀鱼。故此，“真罗汉”、“假罗汉”一起滞销了。从此花罗汉鱼市场进入了低迷期，大量原本出售罗汉鱼的商户开始改行做别的生意，爱好饲养花罗汉鱼的人也逐渐减少到凤毛麟角。

5. 理性回归期（2010 至现在）

当人们几乎淡忘了花罗汉鱼的时候，一类新品种的大型慈鲷从国外进入了国内观赏鱼市场。其中最令人瞩目的就是有着绚丽的外表和动人名字的全蓝色财神鱼和全红色的财神鱼。不久这两种观赏鱼就以高价位占据了一部分市场份额。原来就在国内罗汉鱼市场低迷期间，国外业者一直在杂交培育新的罗汉鱼品种。其中马来西亚养殖者通过再次杂交得到了纯蓝色和纯红色的财神罗汉鱼；而泰国业者也奋起直追，通过杂交得到了头瘤极大的猴子罗汉鱼系列，以及纯色和不同花饰的个体。这些鱼开始进入国内市场，但国内养殖者为了回避爱好者对罗汉鱼的厌倦情绪，并没有说这些鱼是新品种的罗汉鱼。

财神罗汉鱼系列在国内市场的反响不错，很快人们引进的猴子罗汉鱼系列，更是一炮打响。只是商家已经无法掩饰这些鱼就是花罗汉鱼的事实了，因为猴子罗汉鱼系列怎么看都是花罗汉鱼的后代。就是罗汉鱼怎么了？不用再掩饰了，好的罗汉鱼又来了，爱好花罗汉鱼的朋友们回来吧。2011 年以后，花罗汉鱼的市场逐渐恢复。但马来西亚的供应商地位被泰国取代了。因为这几年里，泰国在培育新品种花罗汉鱼上下了很大功夫，不但拥有大多数马来西亚的品种，还有自己独特的品种。更重要的是，作为国内进口商，从泰国进口鱼要比从马来西亚进口成本更便宜，运费也更低。人们将这些新引进的罗汉鱼称为泰系罗汉鱼。罗汉鱼的品种更加丰富起来，原先的珍珠、花角两个品种成为了大宗的品系，与它们并列的还有金花、马骝等大品系。每个大品系下又有分支的小品系，每个小品系下还有许多的品种。至此，花罗汉鱼真正成为了一种有自己文化的名贵观赏鱼。

二、花罗汉鱼的品种分类

目前市场上，对花罗汉鱼的分类方法杂乱无章，也没有人做过科学系统的研究，大多数名字都是养殖者根据市场需求和个人好恶给鱼起的。但仔细观察近20年来罗汉鱼的历史发展，大致可以将其归纳成如下几个品系。即：古典罗汉鱼品系（花罗汉）、花角罗汉鱼品系、金花罗汉鱼品系、珍珠罗汉鱼品系、马骝罗汉鱼品系、德萨斯罗汉鱼品系和其他罗汉鱼品系。

罗汉鱼的品系就像人类的大家族一样，家族成员虽然各有不同，但是都有些共同特征，这些特征是它们区别于其他品系成员的根本因素。并且一个品系里成员都有一个共同的“姓氏”，如金花罗汉鱼品系的成员的“姓氏”就是“金花”。各个品系的罗汉鱼又可以分为许多类别，类别下面就是具体的品种，品种

花罗汉鱼身体各部位名称

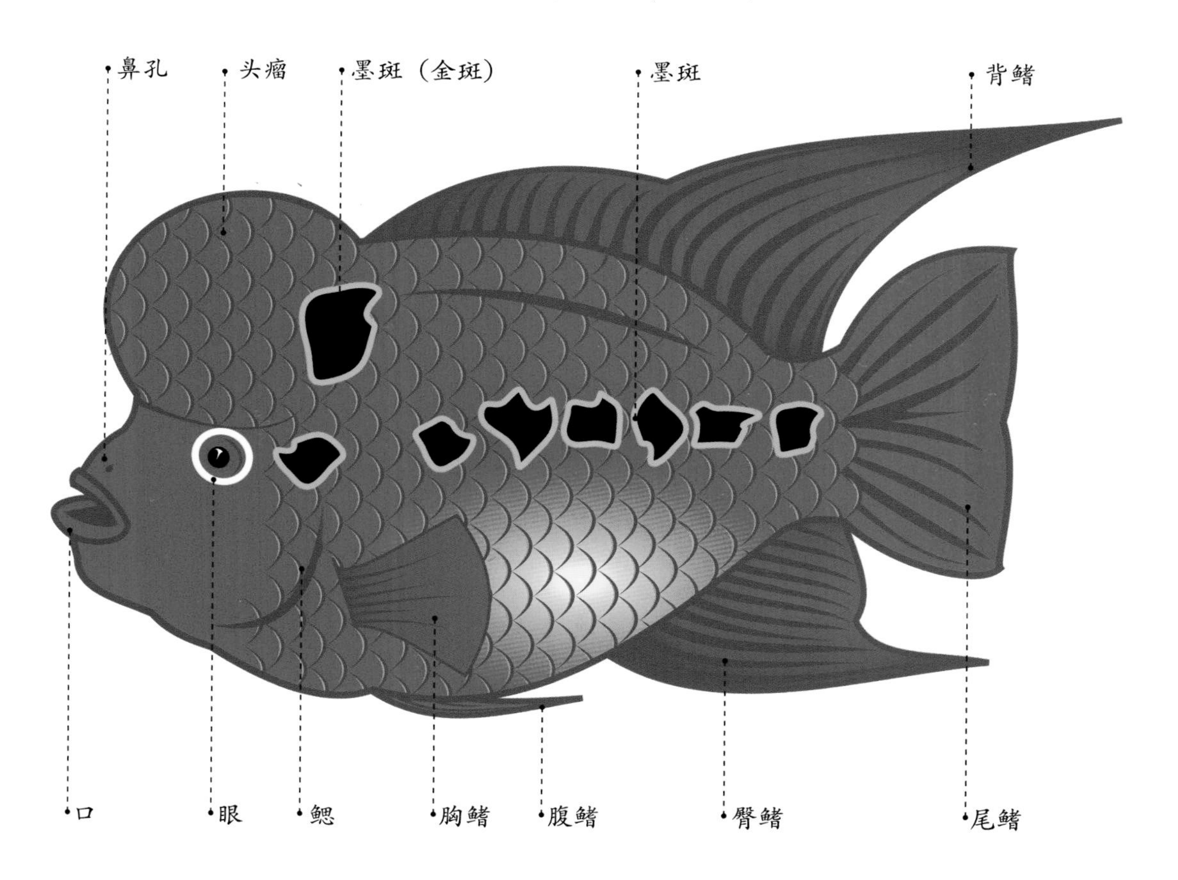

大致是按花色的不同而区分。为了言简意赅，下面以品系为分类，对品系内的重点品种进行介绍。至于商业上层出不穷的新种，我们无法完全收录，有些分类和命名也并不科学。读者可以按照品系特征去观察，对市场上见到的罗汉鱼进行合理的分类。

1. 古典罗汉鱼品系

最早培育出来的品系，可以说是花罗汉鱼的模式品种，故也称为花罗汉鱼品系。由于所有品系的罗汉鱼都总称为花罗汉鱼，所以，现在一般将花罗汉鱼品系称为古典罗汉鱼品系。古典罗汉鱼品系是泛指那些全身色彩偏向青色、色彩淡、有电光色、灰色的罗汉鱼。这个品系是最早的一批，由于没经过那么多的杂交改良，这类罗汉鱼可以称的上是“原始”。它们的身上颜色较单调，色彩感不强，却有一种纯净之美。身体呈四方形，头瘤有水头，角头之分。背鳍和腹鳍都有细长的末端，能“包”住尾鳍，或直接接触到尾鳍，有连接在一起的感觉，以体形尾形、为欣赏重点。

古典罗汉鱼品系中，以美人鱼罗汉鱼最为出名，此鱼一进入市场就引起不小的轰动。古典罗汉鱼品系虽然没有那么亮丽的色彩、耀眼的珠点，但却是最为耐看的一种罗汉鱼，特别是其硕大的身形和有力的鳍形更是让人震撼，这也是后来的繁殖者一直想要保留它们的原因。

水头形古典罗汉鱼

全红色古典罗汉鱼

最原始的古典罗汉鱼

2. 花角罗汉鱼品系

花角罗汉鱼是花罗汉鱼中的经典品系，比古典罗汉鱼品系的鱼性成熟要早。身上的颜色鲜艳，体型多以长条形或三角为主，背，腹鳍向外张开，整体看上去像三角形。背鳍和臀鳍不拉丝或者很少拉丝，尾鳍浑圆，后三鳍形成的角度不大。

金刚花角罗汉鱼

全红笑佛罗汉鱼

红花寿星罗汉鱼

七间虎头罗汉鱼

部分品种近侧线处有黑色或深色黑斑点，体纹且连成一条粗线，横列在身体中间。嘴长而厚，地包天，有些兜齿。头部小，只是微微隆起且大多数是角头，这也是花角罗汉鱼后期不被人们重视的原因之一。眼睛略凹，有三种颜色，即白色、红色和橙色。

花角罗汉鱼品系可以说是整个罗汉鱼历史的奠基者和先锋。正是因为花角品系的出现，罗汉鱼才开始作为观赏鱼的宠儿并且一直流行至今，当时的花角甚至成为花罗汉的代名词。但是现在，随着反复杂交，花角罗汉鱼品系几乎退出了历史舞台。

花角罗汉鱼胆子大，比较凶悍，攻击起来毫不嘴软，而且养熟后十分愿意亲近主人。

代表品种有笑佛罗汉鱼、金刚罗汉鱼、花财神罗汉鱼、千僖罗汉鱼、花和尚罗汉鱼、红花寿星罗汉鱼、七间虎头罗汉鱼、火玫瑰罗汉鱼、高吉花角罗汉鱼、五色财神罗汉鱼等。

3. 金花罗汉鱼品系

是在古典罗汉品系基础上培育出来的品系，在其身上可以明显看到紫红火口鱼的基因。其体型继承了古典罗汉鱼品系的特征，有一副四四方方的福态身躯，给人一种稳重的感觉。鱼体有不同变化的色泽，属于比较鲜艳活泼的类型。欣赏重点是它们的体形和绚丽的色彩。

金花罗汉鱼品系出现时间较早，但是遗传的稳定性相当差，不同时期的同一种类都会有很大差异。因此，金花罗汉鱼品系几乎是不可复制的。辨别金花罗汉鱼品系应从形体上去判断，再结合后三鳍、体色，切不可一叶而障目！ 金花罗汉鱼品系头型有强烈的前探趋势（即炮弹头），无额斑（即使有也会很比较浅）；平眼，眼色以白色、金色为主，蓝眼、红眼的非常少见；平嘴；背鳍、臀鳍不拉丝（即使拉丝也较短）；后三鳍形成的夹角较小（空隙小），尾鳍呈扇形（尾巴两端的尾骨很长），无论多大岁龄都不会出现塌陷或卷曲的现象；身材偏方形（即使长也会是长方形），身上的墨斑较少，较靠近后方，并较浅。

代表品种有金苹果罗汉鱼，金凤凰罗汉鱼，金花财神鱼，金花罗汉鱼，太阳金花罗汉鱼、红金花罗汉鱼、台湾达摩金花罗汉鱼、彩虹王罗汉鱼等。

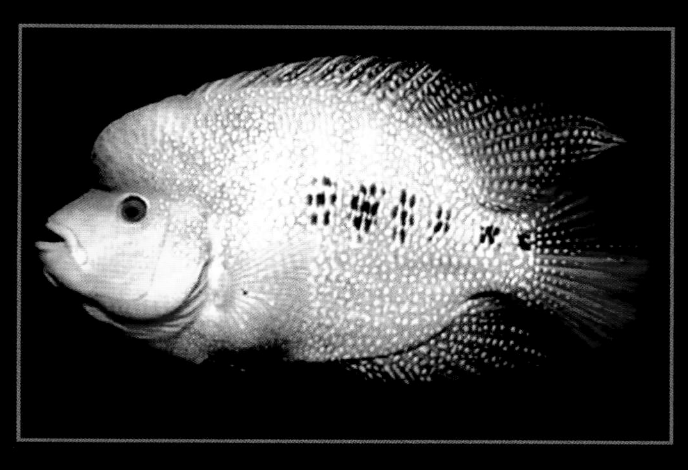

金苹果罗汉鱼最大的特征就是全身带有青铜色的光泽，如同金色的苹果

台湾达摩金花罗汉鱼是台湾业者培育出来的金花品种，身体十分壮实，在水中游动时有些拙笨，憨态可掬

彩虹金花罗汉鱼的鱼体前半身是鲜红色，后半身是浅黄色或者乳白色，鱼身亮片比较少

红金花罗汉鱼和雪山金花罗汉鱼比较类似，产于马来西亚，起头晚，饲养周期长，因而价格比较高

4. 珍珠罗汉鱼品系

珍珠罗汉鱼品系是市场上最常见也是基因最稳定的品系，而且还容易繁殖和改良。该品系遗传了花角罗汉鱼品系的艳丽色彩，同时继承并完善了古典罗汉鱼品系在头型方面的表现。珍珠罗汉鱼品系的身体色彩像金花品系一样，相当丰富，体型偏向三角形。大多数品种都有高隆的头，多是荔枝头和硬头，角头较少。尾鳍多下垂，舒展不完全。大多数珍珠罗汉鱼品系的头，胸部呈鲜红色，身上有珍珠般的金点，性成熟较早。

代表品种有东姑罗汉鱼、珍珠罗汉鱼、满银罗汉鱼、黄金罗汉鱼、蓝钻罗汉鱼、红钻罗汉鱼、金镂衣罗汉鱼、无斑罗汉鱼、鸿运当头罗汉鱼等。

红钻罗汉鱼是罗汉鱼珍珠品系中的一个常见品种。全身或者大半身为红色是红钻罗汉鱼最显而易见的特征

满银罗汉鱼产于泰国，也叫蓝光、泰国丝绸。这种鱼必须是红色的眼睛，无论其他鱼再怎么像满银罗汉鱼，只要不是红眼就是冒充的个体

蓝钻罗汉鱼的鱼体为前宽后窄，这一点要与金花罗汉鱼相区分，鱼体底色以蓝色为主，全身附着银色光泽

“鸿运当头”意味着正是走好运的时候，作为珍珠罗汉鱼品系的典型代表被人们赋予了诸多的祥瑞寄托，鸿运当头罗汉鱼也因此身价不菲

5. 马骝罗汉鱼品系

马骝罗汉鱼品系最早诞生于马来西亚，“马骝”即粤语猴子的意思，寓意长着猴子脸的罗汉鱼。它是在古典罗汉鱼的基础上经过改良培育而来的。其中的经典品种金马骝罗汉鱼是当年观赏鱼界的明星。这个品种因比较稀少，而且早期的经典马骝品系与珍珠品系很相像，市场上经常会有以珍珠罗汉鱼冒充马骝罗汉鱼，售以高价。经典金马骝罗汉鱼存在的时间并不长，以后又改良并创造出了一系列以马骝命名的罗汉鱼，但对这个品系的定义仍然很有争议。

马骝罗汉鱼头形前倾（即炮弹头，与金花罗汉鱼品系类似），大多数以肉头和半水头为主，而且横向看也很窄；平眼，眼圈为红色；近平嘴，多数个体还或多或少有些下兜齿；背鳍、臀鳍不拉丝，尾鳍介于圆形与扇形之间；身材偏方形（类似金花罗汉鱼品系）。

代表品种有金马骝罗汉鱼、珍珠马骝罗汉鱼、马骝皇罗汉鱼、原始马骝罗汉鱼、新加坡马骝罗汉鱼等。

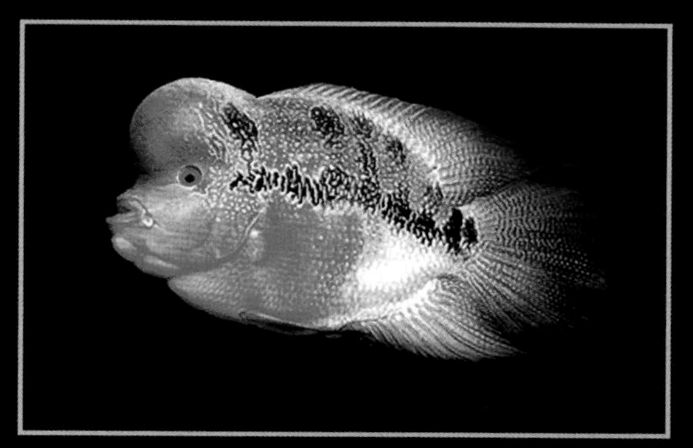

原始马骝罗汉鱼是对早期产马骝的总称。当时只是有猴脸特征的罗汉鱼归为马骝，它的其他特征与珍珠品系罗汉鱼几乎没有区别

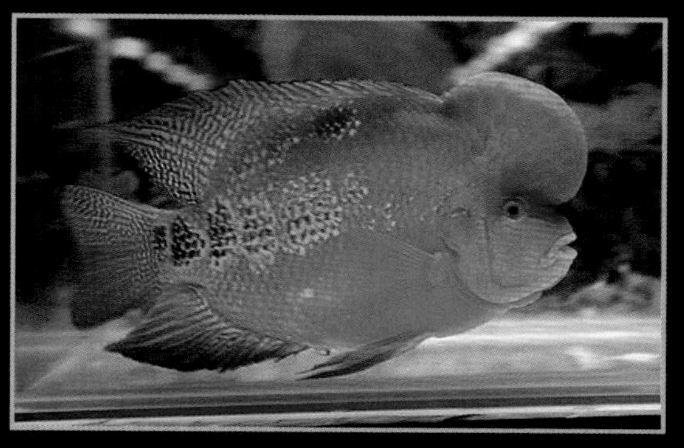

金马骝罗汉鱼有着金花罗汉鱼的眼睛和嘴，有着比珍珠罗汉鱼更亮的花纹和珠点，它的身体前半部非常鲜红，后半部为金黄色，显得非常高贵

后经典金马骝罗汉鱼

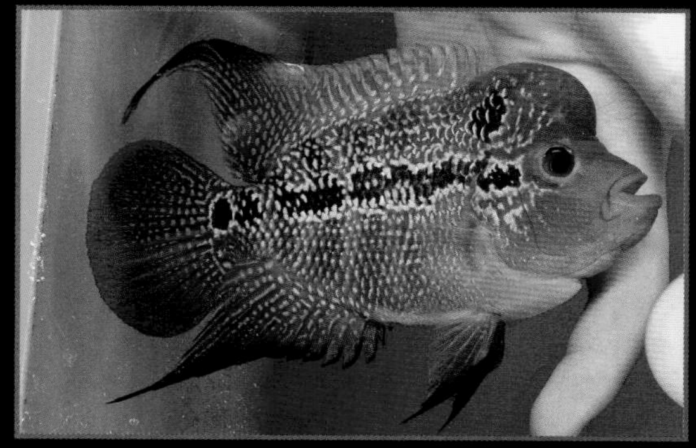

当年金马骝罗汉鱼传入新加坡，被一位名叫Ah hock的爱好者将其改良为非常特别的品种，即我们现在所说的新加坡马骝罗汉鱼

6. 德萨斯罗汉鱼品系

德萨斯罗汉鱼品系是利用花罗汉鱼与美国德克萨斯州所产的德州豹鱼杂交得到的品系。其保留了德州慈鲷身上宝石蓝色的豹纹花色，十分华丽。曾经价格很高，但由于个体偏小，现在市场上并不多见。

在德萨斯罗汉鱼的不断改良之中，养殖者还混入了多种慈鲷的基因，因此不管是在色彩、身形，还是花纹上，德萨斯的基因都是非常绚丽。德萨斯罗汉鱼品系鱼体长一般在20 ~ 30cm，体形比较扁，体幅宽阔，椭圆形，头部比较低，背部较高，有青色小点和斑纹。性成熟时体侧由青色斑点变为珍珠斑纹乃至豹纹，闪闪发光，十分耀眼，非常容易区分于其他品系的罗汉鱼。

代表品种有泰国全红德萨斯罗汉鱼、德萨斯金花罗汉鱼、白色德萨斯罗汉鱼、蓝色德萨斯罗汉鱼、红眼德萨斯罗汉鱼、本红德萨斯罗汉鱼等。

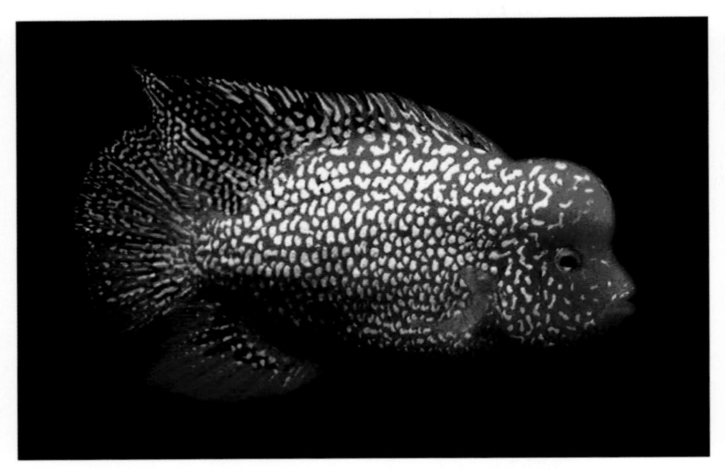

泰国养殖者在最初改良德州豹鱼时，选择了德州豹这一品种与红魔鬼鱼杂交，以此得出的鱼叫泰产红德萨斯罗汉鱼，是罗汉鱼中的优秀品种

紫色德萨斯罗汉鱼主要是身上带有紫鹦鹉鱼的血统而呈紫色珠点的品种。紫色德萨斯一般不会很红，平嘴，黄眼

银色德萨斯罗汉鱼因身上布满银色亮片而得名。除了身上有连成片的珠点分布在身体两侧之外，银色的珠点也会遍布脸上，上等好鱼亮片连成的线一条一条地有次序地排列在头上

黄金德萨斯罗汉鱼是黄金珍珠罗汉鱼与德州豹鱼杂交而来的品种，品质好的黄金德萨斯罗汉鱼眼圈为金黄色，眼珠为红色

7. 元宝罗汉鱼品系

元宝罗汉鱼品系是对体形短圆的罗汉鱼的一个统称，因体形特殊，很容易和其他品系区分。这类鱼实际是选育保留的脊柱变形的可遗传个体繁育出来的品种，因短圆的身体很像元宝而得名。元宝罗汉鱼品系的身形较短、较圆，看起来比较圆润可爱，这种罗汉鱼品系身上有花斑，有些在 3 ∽ 4cm 的时候就有凸起的头形了。因为是脊柱变形，所以这个罗汉鱼品系存在于罗汉鱼任何一个品系中，比如身形短小的珍珠罗汉鱼、金花罗汉鱼都可以归类为元宝罗汉鱼品系中，因此它们也可以分别归类到其他品系的变异品种中。

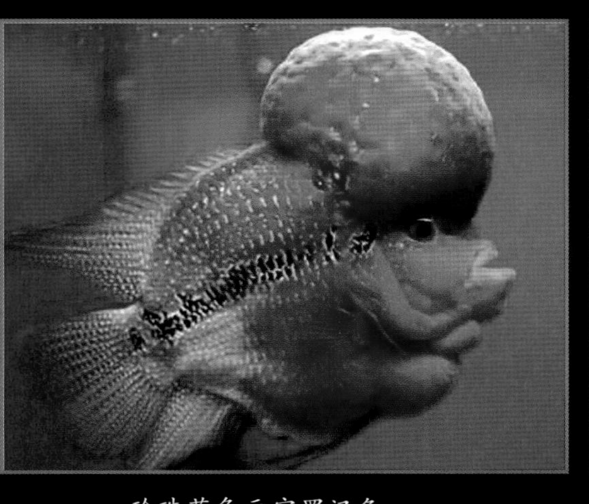

珍珠花色元宝罗汉鱼

古典花色元宝罗汉鱼

8. 台湾罗汉鱼品系

台湾罗汉鱼品系是德州豹鱼与古典花罗汉鱼杂交出来的罗汉鱼品系，没有经过更多的杂交。这个品系的罗汉鱼领域性较低，可以和其他品种混养。台湾罗汉鱼品系身上体现了德州豹鱼的许多优点，它的珠点分布均匀，金色或银色的珠点使其看起来更有王者的威武。头形圆润饱满，向上扬起。平眼，眼色为金色，目光如炬。

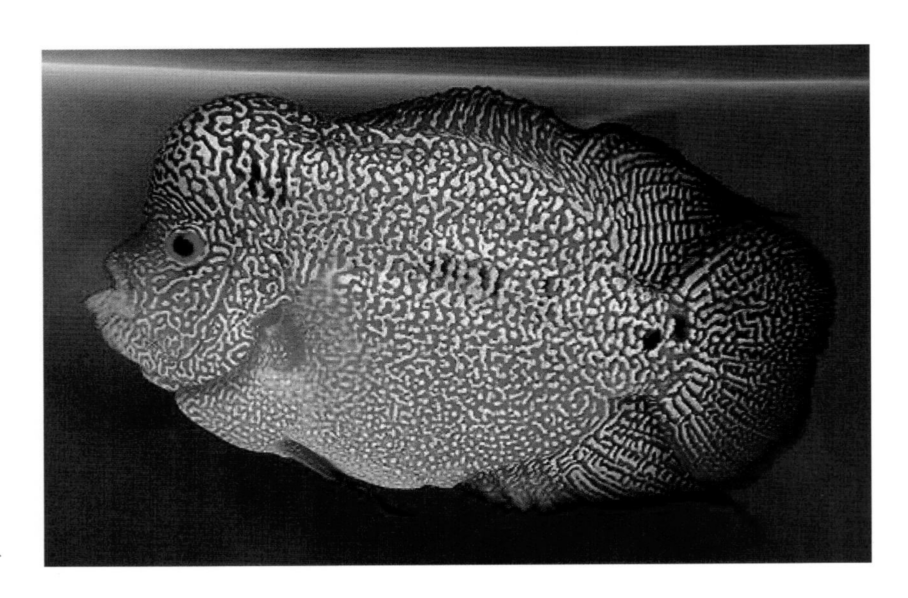

红色系台湾罗汉鱼

蓝色系台湾罗汉鱼

9. 水晶罗汉鱼品系

水晶罗汉鱼品系指的是在珍珠罗汉鱼品系改良中产生的无任何墨斑鳞（花斑）的鱼类。这个罗汉鱼品系有着靓丽的色泽，身体上布满珠点，眼色通常呈红色，背鳍与臀鳍宽大，有拉丝，且向外伸展，尾巴为圆形或者矛形，后三鳍形成的夹角大。虽没有墨斑，但观赏性并未打折。水晶罗汉鱼品系从珍珠品系里脱颖而出，给观赏鱼爱好者们带来了一种全新的视觉享受。但这个品系因为没有得到特殊的保留，加之其不稳定的遗传基因，导致现在几乎见不到了。

代表品种有台湾红白财神罗汉鱼、白玉罗汉鱼等。

白玉罗汉鱼

红白罗汉鱼

9. 宝石罗汉鱼品系

宝石罗汉鱼品系是红魔鬼鱼与德州豹鱼杂交生出的后代，不带有古典罗汉鱼以及其他任何品系罗汉鱼的基因，是一个相对独立的品系。多年前由台湾地区的罗汉鱼爱好者改良繁殖出来。虽然都属于宝石罗汉鱼品系，不过红魔鬼鱼与德州豹鱼杂交的子代有两种不同名字：其子代中普通的一部分被命名为红宝石罗汉鱼，而那些比较优良的部分被命名为血宝石罗汉鱼。

红宝石罗汉鱼

蓝宝石罗汉鱼

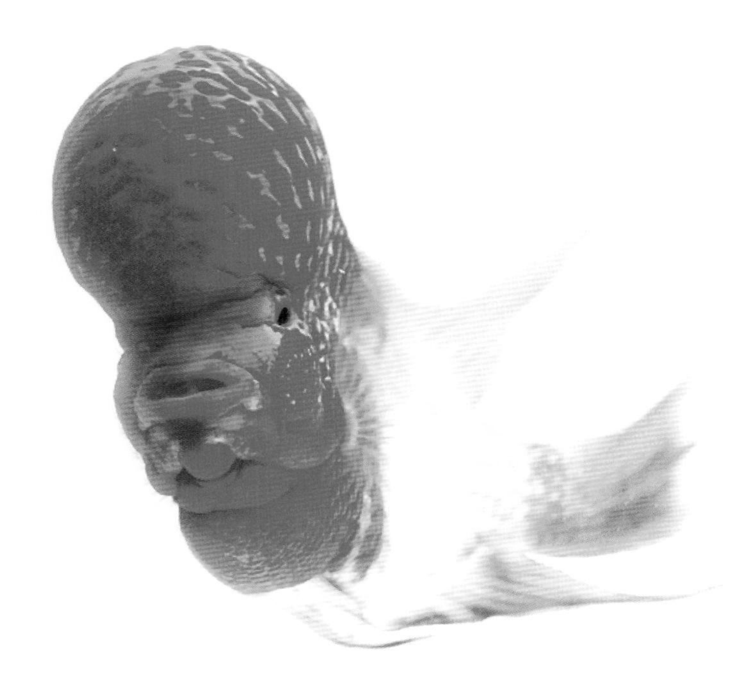

各种花罗汉鱼专用饵料

三、花罗汉鱼的家庭饲养方法

花罗汉鱼虽然价格比较高，但由于物种杂交优势，却是一种非常容易饲养的热带观赏鱼。只要掌握基础的热带鱼饲养技术，就能在家中饲养好花罗汉鱼。唯一要特别注意的是，花罗汉鱼性情凶猛好斗，最好在水族箱中单独饲养。如果非要混养，也只有血鹦鹉鱼姑且可以和花罗汉鱼饲养在一起。

花罗汉鱼喜欢生活在水温26℃～30℃的弱碱性偏硬水中，pH 可控制在 7.0 ～ 8.0。全国各地的自来水经过曝气处理，都可以作为花罗汉鱼的饲养用水。

花罗汉鱼喜欢吃动物性饵料，小鱼、小虾都是它们喜欢吃的东西。但出于卫生的考虑，最好投喂市场上出售的罗汉鱼专用饲料或虾干。同时，罗汉鱼专用饲料还可以起到为花罗汉鱼增色、促进头部脂肪突起生长的作用。

花罗汉鱼的饲养设备主要有水族箱、过滤器、照明灯、加热棒、充氧泵。另外为了水族箱的美观，还可以用底沙等装饰品对水族箱进行造景。

1. 水族箱

花罗汉鱼一般都能长到 20 ～ 30cm，所以要用中大型水族箱饲养。尺寸最少要 100cm × 50cm × 50cm（长 × 宽 × 高）。这样才能给花罗汉鱼一个自由游弋的空间。

水族箱应放置在稳定牢固的地面上，避免太阳长期直晒，以免影响水温及滋生过多的藻类。不要安放在空调能直接吹到或大门边，避免使水温大幅波动。水族箱不宜过高，可以方便日后清理玻璃内壁和内部造景。水族箱需要加盖，防止鱼跳出。不要经常移动水族箱，这样会让鱼感到不安。

因为生性好斗，花罗汉鱼必须单独饲养

2. 过滤器

有效率的过滤设备是一个干净健康、生机勃勃的水族鱼缸的关键组件。家庭水族箱饲养观赏鱼类的密度远超过自然界，因此在鱼的生长代谢过程中水族箱内会产生大量的代谢废物。必须在这些废物变为有毒物质前将其清除掉，保障鱼缸内生命的健康安全。过滤器在各种各样的构造中可为我们提供物理过

滤、生物过滤和化学过滤，而且还可为水体补充被消耗的氧。

花罗汉鱼是一种吃得多拉得多的观赏鱼，内置过滤效果有限；桶形过滤器清洁起来比较麻烦，而上部过滤器有足够过滤的空间，结构比较简单，并且清洁管理简便。因此推荐饲养花罗汉鱼的爱好者使用上部过滤器。

可选用的过滤材料有物理滤材（过滤棉）、生物滤材（陶瓷环）。

这两种滤材的摆放次序一般是：第一层是过滤棉，第二层、第三层是陶瓷环。

在清洁滤材时，只清洁过滤棉。陶瓷环不必清洗，以保护其间生存的硝化细菌。清洁过滤器的要点是把大型的脏废物从密封的系统中抽出来，减少系统的负担。但必须要注意到这个清洁不能把有用的硝化细菌洗掉太多。所以，我们千万不要把所有过滤材料都清洗，以免大量硝化细菌被洗掉，影响过滤系统里面的微生物平衡。

3. 照明灯

饲养花罗汉鱼对照明灯的要求不高，只要能方便欣赏就可以了。一般来讲，花罗汉鱼在粉红色灯光下颜色看上去更美丽。

每天开灯时间的长短要配合饲养者的生活习惯。当然，太长的灯光会加速藻类的生长，影响观赏效果。所谓配合个人习惯的意思是，在你回家半小时后，灯开始亮，在你睡觉半小时后灯被关掉。最好用一个自动定制开关来控制照明灯。因为在开灯和关灯时，鱼儿会从一种静止或活泼的状态忽然改变，加上你的忽然出现或消失，会使它受到惊吓。

4. 加热棒

花罗汉鱼是热带观赏鱼，虽然它们能适应20℃的水温，但为了其头部脂肪突起生长得更大，身体颜色更鲜艳，多数时间应将水温控制在28℃～30℃。所以在我国大部分地区，冬季饲养花罗汉鱼都需要使用加热棒。

合理安全使用加热棒应注意如下几点：

⑴ 避免在加温中将加热棒直接提出或置入水中，应在取出前停止通电5分钟以上。

⑵ 无论加温或冷却在温度调节上需采用循环渐进的方式，避免温度在短时间内骤升或骤降，造成鱼儿生理上的应激反应。

⑶ 要准准备一个备用的加热棒，以便在出现损坏时及时更换。

⑷ 如果加热棒的显示灯总是亮着，就要密切观察温度计，这有可能是加热棒已经损坏或是就要损坏的先兆。

⑸ 如遇加热棒损坏，要先切断电源后再去除，以免触电。

5. 充氧泵

花罗汉鱼是对水中氧消耗比较大的鱼类，加上饲养水温高、溶解氧少，因此建议配备充氧泵向水族箱中打气增氧。充氧泵的使用应注意以下两点：

⑴ 充氧泵要放在比鱼缸水位高的位置，避免在停电时发生水倒流的现象，损坏气泵。

⑵ 在北方或寒冷的季节，由于充气的原因会加速水温的下降，因此在使用充氧泵的同时要关注加热棒的运行状态。

6. 水族箱造景

水族箱的造景可根据个人爱好，一般用石头及底沙来造景。做景用的材料不要有棱角，以免鱼儿在游动时刮伤。底沙的大小也应配合鱼嘴的大小，以便鱼儿可以搬弄玩耍。造景不要太密，因为花罗汉鱼是一种爱活动的鱼，如果造景太密，鱼很容易碰伤。

由于花罗汉鱼能吃能拉，所以，原则上底沙只能作观赏及鱼儿玩耍用，不能作为一种辅助过滤设施培养硝化细菌。底沙一定要定期清洗，不然就会变成有害细菌的温床。饲养花罗汉鱼不宜种植水草，因为花罗汉鱼属于喜欢中性偏碱水质的鱼类，而且天生破坏力强，水草无法和其共生在一个水族箱中。

四、花罗汉鱼的生产性养殖技术

养殖花罗汉鱼是很多人已经尝试过的事情，在人工饲养条件下繁殖和育成花罗汉鱼并不困难，难点在于如何杂交育种，得到优良的花罗汉鱼后代。以下就花罗汉鱼的繁殖特点和杂交育种进行初步的介绍，更多的杂交知识还需要养殖者在生产实践中逐渐摸索积累。

1. 花罗汉鱼的繁殖特点

繁殖花罗汉鱼并不难，规模可大可小。大者可建筑占地若干亩的养殖场，小者在家中腾出空房即可作为小型养殖作坊。繁殖花罗汉鱼的水族箱一般在 100cm × 50cm × 50cm（长 × 宽 × 高）为宜，中间要设有可拆卸的隔断，方便配对使用。

花罗汉鱼原本就是多种慈鲷鱼杂交而来，所以在小鱼孵出后，很多小鱼仍保有其祖先的特征，这就是所谓的返祖现象。

花罗汉鱼苗

每只花罗汉鱼皆有着自身的特点，较少出现重复的例子，因此任何亲本都很难生出和其长得一模一样的后代。花罗汉鱼平均每次产卵 1 000 ~ 3 000 粒，8 个月就可性成熟，每月可产卵 2 次，寿命在 10 年以上。通常选用 1 年龄以上的成鱼作为繁殖用的亲鱼。

(1) 雌雄辨别

分辨雄雌是繁殖前极为重要的工作。花罗汉雄鱼一般体形较大，颜色也比雌鱼更艳丽，头上的脂肪突起也比雌鱼大。最可靠的雌雄分辨方法是观察鱼的泄殖孔，雄鱼的泄殖孔较为尖细，雌鱼的泄殖孔则较为粗圆。

(2) 配对

分辨好雌雄的亲鱼，就可以按 1∶1 的比例放入繁殖箱中进行配对了。由于花罗汉鱼性情凶猛，所以要让它们配对并不是件易事。通常，可以尝试先放入雄鱼让其适应环境，几

繁殖中的花罗汉鱼

天后再放入雌鱼。雌鱼放入后，要用网将两鱼隔开，让它们彼此隔网相望。一开始双方都会显示出打斗的样子，对着啃咬隔离网。几天或几周后，双方习惯了彼此的存在，打斗现象减少，甚至消失。此时可以撤去隔离网，让它们生活在一起。这时的雄鱼仍有攻击雌鱼的可能，若发现，要马上继续隔离。如果双方“投缘”，很快就会很融洽地在一起游来游去，繁殖即将开始。

(3) 产卵

配对完成后，就进入了准备产卵的时期，虽然这时雄雌鱼会用口搬动箱底的沙石营造产卵巢，但水族箱内最好还是放置一个瓦盘作为产卵处，以达到方便日后操作的目的。花罗汉鱼是以体外受精的方式繁殖的。首先，雌鱼会在瓦盘上产卵，而雄鱼则随后在鱼卵上射精，如此反复几个小时。在产卵过程完毕后，雌鱼与雄鱼会一起担负看护鱼卵的责任，不时用鱼鳍扇动水流，给鱼卵提供溶氧充分的新水。

(4) 孵化

产卵后 5 天，稚鱼从卵中孵化而出，但不能游泳，黏附在瓦盘上靠腹部卵黄提供营养。此时建议将雌鱼搬出，由雄鱼独自看护稚鱼，因有时雌鱼继续发情，有可能偷吃稚鱼。刚出生的稚鱼只有约 1mm 大，雄鱼会用口把小鱼移至安全的角落加以看护，再过 3 天稚鱼开始觅食，这时就要把雄鱼移走或将稚鱼捞出单独饲养。稚鱼可喂以淡水轮虫或草履虫，3 天后改喂水蚤。

一个月后就可以吃冷冻红虫或小型饲料了。此时可以根据需要对小鱼进行筛选，去掉返祖现象明显的个体。此后每月筛选一次，直到可以出售为止。

2. 花罗汉鱼的杂交育种

掌握花罗汉鱼的杂交育种技术是养殖花罗汉鱼的重要环节，要培育出优良的花罗汉鱼光是繁殖筛选是远远不够的。目前流行的杂交方法有品系内杂交、跨品系杂交、与其他鱼杂交、非罗汉鱼杂交等。

(1) 品系内杂交

品系内杂交是指用同品系的不同品种进行杂交，比如用金花罗汉品系的财神罗汉鱼和金苹果罗汉鱼杂交，可得到金财神罗汉鱼，但数量很少。其常见情况是：1/10 000的金财神罗汉鱼、50/10 000的金苹果罗汉鱼、1 000/10 000的财神罗汉鱼，以及绝大多数的返祖鱼。杂交过程中得到的次品要比同品种繁殖中得到的还要多，这是因为在两条不稳定基因的鱼中，其大多数品种基因呈隐性，而其祖先的基因呈显性。因此隐性基因很难遗传，或即使遗传也表现不出来。

品系内杂交要注意选择亲鱼必须是品种特征明显的个体，已经经过品系内杂交且特征不明显的个体，不适合作为杂交用亲鱼。

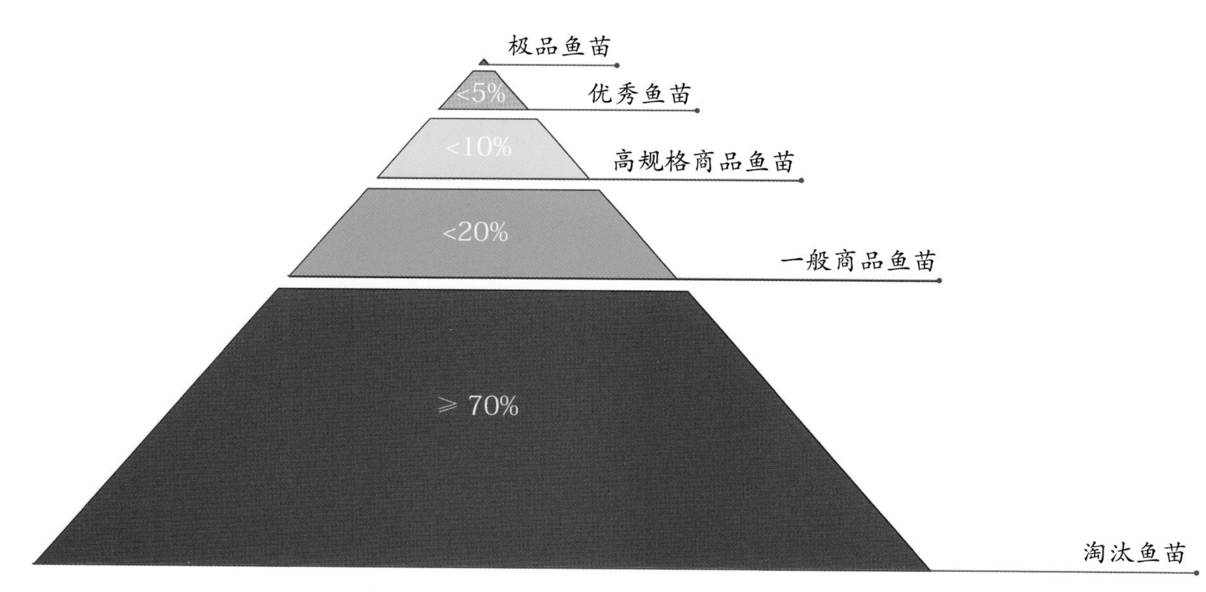

花罗汉鱼苗成品率图表

⑵ 跨品系杂交

跨品系杂交是用两个不同品系内的品种进行杂交，比如用珍珠罗汉鱼品系的蓝钻罗汉鱼和马骝罗汉鱼品系的原始马骝进行杂交，就有可能得到颜色更绚丽的珍珠马骝罗汉鱼。然而跨品系杂交时，其亲本遗传更不稳定。得到优秀个体的几率小于1/10 000。但由于罗汉鱼繁殖量大，繁殖频率高，因此值得尝试。

跨品系杂交时，要注意不要让某品系与某品系的亲本进行杂交。比如大多数品系的花罗汉都具有古典罗汉鱼品系的血统，用大多数品系和古典罗汉鱼品系进行杂交，所得到的后代最佳也就是古典罗汉鱼，几乎得不到更出色的品种。这是因为原始基因相对变异基因呈显性存在，一旦两者结合，其后代都会出现显性遗传现象。

⑶ 与其他鱼杂交

用花罗汉鱼与其他品种的慈鲷进行杂交，是目前培育新品种的常用方法。要使用这个方法必须先知道花罗汉鱼能同那些慈鲷杂交。通过实验以及以往的经验，可以和花罗汉鱼杂交的品种多是南美洲和北美洲的慈鲷鱼。非洲慈鲷还没有和花罗汉鱼杂交的成功记录。这也并不是说所有美洲慈鲷都可以和花罗汉鱼杂交，实际经验表明，只有慈鲷科（Cichlidae，也称丽鱼科）的副热带鲷属（*Paretroplus*）、丽体鱼属 (*Cichlasoma*)、克萨斯丽鱼属 (*Herichthys*)、维住丽鱼属 (*Vieja*) 的成员才能和花罗汉鱼杂交，而慈鲷科中最常见的大型慈鲷分类，如宝丽鱼属（*Aequidens*）的红尾皇冠鱼、图丽鱼属（*Astronotus*）的地图鱼就都不能和花罗汉鱼杂交。

能和花罗汉鱼杂交的慈鲷鱼通常都分布在北起美国南部，南至委内瑞拉的中美洲地区。这个地区多半岛和岛屿，淡水鱼被复杂的地理环境和海洋自然阻隔成独立的品种。但它们之间的血缘关系非常近，一旦认为打破了阻隔，就可以进行杂交繁殖。常见的和花罗汉鱼杂交的品种有紫红火口鱼（*Paratheraps melanurus*）、红魔鬼鱼 (*Amphilophus citrinellus*)、

斑马迈达斯鱼（*Amphilophus festae*）、七彩菠萝鱼（*Cichlasoma salvini*）、黄金大将鱼（*Vieja heterospila*）、青金虎鱼（*Amphilophus trimaculatus*）、德州豹鱼（*Herichthys carpint*）、细花德州豹鱼（*Herichthys cyanoguttatus*）、苹果火口鱼（*Paratheraps bifasciatus*）、网文狮头鱼（*Paratheraps fenestratus*）、血流星鱼（*Paratheraps hartwegi*）、天网火口鱼（*Paratheraps zonatus*）等。我们从这些鱼身上不难看出罗汉鱼继承了它们哪方面的特征。比如古典罗汉鱼身上中部一栋横向的黑斑，正是紫红火口鱼的特征。花角系罗汉鱼的角状头瘤正是红魔鬼鱼的头瘤特征。金苹果罗汉鱼和德萨斯罗汉鱼分别继承了苹果火口鱼的金色身体和德州豹鱼的蓝宝石外衣。如此，只要你想象力够够丰富，敢于尝试，并且失败后不气馁，用美洲慈鲷和花罗汉鱼杂交得到新品种的操作方法并不是太困难。

和红魔鬼鱼配对成功的花罗汉鱼

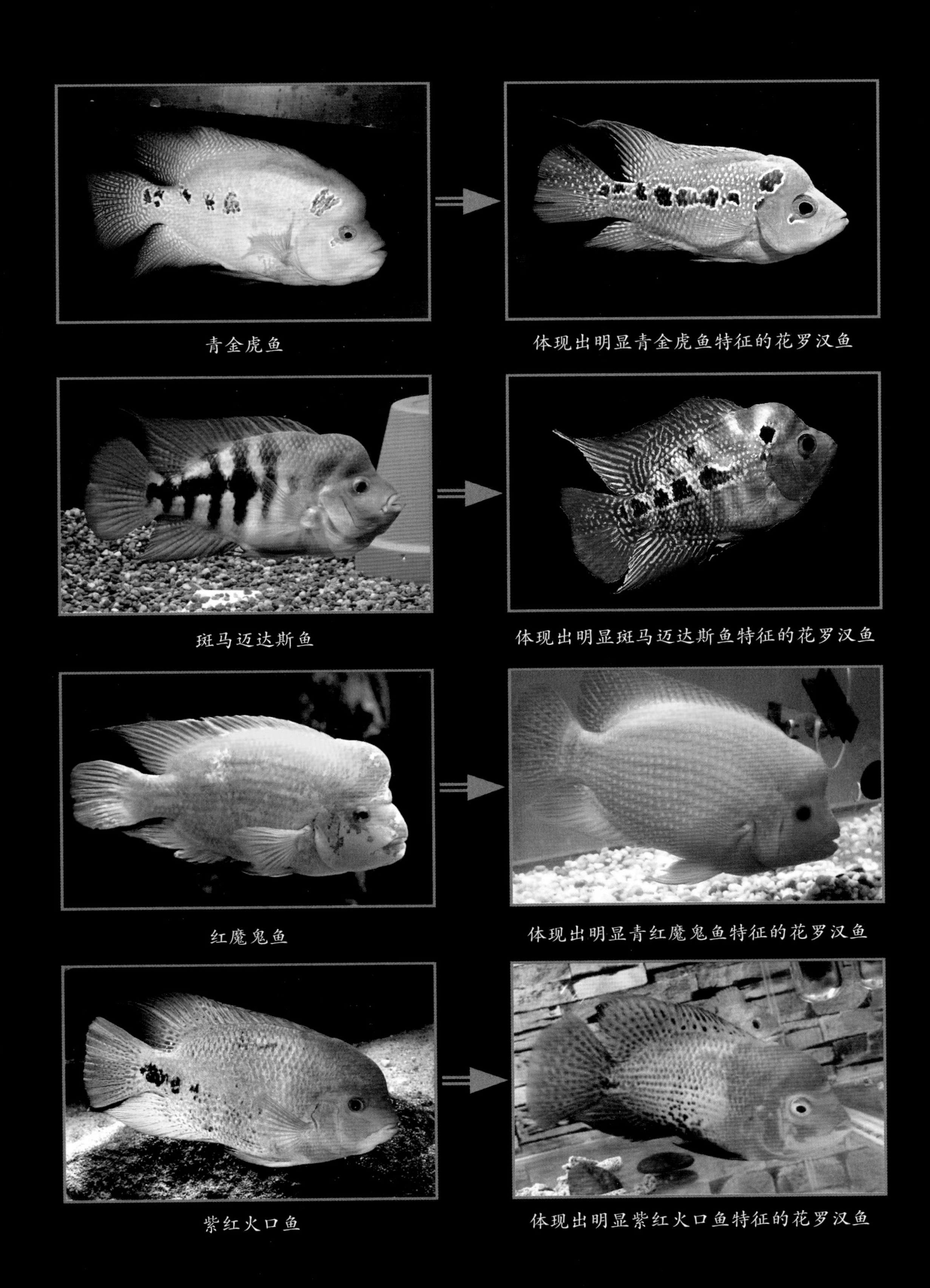

青金虎鱼

体现出明显青金虎鱼特征的花罗汉鱼

斑马迈达斯鱼

体现出明显斑马迈达斯鱼特征的花罗汉鱼

红魔鬼鱼

体现出明显青红魔鬼鱼特征的花罗汉鱼

紫红火口鱼

体现出明显紫红火口鱼特征的花罗汉鱼

七彩菠萝鱼

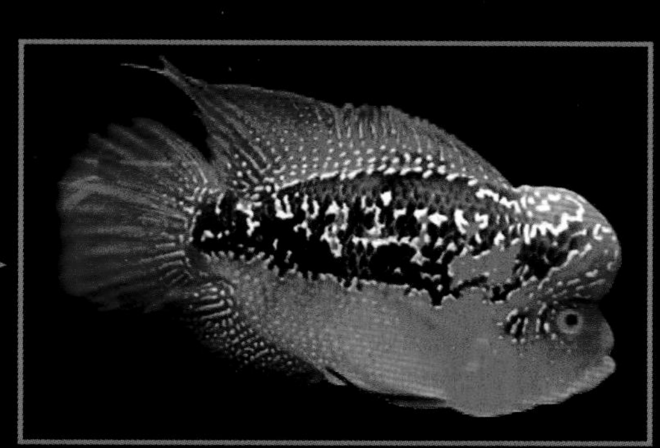

体现出明显七彩菠萝鱼特征的花罗汉鱼

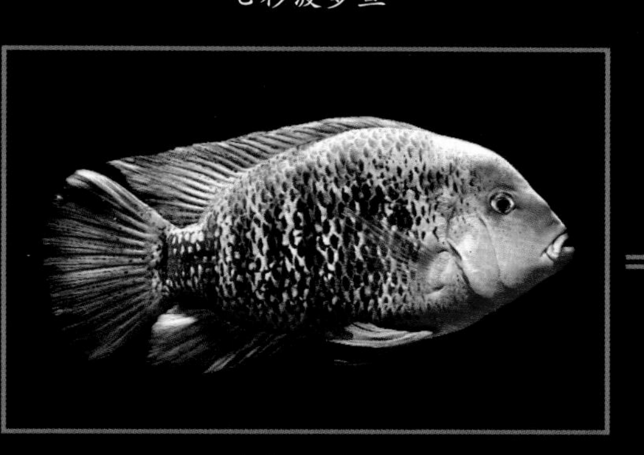

黄金大将鱼

体现出明显黄金大将鱼特征的花罗汉鱼

苹果火口鱼

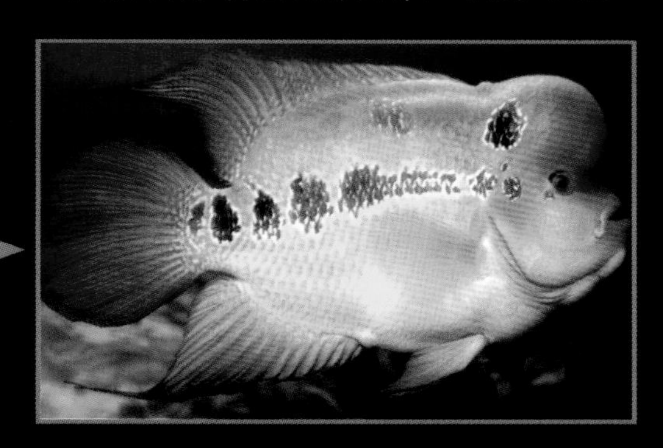

体现出明显苹果火口鱼特征的花罗汉鱼

天网火口鱼

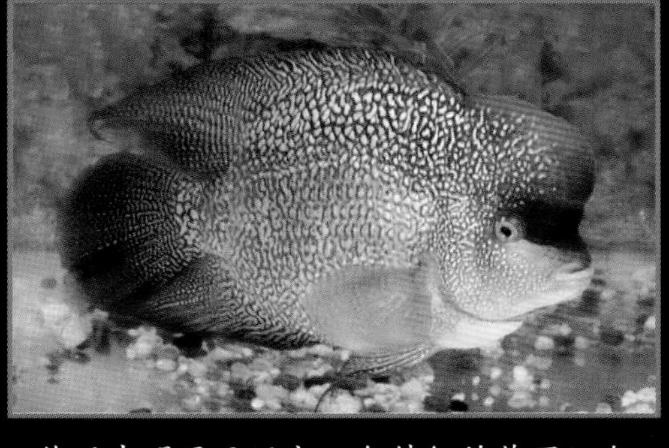

体现出明显天网火口鱼特征的花罗汉鱼

网纹狮王鱼

体现出明显网纹狮王鱼特征的花罗汉鱼

绿巨人鱼

体现出明显绿巨人鱼特征的花罗汉鱼

德州豹鱼

体现出明显青德州豹鱼特征的花罗汉鱼

金刚鹦鹉鱼

体现出明显金刚鹦鹉鱼特征的花罗汉鱼

(4) 非罗汉鱼杂交

用两种不同品种的美洲慈鲷鱼进行杂交，得到类似当前花罗汉鱼的新品种，称为非罗汉鱼杂交方法。花罗汉鱼本身就是靠这种方法诞生的。在非罗汉鱼杂交时，要注意尽量使用同属内的品种进行杂交，而且做好用大型水族箱混养多个品种任凭其自己配对。中美洲慈鲷都是性情凶猛好斗的品种，强行配对，会导致弱势的个体被咬死的悲剧。

鱼苗养成室

淘汰的花罗汉鱼苗

育成中的花罗汉鱼苗

五、花罗汉鱼的鉴赏和评选标准

虽然东南亚各国每年都会组织不同规模的花罗汉鱼评选会，但多数是为了商业运作吸引人气。就花罗汉鱼的评选标准来看，还没有公认的完全标准。但在近 20 年的发展过程中，花罗汉鱼的鉴赏方面也形成了被人们所接受的共识。养殖者可以根据这些鉴赏共识，衡量自己对商品鱼的评选标准。

花罗汉鱼的鉴赏大体包含下面这几个方面。

1. 身形

包括第一印象、鱼只体形，以及鱼只在展示缸中的泳姿及所表现出的气度。通常情况下，好的花罗汉鱼给人的第一感觉都是印象深刻，一下子就被吸引过去了；身体方面比例合度（最佳为正方或长方体，长宽比例最好为 1.5 : 1），短身高背及身躯厚实且泳姿顺畅。

优秀的花罗汉鱼，
嘴要短而宽
头要匀称饱满，
并不是越大越好
尾鳍要宽大厚重，
显得有力

身体呈长方形的花罗汉鱼

幼鱼期尾鳍宽大的花罗汉鱼

2. 颜色

花罗汉鱼的颜色当然是越光艳越好，但也必须协调有秩，一般以红底色为佳。

3. 头部

好的花罗汉鱼头部要饱满圆润，隆起的头部不是越大越好，应与体形大小比例合适，须浑圆不能有凹凸不平及过于向下垂；从正面观看，左右平均，饱满圆润。分布于头部的墨斑鳞片大小须适当，若能左右对称更好。

4. 珍珠点（金点，亮点）

鉴赏花罗汉鱼时要求珠点在体侧的分布均匀，最好整身都有。珠点须晶亮耀眼、晶莹剔透，体侧成整片状的晶亮鳞片也很漂亮。

5. 墨斑鳞片

花罗汉鱼的墨斑至少应该超过身体的一半（无斑珍珠罗汉鱼或金马骝罗汉鱼例外），墨斑外侧须有银线包裹，墨斑大小相近，最好成连贯状。

6. 眼睛

眼睛为血红色（金花罗汉鱼例外），眼珠为黑色圆点，有白色夹杂或黑色不规则的为次品。眼睛必须恰当分布于头部两侧的位置，成对称状。一条好的花罗汉鱼必须具备清澈明亮的眼睛。

饲养一段时间后，花罗汉鱼不惧怕人，可以用手伸入水中抚摸它

7. 嘴部

花罗汉鱼的嘴巴不能太长，口、鳃最好带有前半身色系。

8. 鱼鳍

花罗汉鱼鱼鳍应形状、大小对称，与体形的大小均衡，鳍缘完整无缺损，鳍条清晰，鳍面宽敞，上、下鳍条有力撑开，鳍上的珠点和鳍条工整流畅，各鳍条挺直延展，飞扬飘逸。背鳍和臀鳍末端拉丝的品种，鳍丝要飘逸洒脱，完美地搭配鱼体。

9. 泳姿

花罗汉鱼的泳姿不慌不忙、神采奕奕，仿佛君临天下的样子。健康的花罗汉鱼，游行速度敏捷，而且身体各部分的鱼鳍伸张正常，不会有缩鳍的现象，亦不会有泳姿不平稳神经质地胡乱碰撞、一直抖动身体或以身体摩擦缸壁等，如遇以上情况可能是鱼带有寄生虫。另外，一直趴在水族箱底部，或浮在水面，或蜷曲在角落不敢移动，都是不健康的特征。

10. 个性

“花罗汉鱼会跟人玩！”这是花罗汉鱼作为观赏鱼最具有个性化的特征。一条与人玩惯了的花罗汉鱼，会在人接近的时候迅速游到人们的面前，你只要扬起手来，它就会跟着你的指挥“跳起舞来”；当饲主将手伸入缸中，它还会柔顺地将身体依着饲主的手摩蹭来摩蹭去，一点也不会慌张、更不会表现出凶暴的样子。

六、花罗汉鱼的疾病及防治

花罗汉鱼体质强健，只要保持良好的水质，一般很少患病。这种鱼的病害多因外伤、营养不良、水质恶化等原因引起。其中引起外伤的原因包括个体间的打斗、与水族箱内壁或景物的碰撞、装袋捕捞网具的伤害等，并且由此继发感染，使鱼患病。

花罗汉鱼的病害一般包括以下几类：

细菌病：竖鳞病、穿孔病、肿嘴病等。

真菌病：水霉病。

寄生虫病：白点病、肠寄生虫病等。

综合性疾病：头洞病、凸眼病等。

隔离饲养的花罗汉鱼

1. 竖鳞病

［病因］症状和防治方法参见龙鱼的立鳞病。

2. 穿孔病

［病因］病原菌主要是柱状纤维黏细菌、产气单胞菌、假单胞菌等。

［症状］初时病鱼食欲减退，体表鳞片脱落，并且表皮显现微红色；后期出现出血性溃疡症状；肌肉充血、腐烂。病鱼大多在体侧、背部和尾柄出现病变，严重的时候甚至腐烂至鱼骨。

［防治方法］可使用高锰酸钾和市售杀菌药物浸泡病鱼治疗。

3. 肿嘴病

［病因］细菌感染引起。

［症状］在罗汉鱼的嘴唇上出现小米样的颗粒，有些在嘴内，嘴中有白色脓液流出；食欲不振，动作迟缓，体色发黑，继而死亡。此病传染速度快，死亡率高。

［防治方法］用 1mg/L 的庆大霉素浸泡病鱼治疗。

4. 水霉病

［病因］症状和防治方法可参见龙鱼的水霉病。

5. 白点病

［病因］症状和防治方法可参见龙鱼的白点病。

6. 肠寄生虫病

［病因］绦虫、复殖吸虫。

［症状］病鱼腹部膨胀，按压时感觉坚硬。严重感染时食欲不振，身体瘦弱，体色变暗。

［防治方法］口服阿苯达唑等杀虫药物。

7. 头洞病

[病因]症状和防治方法可参见龙鱼的头洞病。

8. 凸眼病

[病因]细菌感染、鞭毛虫类寄生虫感染、水质不良和代谢失调均可引起该病。

[症状]病鱼神色黯淡，没有食欲，躲在水族箱的角落里，单侧或双侧的眼球突起、充血或混浊，眼睛外面覆盖一层白色薄膜。严重时，失去进食能力，最后衰竭而死。

[防治方法]根据不同病因，采取不同的治疗方案。若是细菌感染，则可用注射抗生素的方法进行治疗，一般选用青霉素注射或浸泡，并在每次用药前抽去旧水，用较高浓度的药浸泡一段时间后，再补进新水。这样不仅能够使药物的浓度尽可能提高，而且能够促使水族箱内的水质得到改善；若是寄生虫感染，则用硫酸铜等杀虫药物治疗。

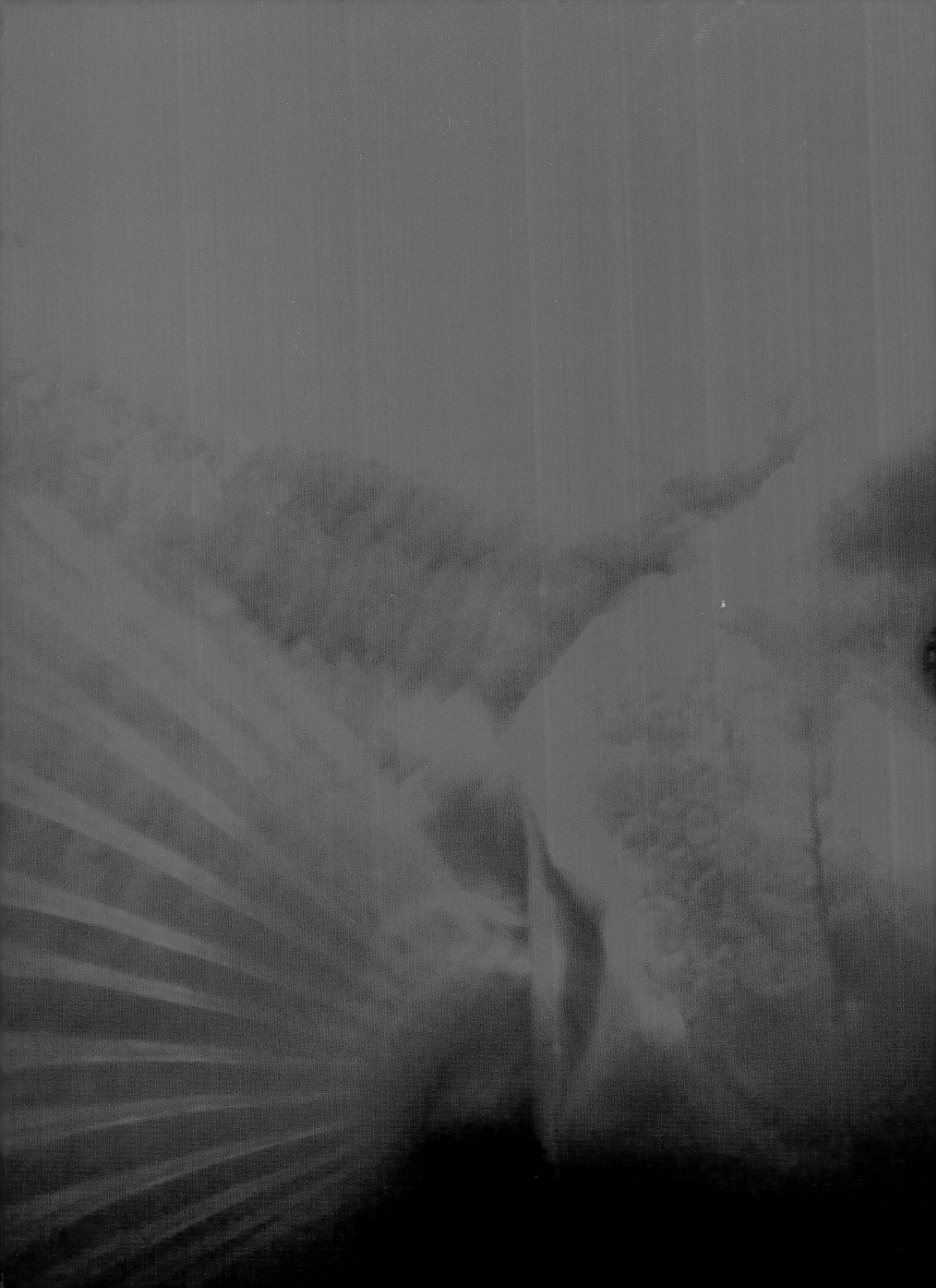

血鹦鹉鱼
Blood Parrot Fish

在美好的说法面前，人往往都是宁愿信其有，不愿信其无。所以，当元宝鹦鹉鱼和红财神鱼这两种鱼的名字一问世，就吸引了大量观赏鱼经销商和爱好者前往问价。正是在元宝鹦鹉鱼和红财神鱼的高价力挺下，血鹦鹉系列观赏鱼才能在名贵观赏鱼的行列中获得一席之地。

血鹦鹉鱼是当前国内观赏鱼市场上销售量很大的观赏鱼，由于其鲜红的颜色、浑圆的外表加上非常容易饲养的特性，几乎成了现在新入门的观赏鱼爱好者必选的品种。由于血鹦鹉鱼有广阔的市场空间，在我国和东南亚地区有许多专门的养殖场，有些地区还制定有专门适用于血鹦鹉鱼的地方标准。血鹦鹉鱼中的大型品种，如金刚鹦鹉鱼、财神鹦鹉鱼，价格不菲，从数百到数千元不等，凭借这些大个体的品种，血鹦鹉鱼跻身到了名贵观赏鱼的行列。那么，血鹦鹉鱼是从何而来，又是怎样逐渐发展成家喻户晓的观赏鱼的呢？

一、血鹦鹉鱼的由来和发展历史

血鹦鹉鱼不是一个自然物种，是用两种美洲慈鲷鱼杂交得到的后代，这一点已经是众所周知的事情了。但人们究竟是怎样杂交出了血鹦鹉鱼呢？对于这一点，至今仍众说纷纭。最常见的说法是："1995 年前后台湾地区美洲慈鲷类观赏鱼的市场开始大幅度滑坡，此时一个名叫蔡建发的人将自己渔场里的红魔鬼鱼和紫红火口鱼养在一起，阴错阳差之下，雄红魔鬼鱼居然和同居的雌紫红火口鱼产下一群稀奇古怪的新鱼种，这就是后来的血鹦鹉鱼。"这一说法从某种程度上是正确的，但不全面。实际上中南美洲慈鲷鱼类因为分化时间短，在人工养殖情况下相互杂交的事情屡见不鲜。早在 1950 年，饲养在柏林动物园水族馆里的红魔鬼鱼就有和胭脂火口鱼杂交的记录。1990 年北京动物园热带鱼馆（今企鹅馆）内饲养的紫红火口鱼也和红魔鬼鱼杂交产生了后代。而在民间，美洲慈鲷有将近 150 年的饲养历史，多数情况下都是几个品种混养在一起，此类杂交情况也会时常出现。但当时都没有人特意地保留这些杂交的后代。直到 1996 年，血鹦鹉鱼才正式被台湾地区观赏鱼养殖者推出。

当时的台湾地区观赏鱼养殖业正处于品种转型期间，一方面新兴的非洲慈鲷带来了巨大的潜在利润，使得多数养殖传统美洲慈鲷鱼养殖者开始清理美洲慈鲷，转而投向非洲慈鲷。另一方面，水草和海水观赏鱼的逐渐兴起也对淡水观赏鱼市场造成一定的冲击。加之台湾本岛内消费数量有限，而当时观赏鱼

在自然界里，不同物种间的杂交很普遍。一般同属动物杂交能产生可以繁衍后代的新物种，但不同属的动物杂交就不是很多了。即使不同属的动物杂交成功，由于 DNA 不匹配，其后代多数也不能繁殖，比如：骡子和狮虎兽等。

血鹦鹉鱼的杂交属于跨属杂交，因此其自身的遗传基因不成对，无法匹配，故而不能繁殖后代。但少数雌性血鹦鹉却能和其他品种的雄鱼杂交产生后代。这可能是基因遗传多样性的特点。跨属杂交在目前的观赏鱼培育上比较普遍，比如在花罗汉鱼、淡水魟鱼的培育上都采用了此类方法。在有些比较成功的案例中，其血鹦鹉鱼后代甚至可以自行繁衍。

出口大陆还是非常困难的事情，如果出口到马来西亚、新加坡等国家，又卖不出好的价钱。所以养殖户们开始琢磨新的生财途径。当时不少人养殖有红魔鬼鱼和紫红火口鱼，这两种观赏鱼都是完成型的大型观赏鱼，幼鱼并不十分好看，要生长到3年以后，才会膘肥肉满、色彩丰富、头溜高耸、体形壮硕，成为让人为之一震的优秀观赏鱼。而3年以下的鱼，基本卖不上价钱。故此这些鱼常常被饲养在一个大池子里，等待长大升值。中美洲慈鲷虽然3岁后才能体现出全部的美丽，但1岁时就具备了繁殖能力。这样，它们会在饲养池中随意地自然繁殖，因此想当时很多养殖场都经常有杂交鱼出现。

也许就是不经意间，某位养殖户没有将养殖池中胡乱杂交的鱼苗扔掉（因为血鹦鹉鱼小时候是灰色的，十分难看，不会得到重视），而是略微养大了一些，准备作为低价鱼出售。在小鱼生长到4周后，养殖户突然发现，这些鱼变成了圆形的身体，头凹陷下去，嘴变形成了心形。这个发现，可能成为后来鹦鹉鱼被推广的奠基石。随着这些杂交小鱼越长越大，它们的身体特征也越来越明显。虽然颜色仍然暗淡，但凭借体形完全可以作为一种新奇特的观赏鱼销售了。于是人们根据其嘴从侧面看略微向下弯曲，很像鹦鹉嘴的特点，给这种鱼起名叫鹦鹉鱼。请注意，这时还叫鹦鹉鱼，并不叫血鹦鹉鱼或红鹦鹉鱼，因为它们不是红色的。

那么鹦鹉鱼是怎样变红的呢？鹦鹉鱼的亲本红魔鬼鱼和紫红火口鱼虽然名字上都带有“红”字，但实际上都不是真正红色的鱼。野生的红魔鬼鱼幼体有一种橘红色到粉红色的识别色，这是该品种的自然特征，但成年后就会变成青灰色或暗褐色。紫红火口鱼只是成年后头部和身体后部有不规则的红色和粉红色斑块，但幼年时却是暗淡的青色。红魔鬼鱼的饲养历史很久，大概有80年以上的人工繁育历程，人们努力保留其幼年期的鲜艳颜色，但到20世纪90年代初，成年的红魔鬼鱼仍然只能达到淡淡的粉红色或橘红色与白色相间。那么红魔鬼鱼和紫红火口鱼杂交后，幼鱼继承了红魔鬼鱼的一部分基因，呈现出橘红

色，但是没有红魔鬼幼鱼的橘红色鲜艳，近乎发白。同时，这些杂交个体也继承了紫红火口鱼的特征，身上有许多不规则的黑斑（后来称为黑纱）。于是，早期的鹦鹉鱼体色白不白、粉不粉，还有好多黑纱，看上去脏兮兮的。除去奇特的外表，颜色实在是难以恭维。

当时对于慈鲷养殖者来说给鱼人工上色已经不是难事了，因为大批量繁殖的非洲慈鲷和七彩神仙鱼都需要人工上色后再出售（因为这些鱼自然发色比较晚，等其自然发色，产生的利润太低），于是，人们开始给鹦鹉鱼人工上色。因为鹦鹉鱼身体大部分呈现淡粉色，所以就干脆将它们染成红色。染色后的鹦鹉鱼鲜红无比，配上憨态可掬的外表，一下子得到了市场的认可。从此，鹦鹉鱼更名为血鹦鹉鱼，作为一个新品种进入了台湾地区、广东省以及部分东南亚国家的观赏鱼市场。

刚刚上市时，由于养殖者将血鹦鹉鱼的来源当作商业机密保护，一时间关于血鹦鹉鱼身世的谣言四处流传。有人认为是新发现的美洲慈鲷，有人则认为是消失已久的亚洲慈鲷“橘子鱼”的后代，还有人认为这些鱼可能是金菠萝鱼的改良品种。但对于更多的人来讲，血鹦鹉鱼的身世显然并没有那么重要，这个新品种不错，很好看就已经足够了。于是血鹦鹉鱼的市场越来越大，其价格也直线上升。不过，当时的鱼买回家饲养一个月后，就会因为人工上的色素丢失变成粉白色。所以，其虽然价格不低，但市场远没有现在这么好。

不过，很快血鹦鹉鱼是如何杂交出来的秘密便被人们知道了。于是广东和海南两地的观赏鱼养殖户开始大量引进，准备繁殖具有广阔市场空间的血鹦鹉鱼。从 1998 年到 2010 年的十几年里，这两种鱼几乎全部控制在血鹦鹉养殖户的手中，原来稀疏平常的两个品种在观赏鱼市场上近乎销声匿迹。台湾养殖者一看大陆开始大批量繁殖了，不少人就跑过来为广东和海南的

业者提供技术服务，传授他们如何配种，如何人工上色。几年后大江南北就到处都是血鹦鹉鱼的足迹了。但这种血鹦鹉鱼还是保持着原始的特征，只要不人工上色，它们就灰头土脸的。而且由于其亲本实际上是脊柱变异的球形红魔鬼鱼，所以它们一律都是十几厘米长的小个子，远比不上其父母那样伟岸的身材。

2005年左右，血鹦鹉鱼的市场已经开始走下坡路，但转折也随之而来。台湾地区的养殖者在推广了血鹦鹉鱼之后，并没有停滞，他们利用紫红火口鱼作为父本，红魔鬼鱼作为母本进行反向杂交，得到了体形更大的鹦鹉鱼。这种鹦鹉鱼虽然身体没有血鹦鹉鱼圆润，嘴向下弯曲得也不明显，但能生长到25cm以上的体形却完全压倒了血鹦鹉鱼。养殖者给这种鱼起名叫金刚鹦鹉鱼。对于金刚鹦鹉鱼，养殖者吸取了以前的教训，没有忙着推向市场。而是潜心研究持久增红的方法，以及关于这种鱼的周边产品。

一定要想个办法一次染色终身受益，最好能长时间不褪色，这是养殖户们最着急想解决的问题。2006年前后解决办法终于被开发出来，是使用化学药物注射的方式。不过，即使注射增红，鱼体颜色仍然会缓慢褪色，大概饲养1年左右，颜色就失去了，怎么办呢？聪明的养殖者想出了好办法，开发一种带有色素的饲料，同血鹦鹉鱼一起出售，在消费者购鱼时，推荐这种饲料。把血鹦鹉鱼和专用增色饲料绑定销售，既可以保证产品不褪色，又能带来更多的利润，何乐而不为。于是数家台湾地区有实力的观赏鱼养殖者开始做这样的捆绑帮销售生意，而血鹦鹉鱼的主角就是新培育的被称为“永不掉色”的金刚鹦鹉鱼。

由于金刚鹦鹉鱼硕大的体形和鲜艳的颜色，一下子成为了广受高端消费者喜爱的品种。金刚鹦鹉鱼的价格要比一般血鹦鹉鱼高10倍以上，而且用专用饲料喂养自己的观赏鱼，听上去就那么专业，那么有品位。看来这条路走对了，养殖户们开始继续努力，这次他们要给血鹦鹉鱼披上“招财进宝”的外衣。

血鹦鹉鱼的嘴形

2008年前后，元宝鹦鹉鱼和红财神鱼诞生了，它们是从金刚鹦鹉鱼中精心挑选出的个体，按产品分级可以算是AAAAA级金刚鹦鹉鱼。元宝鹦鹉鱼主要是挑选体形浑圆，嘴向下弯曲幅度大的个体；红财神鱼的挑选则放弃了浑圆的身体，转而找那些身体长方形，并且成年后头部有明显脂肪隆起的个体（很像其母本红魔鬼鱼成年后的样子）。然后给这两种鱼染上鲜红无比的颜色，再配上染色能力最好的饵料一起出售。人们还专门用红色灯光照射它们，并把饲养水也染成茶色，使这些鱼看上去简直鲜红欲滴。当然，费了这么大功夫，这两种鱼的价格也肯定不菲。元宝鹦鹉鱼的市价在千元以上，红财神鱼则可以

名贵的金刚鹦鹉鱼

卖到数千元。而且由于鹦鹉鱼只有饲养一群时才显得更好看，所以消费者往往一买就是十数条。

元宝鹦鹉鱼和红财神鱼的名字采取了花罗汉鱼起名的办法，越吉利越有喜庆色彩越好。市场销售人员，还放风说这些鱼是风水鱼，饲养它们可以给主人带来财运。在美好的说法面前，人们往往都是宁愿信其有，不愿信其无。所以，当元宝鹦鹉鱼和红财神鱼这两种鱼的名字一问世，就吸引了大量观赏鱼经销商和爱好者前往问价。在元宝鹦鹉鱼和红财神鱼的高价力挺下，血鹦鹉系列观赏鱼才能在名贵观赏鱼的行列中获得一席之地。

科学地讲，血鹦鹉鱼只分为两个杂交种，即血鹦鹉鱼和金刚鹦鹉鱼，前者是用红魔鬼鱼作为父本，紫红火口鱼作为母本杂交得到的。后者是用紫红火口鱼作为父本，红魔鬼鱼作为母本，或用红魔鬼鱼作为父本，具有生殖能力的雌性金刚鹦鹉鱼作为母本杂交得到的。但在当今市场上，血鹦鹉鱼的商品品种却不下10种，其中一些是从大量杂交后代中刻意定向挑选出的商品种，还有一些是通过对鹦鹉鱼进行了手术操作得到的。下面对目前市场上常见的鹦鹉鱼品种进行介绍。

1. 血鹦鹉鱼类

血鹦鹉类一般个体比较小，最大体长在15厘米以内，一般商品规格有5cm、8cm、10cm、12cm和12cm以上。通常经过人工染色后出售，价格不高，并不算是名贵的观赏鱼。由于这种鱼生命力极其顽强，当今人们会对血鹦鹉鱼苗进行手术处理或激光上色，得到“一颗心”、“独角兽”、“蓝鹦鹉”等稀奇古怪的品种，以便获得更大的市场收益。

① 普通血鹦鹉鱼

普通血鹦鹉鱼是最早培育出的品种，也是目前市场上最常见的品种。通常身体浑圆，接近球形。不善游泳，喜成群行动。强壮易养，可以和同体型的慈鲷类观赏鱼混养。

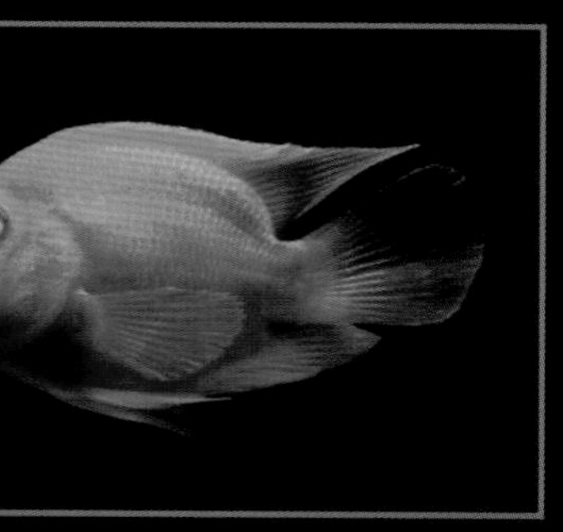

普通血鹦鹉鱼

养殖者将普通血鹦鹉鱼苗的尾鳍连根剪掉，这些血鹦鹉鱼长大后就没有尾巴。无尾巴的血鹦鹉鱼看上去像个“桃心”形状，故称为一颗心血鹦鹉鱼。这种灵感可能来自大量繁殖中，偶尔得到了尾鳍残缺的畸形个体。养殖户发现畸形个体市场很好，就大批量人为进行剪尾操作。一颗心血鹦鹉鱼由于没有尾鳍，其游泳速度更慢，活动能力更差。

一颗心血鹦鹉鱼

③ 独角兽血鹦鹉鱼

养殖户将普通血鹦鹉鱼苗的背鳍后半部分剪除，只留下背鳍的第一根硬鳍条。这样的血鹦鹉鱼长大后背部只有一个犄角状鳍条竖起，故称为独角兽血鹦鹉鱼。独角兽血鹦鹉鱼同样运动能力很差。

④ 红白血鹦鹉鱼

在血鹦鹉鱼的养殖过程中，有些个体遗传了其父本红魔鬼鱼橘红色与白色相间的体色，这种鱼称为红白血鹦鹉鱼。红白血鹦鹉鱼由于不能人工扬色（扬色后白色部分也会变成红色），故此商品鱼颜色比其他品种暗淡，市场价格并不高。

鹦鹉鱼

独角兽血鹦鹉鱼

黄鹦鹉鱼

彩色鹦鹉鱼

彩色鹦鹉鱼

⑤ 黄鹦鹉鱼

市场上对没有进行人工扬色，体色呈现白色或黄色的血鹦鹉鱼称为黄鹦鹉鱼，这种鱼虽然不好看，但由于肌体没有受到激素或化学药物的破坏，寿命比其他鹦鹉鱼要长。

⑥ 彩色鹦鹉鱼

养殖户用激光上色的方法对商品规格的鹦鹉鱼进行人工着色，或采用化学药

2. 金刚鹦鹉鱼类

金刚鹦鹉鱼类比血鹦鹉鱼类个体要大，一般体长可达25cm以上。这类鱼饲养成本高，市场价格也高，属于较名贵的观赏鱼。金刚鹦鹉鱼的获得，除去使用紫红火口鱼和红魔鬼鱼杂交外，少数金刚鹦鹉鱼的雌鱼也可以与红魔鬼鱼或紫红火口鱼进行回交，纯化其优良特征。最典型的例子就是：后期培育出的金刚鹦鹉鱼头背部分几乎都带有明显的脂肪突起，这就是反复回交后从红魔鬼鱼身上获得的稳定“起头”基因。金刚鹦鹉鱼根据培育出的时间早晚，和其部分形态特征的不同可分为如下几种。

① 金刚鹦鹉鱼

最普通的金刚鹦鹉鱼和放大了的血鹦鹉鱼区别不大，只是在侧面看时，嘴向下弯曲的幅度小一些。它们体形浑圆，成年后体重多在500g以上，虽然拙笨但却十分好斗，最好不和其他鱼类混合饲养。

② 长体型金刚鹦鹉鱼

在杂交培育金刚鹦鹉鱼的过程中，得到了身体保留了近乎紫红火口鱼形态的个体，这类鱼身体长方形，嘴不向下弯曲，但成年后头部会有脂肪突起。这种鱼

金刚鹦鹉鱼

红白金刚鹦鹉鱼

红白金刚鹦鹉鱼

长体型金刚鹦鹉鱼

红元宝鱼

红财神鱼

红财神鱼隆起的头部

也被称为金刚鹦鹉鱼，但为了更好的区分，我们将其定义为长体型金刚鹦鹉鱼。

③ 红元宝鱼

红元宝鱼是利用可繁殖的雌性金刚鹦鹉鱼与雄性红魔鬼鱼进行回交得到的品种，它们强化了体表粉红色和头部脂肪隆起的基因。故此在不进行人工扬色的情况下，这类鱼也能比其他品种的鹦鹉鱼更红一些。而且成年后，每条红元宝鱼都会有明显的头部脂肪隆起。

④ 红财神鱼

红财神鱼是用可繁殖的雌性长体型金刚鹦鹉鱼与雄性红魔鬼鱼回交得到的品种。它们身体呈现长方形，嘴不向下弯曲，颜色比其他品种的血鹦鹉鱼更红，体型是所有鹦鹉鱼中最大的，可以生长到 30cm。红财神鱼成年后头部脂肪隆起很大，和花罗汉鱼很相近。故此，价格是所有鹦鹉鱼中最高的。雌性的红财神鱼可以和花罗汉鱼及其亲本进行杂交，得到新的品种。

与德萨斯罗汉鱼杂交出的鹦鹉鱼

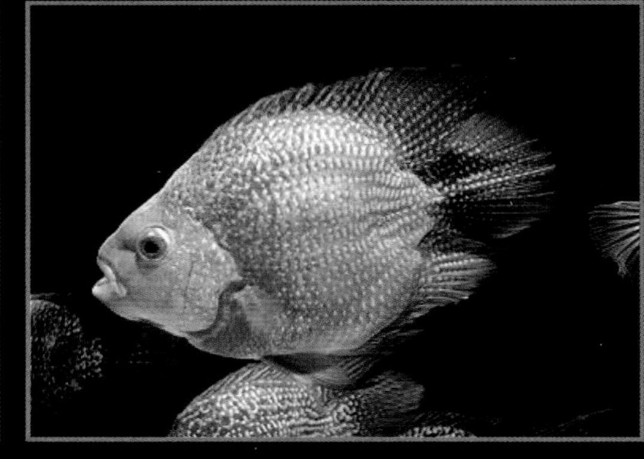

与花罗汉鱼杂交出的鹦鹉鱼

未经扬色的鹦鹉鱼

与金元宝鱼杂交出的鹦鹉鱼

与金花罗汉鱼杂交出的麒麟鹦鹉鱼

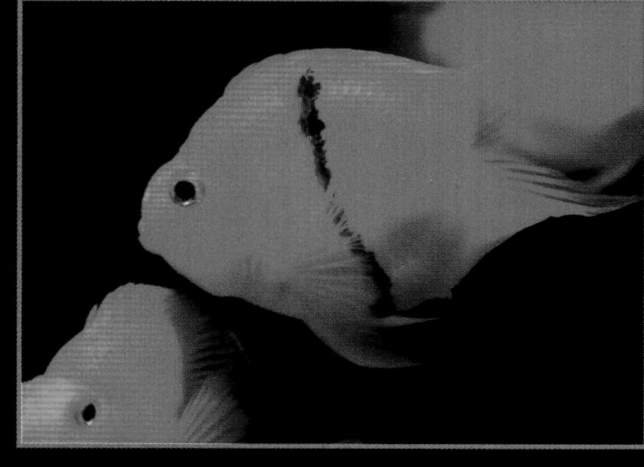

体现出黑色墨迹（黑斑）的鹦鹉鱼

三、血鹦鹉鱼的家庭饲养方法

血鹦鹉鱼是最容易饲养的热带观赏鱼之一，非常适合初学者饲养。不论是价格高昂的红财神鱼还是廉价的普通血鹦鹉鱼，都能很好地适应水族箱环境，接受各种人工合成饲料。要想在家中饲养好血鹦鹉鱼只要注意如下几点就够了。

1. 水族箱

饲养血鹦鹉的水族箱没有严格的要求，可根据想要饲养鹦鹉鱼的大小和数量来定。单独饲养一条普通血鹦鹉鱼使用 40cm × 20cm × 30cm（长 × 宽 × 高）的水族箱就可以。若饲养一大群或饲养大型的金刚鹦鹉鱼则建议使用 100cm × 40cm × 50cm（长 × 宽 × 高）以上的水族箱。总体上，按照每条鱼有 10L 水的活动空间就可以了。

在水族箱中很活跃的血鹦鹉鱼

2. 水温控制

血鹦鹉鱼简单易养，可以适应 18℃ ~ 32℃的水温。但通常为了让其更好地游动，一般将水温控制在 26℃ ~ 28℃，昼夜温差不要超过 1℃。要注意的是，人工扬色的血鹦鹉鱼在低水温的情况下脱色速度慢，而水温高的情况下，脱色快。

3. 水质控制

血鹦鹉鱼对水质的要求和一般中美洲慈鲷所需要的生长条件相同，血鹦鹉鱼也是需要弱碱性且硬度中等的水质。但是，因为血鹦鹉先天嘴部无法愈合（尤其是 A 级以上的血鹦鹉鱼），引水流经过鳃部呼吸的能力减少了一半。饲养水中应有充足的溶解氧，建议使用增氧泵为水族箱内打气。

4. 饵料

血鹦鹉鱼喜欢吃红虫、鱼肉、小虾等动物性饵料，但为了保持其鲜艳的红色体表，最好投喂给血鹦鹉鱼养殖场特制的增红饲料。鹦鹉鱼贪吃，而且进食速度慢，一次不可投喂过多，以免残饵污染水质。最好少食多餐，每日投喂多次，每次较少的投喂量。

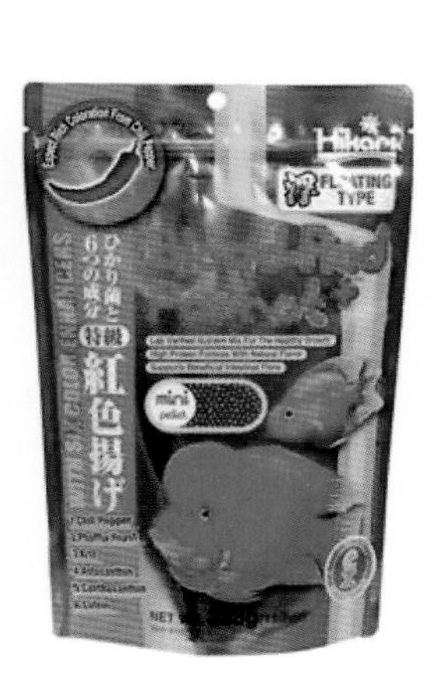

各种鹦鹉鱼专用饲料

与非洲慈鲷混养的鹦鹉鱼

与龙鱼混养的鹦鹉鱼

5. 清洁与换水

血鹦鹉鱼贪吃，但对食物的消化不充分，加之增红饲料可消化的动物性蛋白有限，所以排泄量很大。饲养血鹦鹉鱼每周至少要对水族箱清洁两次，擦拭玻璃内壁粘附的有机物和藻类，清洗底沙，更换过滤棉。饲养血鹦鹉鱼通常建议使用上部过滤器，过滤器内要有充足的生物滤材，培养硝化细菌，防止水中氨氮超标。每周至少为血鹦鹉鱼换水 1 次，每次换水占总水量的 10% 即可。比较陈旧的水有助于保持血鹦鹉鱼的颜色，一次大量的换水会让鱼失去很多颜色。

6. 混养技巧

血鹦鹉鱼虽然憨态可掬，但却承继了其父母凶猛的本性。它们的嘴不适合撕咬其他鱼，但会用圆球状的身体撞击其他鱼，对其他鱼造成伤害。所以，一般最好单独饲养血鹦鹉鱼，尤其是红财神鱼和红元宝鱼。若非要混养，可选择身体强健，个体大于血鹦鹉鱼的慈鲷类观赏鱼混养。比如泰国虎鱼、花罗汉鱼和地图鱼等。最好不要将血鹦鹉鱼和善于跳跃的龙鱼饲养在一起，它们会侵扰龙鱼，让其焦躁不安，时常试图跳出水族箱。

不畏惧人手的血鹦鹉鱼

成群饲养的血鹦鹉鱼

四、血鹦鹉鱼的生产性养殖技术

近年来，由于血鹦鹉鱼的市场广阔，很多观赏鱼养殖户开始尝试养殖这一品种。虽然目前市场上的血鹦鹉鱼已经很多，但仍然呈供不应求的趋势，尤其是以红元宝鱼、红财神鱼为代表的名贵品种。血鹦鹉鱼养殖方法是值得推广的实用技术。总结起来，血鹦鹉鱼的养殖可分为如下几点。

紫红火口鱼

有繁殖能力的血鹦鹉雌鱼

红魔鬼鱼

1. 建场

血鹦鹉鱼养殖场一般建于室内，全国只有海南省适合在室外水泥池中养殖血鹦鹉鱼，其他省份地区都需将养殖设备建设在冬季有加温设施的室内。繁殖血鹦鹉鱼一般采用80cm × 50cm × 50cm（长 × 宽 × 高）的水族箱进行，每个繁殖箱内放一对亲鱼。鱼苗的养成可使用大型水族箱或水泥池，水泥池尺寸在 200cm × 100cm × 50cm（长 × 宽 × 高）为宜。繁殖前先对繁殖箱和养殖池进行消毒，消毒后注入清水曝气待用。

血鹦鹉鱼养殖场

2. 选种

要想繁殖血鹦鹉鱼，关键是选好亲鱼。血鹦鹉鱼是跨属杂交繁殖的子一代杂种，染色体不成对，一般不具备繁殖能力。因此要用红魔鬼鱼和紫红火口鱼杂交繁殖得到。要繁殖普通血鹦鹉鱼可选用 2 龄以上雄性红魔鬼鱼为父本，选择 2 龄以上的雌性紫红火口鱼作为母本进行配对繁殖。要繁殖金刚鹦鹉鱼应选择 2 龄以上的雄性紫红火口鱼最为父本，选择 2 龄以上的雌性红魔鬼鱼作为母本进行配对繁殖。也可选用 2 龄以上的雄性红魔鬼鱼和 1 龄以上的雌性长体型金刚鹦鹉鱼进行杂交繁殖，这种方法如果配对成功会得到更好的繁殖效果。

亲鱼要选择健康无疾病的个体，最好选择其他养殖场人工繁育的紫红火口鱼和红魔鬼鱼。如果选择野生鱼，会因为其野性太强，过于怕人而不好配对。选择长体型金刚鹦鹉鱼作为亲鱼时，应选择没有经过人工扬色的个体。经过人工扬色的个体，由于激素或色素的影响，可能不能繁殖。

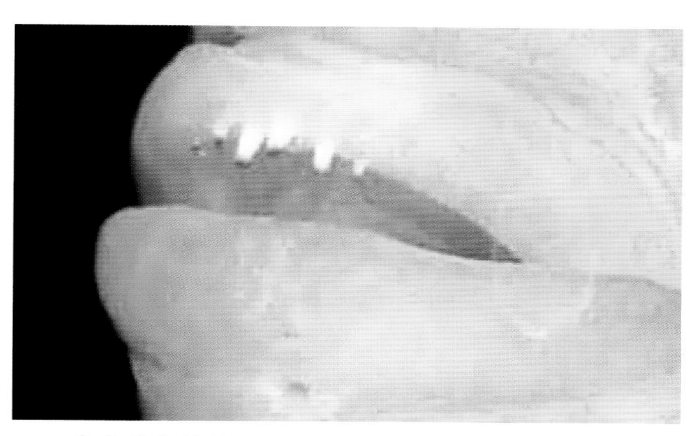

亲鱼嘴中的牙

3. 配对

红魔鬼鱼和紫红火口鱼都是大型凶猛的观赏鱼，要想配对成功实属不易。一般在将亲鱼放入繁殖箱前，要对其进行麻醉，拔掉口中尖牙，防止双方撕咬致死。也可以使用花罗汉鱼的配对方法，在繁殖箱中

未经扬色的血鹦鹉雌鱼可作为亲鱼使用

间安装隔离网，先对雌雄鱼进行隔离饲养。待其双双发情，相互攻击表现减少后，再放开隔离网让其配对繁殖。

选好的亲鱼应用营养丰富的饵料进行饲养，通常采用鱼肉、虾肉、红虫混合投喂，也可使用人工合成饲料投喂。经验证明，石斑鱼饲料蛋白质含量高，作为亲鱼的日常饵料非常合适。

4. 繁殖

亲鱼配对成功后，可在繁殖箱底部平放一片 20cm × 15cm（长 × 宽）的瓦片，作为产卵床。亲鱼会轮流用嘴啃咬产卵床，清洁上面的污物，俗称“舔板”。对产卵床清洁完毕后，亲鱼开始产卵。雌鱼先产卵，雄鱼紧跟着授精，产卵过程会持续 2 ~ 3 小时，每次产卵 400 ~ 2 000 粒不等，根据亲鱼的年龄而定。处于壮年的亲鱼产出的卵数量多，年轻和老年的亲鱼产卵数量少。

孵化出不久的鱼苗

产卵后亲鱼会一起看护鱼卵，用胸鳍扇动水流为卵增氧。当出现死卵和未受精卵时，亲鱼会将其吃掉，防止其污染其他鱼卵。

卵经过72小时可孵化成稚鱼，稚鱼不会游泳，靠腹部卵黄维持生命，粘附在瓦片上。再经72小时，稚鱼开始游泳，此时亲鱼十分警觉，人若用手伸向稚鱼，亲鱼就会攻击人手。这时可将亲鱼捞出，或用虹吸管将稚鱼吸取到其他水族箱中饲养。

刚孵化的血鹦鹉鱼是灰色的，随着生长，它们会在4~5月龄的时候从黑灰色蜕变为橘黄色。这个过程称为退纱。

5. 育成

刚孵化出的稚鱼可用轮虫或草履虫投喂，每天投喂6次，每次投喂数量不宜过多。稚鱼生长速度很快。2 ～ 3天后就可以捕食水蚤等小型饵料了。此时，可用水蚤饲喂也可使用小颗粒幼鱼饲养投喂。此时的幼鱼看上去和其他鱼没有什么区别，待20天后幼鱼开始变形。

起初幼鱼背部开始隆起，腹部膨大，几天后头部和尾部逐渐缩短，孵化后1个月的幼鱼就变形完成了。此时可以使用红虫或育成饲料投喂饲养。每天投喂4次，每次投喂量占全部鱼总体重的5%。90天后，幼鱼生长5cm左右，就可以进行分级筛选了。

6. 分级筛选

在幼鱼生长到5cm时可进行分级筛选，商品鹦鹉鱼分为AAAA级、AAA级、AA级、A级、B级以及B级以下。根据地方不同标准，有些地方将A级以上，统称为特A级，有

退纱后期的血鹦鹉鱼

些地方则用 AAA 级以上特指金刚鹦鹉鱼类。关于鹦鹉鱼的分级标准，将在后面进行介绍。

分级筛选时，应将符合 A 级和 A 级以上的个体挑出来继续饲养到更大规格。B 级和 B 级以下的幼鱼可进行扬色，低价投放到市场上，节省养殖空间。

7. 扬色

血鹦鹉的扬色方法一般可分为饵料扬色法、注射扬色法和其他扬色法。对鱼体损害小，且看上去最自然的扬色方法是饵料扬色法，现在多推荐使用。但这种扬色方法速度慢、成本高、扬色程度比较浅。注射扬色法虽然速度快、成本低，但对鱼体损害很大，扬色后的鱼寿命会大幅缩短，而且颜色看上去不自然。其他的扬色方法还有激光着色法、药水浸泡着色法和综合扬色法等。这里只对饵料扬色法进行介绍。

在商品鱼出售前 10 天进行扬色处理，使用含虾红素和 β 胡萝卜素的饵料进行投喂，投喂 3 天后鱼开始变红，1 周左右即从白色或粉红色变成红色，再巩固 2 ～ 3 天即可投入市场。

不要过早对鱼进行扬色，因为扬色后的鱼再不食用扬色饲料的情况下 5 ～ 7 天便开始褪色，使其出售价格降低。若连续不断地投喂扬色饲料，则又成本太高，故此养殖者要计划好扬色和出售的时间差。

8. 日常管理

血鹦鹉鱼养殖的日常管理并不复杂，主要是做好温度控制；养殖箱、池的清洁以及疾病的防御工作即可。养殖场内水温要控制在 28℃ ～ 30℃之间，昼夜温差不要超过 1℃。养殖箱、池要定期清洗消毒，对于新引进的种鱼要进行检疫隔离。

紫红火口鱼和红魔鬼鱼的寿命均在 10 年以上，但为了提高产量 6 龄以上的亲鱼就应当淘汰更换了。在饲养条件良好的情况下，亲鱼可每月繁殖 2 次，每年停产 1 个月左右进行休养，1 年可繁殖 20 窝以上。

退纱后保留了黑色色斑的血鹦鹉鱼

大批商品规格的血鹦鹉鱼

五、血鹦鹉鱼的分级标准

关于血鹦鹉的分级标准各地略有不同，本书采用《北京市地方标准 DB11/T 924—2012》进行介绍。

血鹦鹉鱼分级规则

分级	体长／体高比	头型	嘴型	颜色
AAAA（金刚鹦鹉级）	1 ～ 1.1	头部小，头背部无凹陷，前背部隆起明显。	呈“一”字形	全身橙红色，无黑色。
AAA（元宝级）	1 ～ 1.2	头部小，头背部凹陷不明显，前背部隆起明显。	呈“T”字形，月牙形或三角形。	全身橙红色，无黑色。
AA	1 ～ 1.2	头部较小，头背部凹陷明显，前背部隆起明显。	呈“T”字形或三角形。	全身橙红色，无黑色。
A	1 ～ 1.3	头部较大，头背部凹陷不明显，前背部隆起明显。	呈“T”字形或三角形。	全身橙红色或橙色，无黑色。
B	1 ～ 1.5	头部较大，头背部凹陷不明显，前背部小幅隆起。	呈三角形。	全身橙色或粉红色，有黑色斑点。

六、血鹦鹉鱼的疾病及防治

血鹦鹉鱼抗病能力较强，受疾病危害较少；但是由于血鹦鹉鱼体形圆胖特殊，许多疾病的早期症状不明显，容易被忽略；因此，要遵循以防为主的原则，一旦疾病发生，及早发现，及时治疗。

血鹦鹉鱼的病害主要有：丝绒病、白点病、鳃病、头洞病等。

1. 丝绒病

［病因］卵圆鞭毛虫，病原主要来自带虫病鱼，常随着种鱼引入，故较常发生于繁殖场；也会随着被寄生虫污染的水源或水草而侵入。卵圆鞭毛虫的繁殖力强，成熟的卵圆鞭毛虫会脱离鱼体，附着于池底、池壁或水草上，形成繁殖胞囊，虫体在胞囊内用二分裂法反复进行多次分裂，温度适合时，数天即可形成超过 200 个孢子，孢子长有鞭毛，能于水中游动找寻寄主寄生。

［症状］病鱼在水族箱壁或石头上摩擦，严重者不进食，并躺在水底不动。病鱼的鳃及体表、鱼鳍及眼睛等部位，有微细的小白点病变、小白点较白点病的白点更小，需仔细观察才能察觉。

［防治方法］福尔马林、孔雀绿、亚甲蓝或硫酸铜皆可用来治疗卵圆鞭毛虫病，但这些药物皆只能杀死孢子体表的营养体，而环境中的繁殖胞囊对药物具有抗性，胞囊于环境不佳时会呈休眠状，于环境适合时再活化生长，故不容易治疗控制，治疗需涵盖生活史的全部时间。

2. 白点病

病因、症状及防治方法可参见龙鱼的白点病。

3. 鳃病

［病因］高密度饲养与不良水质环境最容易诱发鳃病。鳃组织因不良水质的刺激伤害，造成粘液分泌增加，组织肿胀增生，常并发细菌与寄生虫感染。

［症状］鳃病初期的症状并不明显，可能有食欲减退、鳃部肿胀、呼吸加快等症状，但血鹦鹉的形态构造特殊，肿胀的鳃部与呼吸症状不容易被观察到；病情严重时，病鱼食欲完全丧失、呼吸困难，于水面喘息，或聚集于水族箱角落。

［诊断］观察诊断时一定要检查病鱼，先用显微镜检查是否有寄生虫感染，然后再考虑是否为单纯性细菌感染。

［防治方法］降低饲养密度，改善水质环境；当有寄生虫感染时，要选用相应的杀虫药物进行杀虫，然后配合泼洒消毒剂和口服抗菌药物治疗。

4. 头洞病

［病因］原生动物鞭毛虫纲，寄生在肠胃和血液中，其他还有梨形四鞭毛虫（毛滴虫）、原周六鞭毛虫、旋核六鞭毛虫、纺锤二鞭毛虫、隐鞭毛虫等，主要经红虫、水蚯蚓等活饵带入鱼缸。现在人们发现维生素及矿物质的缺乏也是引起头洞病的原因。

［症状］感染头洞病的鱼在身体上会有小小的洞，特别是头部以及侧线部位，渐渐地变为管状疹，从这些病灶中经常会流出一些黄色像乳酪状的黏稠液。

［防治方法］头部有洞时，可使用特美咪唑、甲硝唑进行治疗。吖啶黄 0.1% 药饵可治疗六鞭毛虫感染。重要的是纠正食物中维生素及矿物质的含量，如钙、磷酸盐及维生素 D。及时发现并采用有效的防治方法。

七彩神仙鱼
Discus Fish

前面谈到的三种名贵观赏鱼都有一个共同的问题，就是它们只能在亚洲观赏鱼市场上占据高价的位置。因为文化不同，亚洲龙鱼在欧美市场上的消费量很小，花罗汉鱼和血鹦鹉鱼的市场更是几乎为零。但七彩神仙鱼不同，它是享誉全世界的热带观赏鱼之王。

野生七彩神仙鱼

亚马逊河流域

前面谈到的三种名贵观赏鱼都有一个共同的问题，就是它们只能在亚洲观赏鱼市场上占据高价的位置。因为文化不同，亚洲龙鱼在欧美市场上的消费量很小，花罗汉鱼和血鹦鹉鱼的市场更是几乎为零。但七彩神仙鱼不同，它是享誉全世界的热带观赏鱼之王。

七彩神仙鱼饲养和繁殖都不容易，生长期变化丰富，体色绚丽多姿。在全世界范围内都受到观赏鱼爱好者的喜爱。其中经人定向培育出的名贵品种市价可达数千元一对。

一、七彩神仙鱼的发展史

七彩神仙鱼被誉为热带观赏鱼之王，这个称谓是 20 世纪 50 年代被人们授予的，直到现在，这种鱼仍然经久不衰，并且奇葩频出。

1840 年维也纳自然历史博物馆的鱼类分类学家约翰 · 贾可巴 · 黑格尔 (Johann Jacob Heckel)，为奥地利的约翰 · 奈特尔 (Johann Natterer) 在南美洲探险 18 年中所搜集的 5 万多种动物标本分类时，将七彩神仙鱼正式定名为 *Symphysodon discus*，从此这种鱼走入了人们的生活。

约翰 · 贾可巴 · 黑格尔博士

1904 年，法国的分类学者派勒格林 (Jacques Pellegrin) 指出泰飞河以及圣塔伦地区所产的七彩神仙鱼 (未带有黑格尔暗带) 与黑格尔七彩神仙鱼（带有黑格尔暗带）大为不同。在数年后，美国艾根曼 (Carl H. Eigenmann) 先生就将这种另类以 *Symphysodon discus* Aequifasciatus 之名记载为黑格尔七彩神仙鱼的亚种，但到了 1960 年分类学者舒尔滋（Harald Schultz）先生却将此亚种正式更正为另一种 *Symphysodon aeguifasciata*，而在此品种内新加了 2 个亚种，使此品种包含了绿七彩、蓝七彩以及棕七彩等 3 亚种。再到了 1981 年巴盖斯 (Warren E. Burgess) 先生又自黑格尔七彩分离出另一亚种——威立史瓦滋黑格尔七彩，而形成了现在通用的七彩神仙鱼 2 种 5 亚种分类法。

七彩神仙鱼是基因弹性非常大的一类鱼，它们的演化形成时间短，种和亚种之间可以自由杂交，并产生可以繁殖的后代，这为人工改良这种鱼类奠定了基础。七彩神仙鱼身上的花纹呈现点、条、片等图案排列，这让人们想起了梵高、高更的印象派的画作，仿佛那巨大的圆形体盘成为了一张画布。

150 年来，七彩神仙鱼作为名贵的观赏鱼，东方和西方的养殖者和爱好者都不断地对它们进行着改良，主要贡献来自于

欧美(德国、美国)以及东南亚(中国香港地区、泰国、新加坡、)两个地区。以东南亚地区来说，早在20世纪50年代中期开始，香港地区就盛行五彩神仙鱼（野生棕彩）的繁殖。这种鱼在头额部以及鱼鳍上布有少数短小蓝色条纹，身侧全为棕色，被称为五彩神仙鱼的棕五彩，后来与较多蓝色条纹的蓝七彩神仙鱼交配，得到了身体上蓝色条纹丰富的子代鱼，就被称为七彩神仙鱼。欧美地区则更早，据说1935年，有位美国人在鱼缸内，偶然因加温器故障使得水温下降而繁殖出了棕五彩，此后另一位美国人改良而固定出了浅蓝色七彩神仙鱼，但以固定品种最初问世的却是1968年杰克·瓦特里先生的松石(蓝绿)七彩神仙鱼。这种鱼是他经过1963年以及1965年两次亲自冒险到亚马逊河精选最优良野生种鱼改良固定出来的。1980年此鱼首次问世时，鱼体展现出的蓝色深厚且鲜艳，而与以往的所有七彩神仙鱼全然不同，极为美丽，所以马上激起了饲养七彩神仙鱼的大热潮。

在20世纪80年代蓝松石七彩这一类全身闪耀着土耳其蓝的七彩神仙鱼跃上水族舞台的同时，史密特·佛克博士培育出了带有蓝色条纹的红松石七彩神仙鱼，分占“红与蓝”的两极鳌头。在之后的几十年里，全世界七彩神仙鱼爱好者逐渐增多，人们不断努力培育属于自己的品系。蓝松石改良后的最佳成果为蓝钻（天子蓝）系列，而红松石七彩改良后的最佳成品则归类到红色斑点的类别里。1990年后，七彩神仙鱼的品种改良速度更是突飞猛进。七彩神仙鱼越来越受欢迎，市场价格水涨船高。1992年代以后七彩神仙鱼的色调急速地往红色方向发展，从红松石七彩到红点七彩一直发展到豹纹蛇七彩。鸽子系列、魔鬼系列、雪玉系列等长年以来都在改良，新品种层出不穷，以现代技术来看，可以说任何的改良都有可能。

二、七彩神仙鱼的品种分类

目前市场上出售的七彩神仙鱼，主要分为野生品种和人工品种两大类。野生品种包括黑格尔、野生蓝、野生棕等，人工繁育的品种包括了10多个品系100多个品种。总体来说，人工繁育的七彩神仙鱼分类，主要是按照其体内野生品种或亚种的血统不同而定义出来的。

七彩神仙鱼身体各部分名称

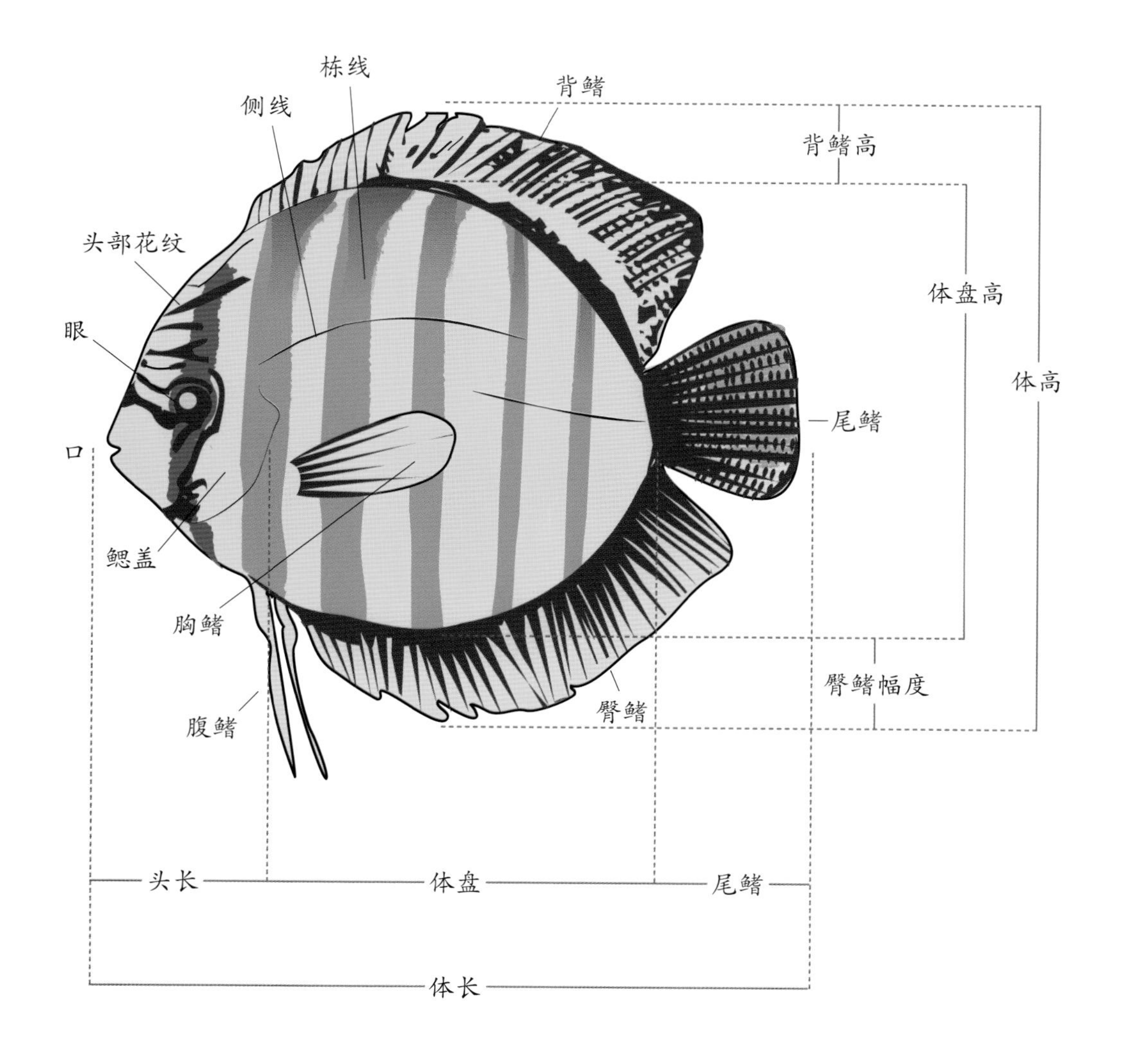

1. 黑格尔七彩神仙鱼

学名：*Symphysodon discus* HECKEL 1840

体长：18 ～ 22cm　体高：17 ～ 22cm

英文名：Heckel Discus fish

自然分布：亚马逊水系北面的内格罗河（Rio Negro）及其支流。

饲养历史：1840 年被命名，1930 年引进到美国，1958 年引进到德国。1960 年后人工繁殖成功。

血统后代：蓝松石七彩神仙鱼应当含有它的血统。

品种特征：黑格尔七彩神仙鱼最显著的特征是特粗且特黑的体侧中央第五暗色纵带，这条纵带通常称为黑格尔暗带 (Heckel Bar)。本种体侧分布有许多细长水平条纹，而颜色则会因产地不同而有灰蓝色、银蓝色以至绿蓝色。眼睛大多是暗褐或暗橙红的颜色。

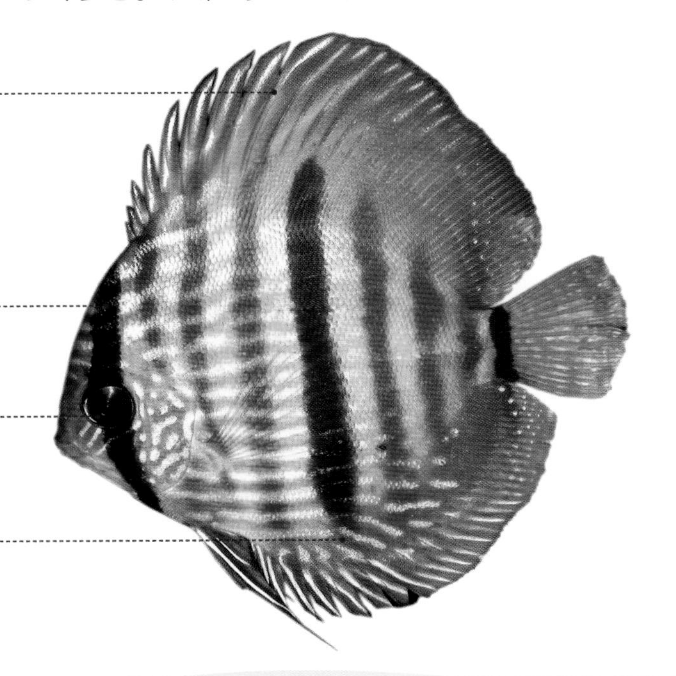
背鳍宽大且高
头部有蓝绿色细碎花纹
眼睛通常为棕色、深棕色，以棕色明亮者为佳
黑格尔暗带是该品种的标准特征

野生的黑格尔七彩神仙鱼大多栖息在巴西的内格罗河。最显著的特征是特粗且特黑的体侧中央第五暗色纵带，这条纵带通常称为黑格尔暗带 (Heckel Bar)。七彩神仙鱼就是以黑格尔暗带的有无来区别开为两个品种的。

黑格尔七彩神仙鱼适应偏酸性水质的软水，其原栖息地水体 pH 范围为 3.2 ～ 4.8，人工养殖后，对于适应水质程度良好的个体可适当提高。实际上经过多年选育后，普通饲养者已经可以直接软化处理 pH6.0 左右的自来水来饲养七彩神仙鱼，不过如饲养野生鱼及其后代还是需要调配偏酸性水为佳。

2. 威立史瓦滋黑格尔七彩神仙鱼

学名：*Symphysodon discus* Willschwartzi Burgess 1981

体长：18 ～ 22cm　体高：17 ～ 21cm

英文名：Willschwartzi Discus fish

自然分布：亚马逊水系南部的马代拉河 (Rio Madeira)。

饲养历史：饲养历史与黑格尔七彩神仙鱼类似，1981 年前没有定名，都被视为黑格尔神仙的不同地域类型。

血统后代：不详。

品种特征：是出产于亚马逊水系南部的马代拉河的黑格尔七彩神仙鱼的亚种。侧线鳞片数量与黑格尔七彩神仙鱼明显不同。黑格尔七彩神仙鱼是 47 ～ 49 片，而威立史瓦滋黑格尔七彩神仙鱼则是 55 ～ 56 片。

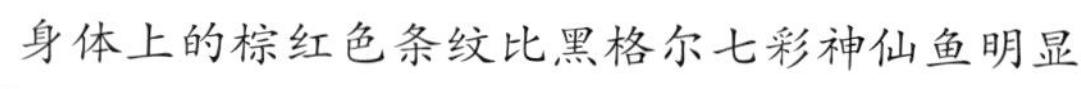
身体上的棕红色条纹比黑格尔七彩神仙鱼明显
眼睛通常没有黑格尔七彩神仙鱼的鲜艳
鳃盖上斑纹呈斑点状
条纹比黑格尔七彩神仙鱼的细腻，
并多呈现艳绿色

野生七彩神仙鱼的分类和命名，在科学上一直存有争议。这类鱼的野生个体变异十分丰富，加之七彩神仙鱼的自然分布几乎涵盖了亚马逊河流域的大部分地区，不同地区出产的同品种七彩神仙鱼颜色和花色都有差异。比如圣塔伦地区出产的蓝七彩神仙鱼就呈现出鲜艳的红色，有人将其分类为蓝七彩神仙鱼，有人则将其单独列为一种——红七彩神仙鱼。但更多的人还是将其归类于蓝七彩神仙鱼。威立史瓦滋七彩神仙鱼，起初曾被归类为黑格尔七彩神仙或蓝七彩神仙鱼，但最终还是被确立为一个亚种。

3. 野生棕七彩神仙鱼

学名：*Symphysodon aequifasciatus* Axelrodi Schultz 1960

体长：18 ~ 22cm　体高：17 ~ 22cm

英文名：Brown Discus fish

自然分布：巴西圣塔伦 (Santarem) 附近亚马逊河水域，包括著名的阿莲卡 (Alenquer) 地区与伊撒河 (Rio Ica) 等水域。

饲养历史：是最早被活体贸易、饲养的七彩神仙鱼。据说 1935 年，有位美国人偶然因鱼缸内加温器故障，水温下降而繁殖出了五彩神仙也就是棕七彩。

血统后代：具有棕七彩神仙鱼血统的人工品种繁多，大多数为红色系，入红妃、一片红以及黄金、阿莲卡等都是棕七彩的直系变种。鸽子系和红松石也具有棕七彩的血统。

品种特征：棕七彩神仙鱼身上条纹很少，通常只散见于头颈部及背鳍、臀鳍的边缘上，体盘侧呈现浅棕色、棕黄色。随着年龄的增长，头背部的蓝纹会越来越暗淡，甚至消失。体形高大，是七彩神仙鱼 3 亚种中个体最大的。

体盘呈棕色或棕黄色，很大，是七彩神仙鱼中个体最大的成员
蓝绿条纹很少，主要集中在头部前方一小块区域
眼睛是棕色或咖啡色
臀鳍上没有格子状斑点，花纹也很少

4. 野生蓝七彩神仙鱼

学名：*Symphysodon aequifasciatus* Haraldi Schultz 1960

体长：18 ~ 22cm　体高：17 ~ 22cm

英文名：Blue Discus fish

自然分布：普鲁斯河、马纳卡普鲁河、秘鲁、班哲明康期坦等地。

饲养历史：1950 年由探险家 Dr.Harald Schultz 自普鲁斯河、马纳卡普湖以及乌鲁布河、特罗倍塔斯水域发现并命名，同时输入欧洲。1961 年时，野生蓝七彩神仙鱼被史密特·霍克医生繁殖成功，并开始进行人工改良。

血统后代：蓝七彩神仙鱼野生变异极多，人工环境下饲养，变异和杂交更丰富。松石系、魔鬼七彩、鸽子系、蛇纹系、天子蓝等都具有蓝七彩神仙鱼的血统。

品种特征：形体特征基本与棕色七彩神仙鱼相同。从头部开始的水平条纹一直从头延伸到身体的一半部位，体色为略带黄色的浅褐色或略带青色的灰褐色，与棕七彩神仙鱼比，鳍部的黑色拱状色泽较淡。

头部和前半身有明显的
蓝色闪亮条纹
眼睛是鲜艳的红色
鳃盖上斑纹也很丰富
身体可以是淡蓝色、棕色、
黄色、黄褐色等，栋线浅，
成年后消失
臀鳍上有斑点状或条纹格子状的
蓝绿花纹

5. 野生绿七彩神仙鱼

学名：*Symphysodon aequifasciatus* Haraldi Schultz 1960

体长：18 ～ 22cm　体高：17 ～ 22cm

英文名：Green Discus fish

自然分布：从秘鲁的普图马优河 (Putumayo) 至亚马逊中游的泰飞 (Tefe) 河。

饲养历史：1904 年被活体引进美国，1958 年左右引进德国，1964 年左右由 Dr.E.schmidt Focke 的夫人成功繁殖。

血统后代：蛇纹系列和红点绿具有绿七彩神仙鱼的血统。

品种特征：强烈红色的眼睛是绿七彩神仙鱼的重要特征之一，鱼体底色常有偏黄棕或亮棕色，配以大面积绿色基调的细长水波纹，鳍上通常有较为明显的黑框。不过绿七彩神仙鱼的水波纹通常在臀鳍部分表现散碎，与蓝七彩神仙鱼的延续条纹形成对照。

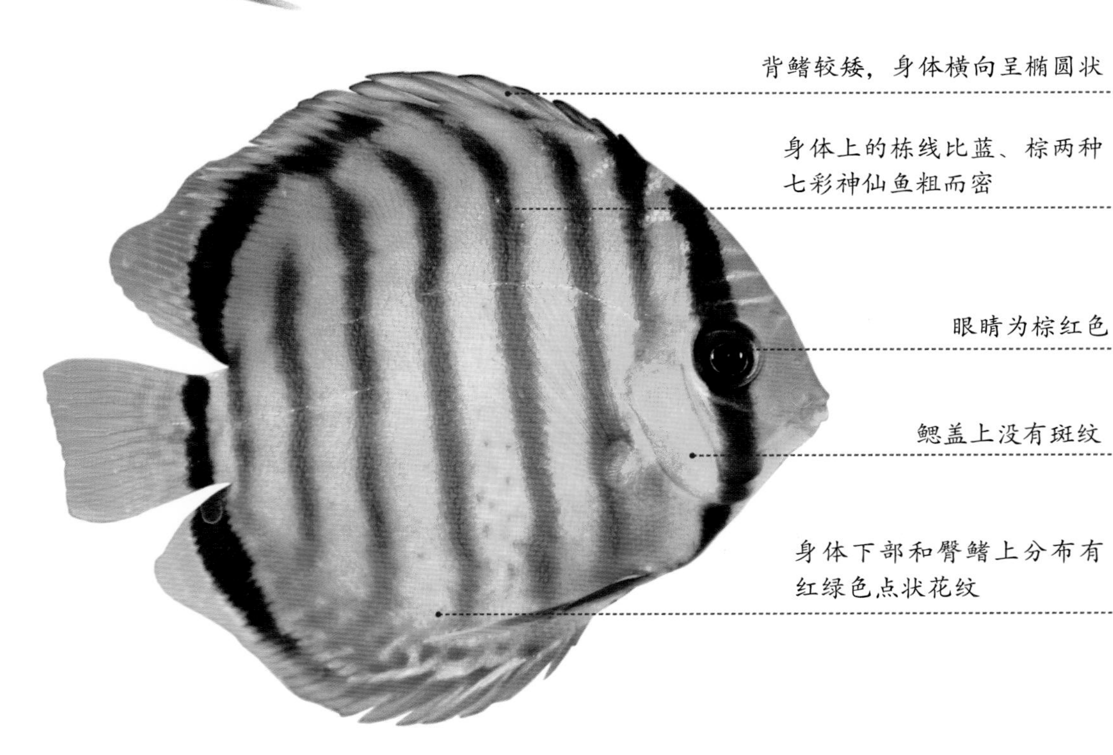
背鳍较矮，身体横向呈椭圆状
身体上的栋线比蓝、棕两种七彩神仙鱼粗而密
眼睛为棕红色
鳃盖上没有斑纹
身体下部和臀鳍上分布有红绿色点状花纹

6. 蓝松石七彩神仙鱼

英文名：Blue Turquoise

体长：16 ~ 20cm　体高：16 ~ 20cm

品种起源：是最早问世的人工七彩神仙鱼，由蓝七彩神仙鱼和棕七彩神仙鱼杂交得到。1968 年由德国的杰克·瓦特里先生培育而出，1980 被固定下来。一经问世轰动一时，马上激起了饲养七彩神仙鱼的大热潮。

血统近似品种：老虎狗、红松石、蛇纹、鸽子系等都是从蓝松石七彩神仙鱼而出。

品种特征：和普通的野生蓝七彩神仙鱼非常相似，纯蓝色的条纹遍布全身，配以肉色至黄棕色的底色，腹鳍则以蓝色为主，而掺杂一些黄色。上鳍及下裙都有清晰向上及向下的条纹，上鳍末端及下裙末端都有网格花纹，额头及鳃部也呈现条纹。

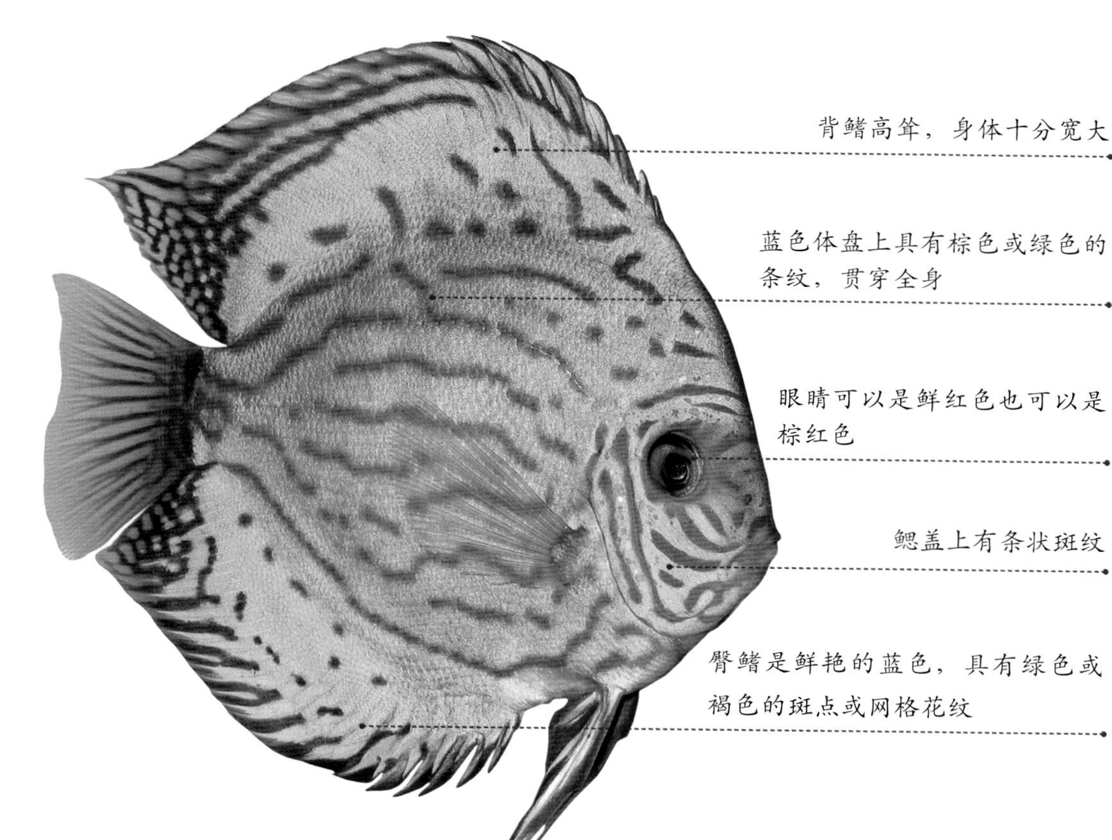
背鳍高耸，身体十分宽大
蓝色体盘上具有棕色或绿色的条纹，贯穿全身
眼睛可以是鲜红色也可以是棕红色
鳃盖上有条状斑纹
臀鳍是鲜艳的蓝色，具有绿色或褐色的斑点或网格花纹

优秀的蓝松石七彩神仙鱼已不多见

优秀的蓝松石七彩，是以蓝色基调为主要欣赏点的神仙鱼，鱼体颜色组合应该只有蓝色或蓝绿色条纹，并且要求条纹工整不断裂，最好蓝绿线条能有强烈的重金属反光，腹鳍蓝绿纹路最好蓝色占80%以上。底色则无论黄色还是棕色都需要饱满、鲜明地表现出来，不能暗淡无光，惨白得好像透明一样，那是营养不良的病态。最后眼睛要红，越红越好，黄色甚至白色则为次品。

过去的几十年，蓝松石给七彩神仙鱼爱好者带来了非常高的视觉享受。经过长时间的繁育，养殖者把这种观赏鱼发挥得淋漓尽致，亮丽的色彩，高耸的身躯，高高的鳍，硕大的体格，一副威猛感觉，是现今新颖观赏鱼种难以媲美的。

但如今的蓝松石七彩神仙鱼却在市场陷入两个极端：一方面新兴的人工培育七彩神仙鱼品种日益增多，它们有着更艳丽的体色、更容易的饲养条件和更平实的价格，使得蓝松石七彩神仙鱼遭到强烈的冲击，导致蓝松石七彩神仙鱼在市场上供大于求。养殖厂商们便不再愿意饲养、繁殖，虽有少数老繁殖场保留着它的血统，但也多是将其作为哺育幼鱼用的“奶妈鱼”，而这些鱼的品相和状态是无人顾及的，所以昔日耀眼的花纹图案及各种高翅，闪光发亮的表现已失传；另一方面确实还有少量的精品被保留下来，但它们的价格更是居高不下，只有少数财力十分雄厚的爱好者才可以问津。蓝松石七彩神仙鱼在七彩神仙鱼的发展史上占有重要且光辉一页，是七彩神仙鱼人工培育的开篇之作。

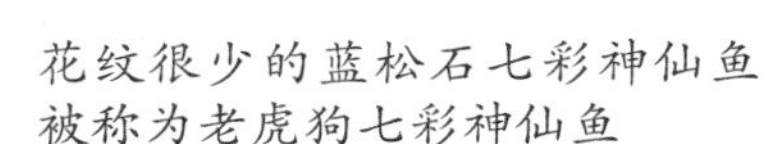

花纹很少的蓝松石七彩神仙鱼被称为老虎狗七彩神仙鱼

7. 红松石七彩神仙鱼

英文名：Red Turquoise

体长：14 ～ 19cm　体高：14 ～ 20cm

品种起源：红松石七彩神仙鱼是于 1975 年由德国史密特·佛克博士将野生棕七彩神仙鱼和野生蓝七彩神仙鱼杂交而培育出的，是一个历史悠久的品种。

血统近似品种：蓝松石、蛇纹。

品种特征：红松石七彩神仙鱼红蓝色彩分明且对比强烈，身上的红条纹、蓝条纹等宽，平直分布均匀，底色为红色，且越红越好，基底色为棕、浅黄色均不能算。

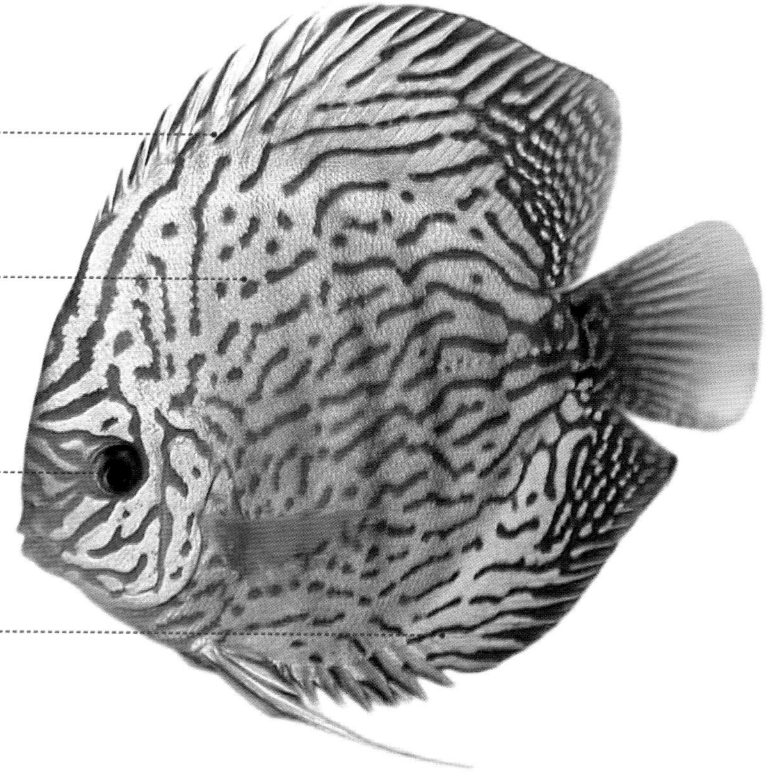

背鳍高耸，个体高大

身体上的红蓝条纹对比明显

眼睛为鲜艳的红色

臀鳍是蓝色底配以鲜艳的红色的条纹

在蓝松石之后，松石七彩的底色被越来越多的人关注，“追求鲜艳红底色”的想法便应运而出，人们开始着手培育以明亮的红蓝双色为观赏点的新型观赏鱼：红松石七彩神仙鱼。红松石七彩的培育借助了野生红系七彩的血液——曾经大家认为那是棕彩，但一如前文所述那是不知不扣的蓝彩：即红色显色极

白化红松石七彩神仙鱼

为突出的红蓝彩。这样的杂交极大地提高了松石七彩神仙鱼底色的红艳，可以说是从蓝松石七彩演化而来，更进一步的提高。现在我们见到的红松石七彩神仙鱼早期都是由德国传入的，经过多代相传，繁殖，改良，演变成今天我们所见到的千变万化的红松石系列七彩神仙鱼。更加值得玩味的是，由于红松石系列都是杂交鱼，每个繁殖者都有自己的一套理念，所以这个系列并不是死板的统一规格，而是各有各的特色：有的注重改良条纹图案，有的注重蓝绿条纹的颜色，但同样不变的是全部提高了红色底色的改良。

优秀的红松石七彩神仙鱼要求线条清晰不间断，如果是粗条纹，红蓝宽度比例要均衡，蓝绿线条色泽要浓郁发亮与红色形成强烈对比；如果是细条纹，红色纹路好像一颗颗的鳞片就更好一些。有的红松石鱼有黄喉咙，使得红底色更显明亮，同时眼睛红、腹鳍的红蓝纹路中红色要占60%以上才算完美。另外红松石七彩神仙鱼并没有失去蓝松石魁梧的身材，体形大且圆的个体更是受到追捧。值得一提的是，有些养殖者也并没有完全追求红色，少数另辟蹊径的养殖者主动改变了红松石七彩神仙鱼身体的底色，使其黄化，获得出新品种，出现难得一见的金黄松石七彩神仙鱼。

金底色红松石七彩神仙鱼

蛇纹型红松石七彩神仙鱼

8. 鸽子红七彩神仙鱼

英文名：Pigeon Blood Discus

体长：13 ～ 18cm 体高：13 ～ 18cm

品种起源：1991 年鸽子红七彩神仙鱼首次面世，立即闻名全世界，它是由蓝松石七彩神仙鱼突变而来的。

血统近似品种：蓝松石、蛇纹。

品种特征：鸽子红是蓝松石七彩神仙鱼异化出的品种，它本身的变异性能也是非常可观的。例如普通红白条纹的鸽子红七彩神仙鱼，红色纹路细腻的为蛇纹鸽，如果白底是大块圆斑状分布则称为珍珠鸽，红纹呈不规则交叉网状且网格中央有明显红点的则称为棋盘鸽；还有白底鲜明、红斑于体盘中央呈喷点状的红点鸽，红斑大块分布的红斑鸽，以及遍布清晰乱纹的图腾鸽等等。

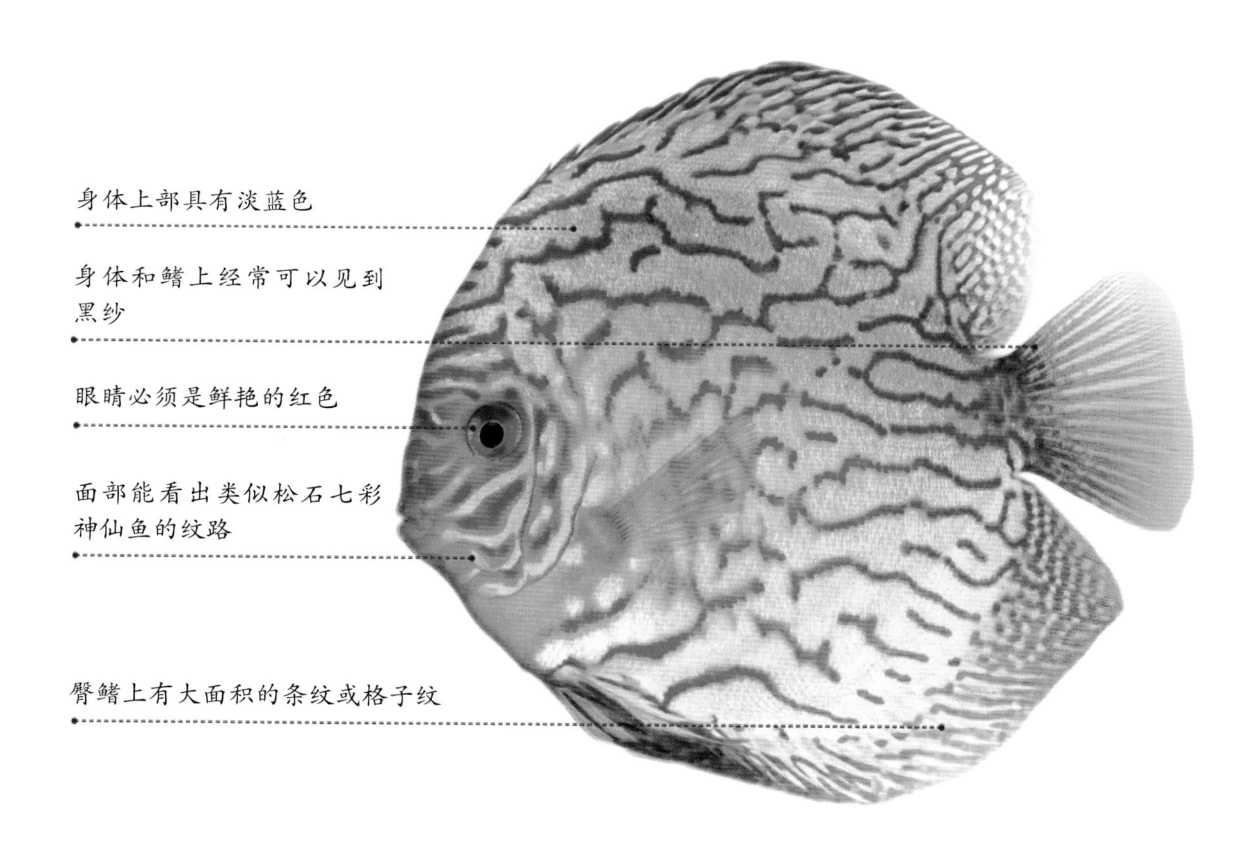
身体上部具有淡蓝色
身体和鳍上经常可以见到黑纱
眼睛必须是鲜艳的红色
面部能看出类似松石七彩神仙鱼的纹路
臀鳍上有大面积的条纹或格子纹

鸽子红七彩神仙鱼是一种很成功的品种，颜色动人，价格低廉，而且容易饲养，还可以和水草饲养在一起，生长到 8 个月已经完全成熟，繁殖力强。最值得骄傲之处，是遗传力极强，凡是用鸽子红七彩神仙鱼配出来的鱼，必定将其基因遗传至下一代。很多人说鸽子红七彩神仙鱼是指它身体上的红色，其实原创者是形容它的眼睛。鸽子红七彩神仙鱼具有的血红色眼睛，就像是最美的红宝石，所以好的鸽子红七彩神仙鱼眼睛必须是血红色。

鸽子红七彩神仙鱼自成一个庞大的系列，例如：条纹鸽子，珍珠鸽子，棋盘鸽子，蛇纹鸽子，一片鸽子（白鸽、万宝路）、喷点型鸽子、红斑鸽子，图腾鸽子，黄金鸽子……几乎其他品系的特征，它都可以融入并自成一格，所以很多爱好者迷恋于鸽子类七彩神仙鱼。

鸽子红七彩神仙鱼唯一令人遗憾之处是身体上一般都有黑纱，当水质不好或突然波动时黑纱会浮现更多，饲养时要注意水质条件等。挑选时，尽量挑黑纱少的鱼，整条鱼看起来光洁亮丽有如晨曦的色调。

棋盘鸽子七彩神仙鱼

珍珠鸽子七彩神仙鱼

9. 蛇纹鸽子七彩神仙鱼

英文名：Snakeskin Pigeon

体长：13 ~ 18cm　体高：13 ~ 18cm

品种起源：普通鸽子红七彩神仙鱼突变得到，也有说是鸽子红与红蛇纹杂交得到。

血统近似品种：鸽子系、松石、蛇纹。

品种特征：身体上的红色花纹很细，连贯成蛇纹状。

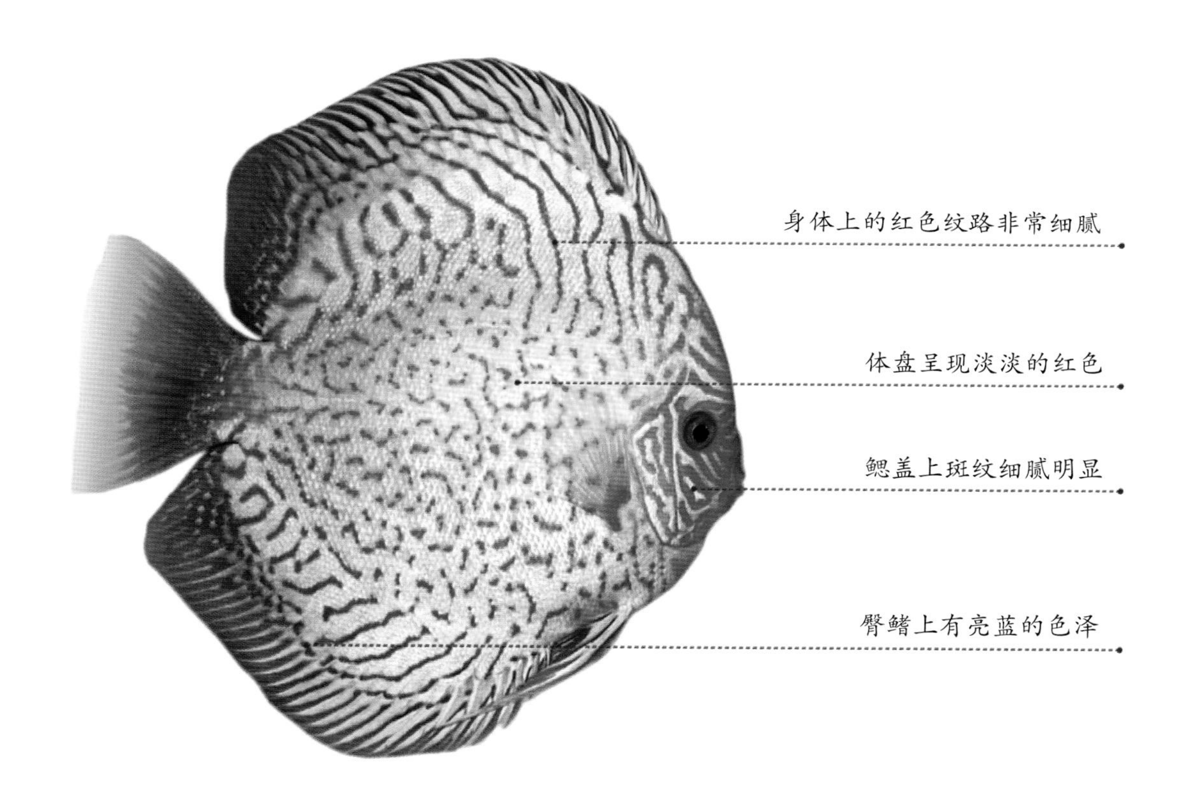
身体上的红色纹路非常细腻
体盘呈现淡淡的红色
鳃盖上斑纹细腻明显
臀鳍上有亮蓝的色泽

10. 万宝路七彩神仙鱼

英文名：Malboro Red

体长：14 ~ 18cm　体高：14 ~ 18cm

品种起源：鸽子红七彩神仙鱼突变而来。1991 年由泰国七彩神仙鱼培育者林亚头先生最先培育而出。

血统近似品种：鸽子系、白头盖子、红妃等。

品种特征：全身红色，头部乳白色或淡黄色，身体上经常有大量黑纱的品种。体色对比很像万宝路烟盒的颜色。

体盘颜色呈鲜艳的全红色
头部为白色或米黄色
非常容易起黑纱的品种
臀鳍边缘受黑纱困扰，多数成为黑色

万宝路七彩神仙鱼原创者泰国的林亚头先生，当年手上有千条鸽子红七彩神仙鱼，而大部分都是有条纹的。于是他开始有个构想，把这种鱼推至完美极点。正巧当时德国推出阿莲卡七彩神仙鱼全色红鱼，香港创造出天子蓝七彩神仙鱼全色蓝鱼，两者都是极受欢迎的鱼种。林先生决定要去掉所有的图案，制造一条全色红且没有黑纱的完美品种。这并不是一件容易的事情，整个改

万宝路七彩神仙鱼

红妃七彩神仙鱼

良工程需花上数年时间。在培育过程中，林先生采用了条件较佳的鸽子红七彩神仙鱼，配上棕七彩神仙鱼，创造出万宝路七彩神仙鱼。有一点是林亚头先生未估计到的，就是头上的白色部分，歪打正着，由于白头与身上红色成强烈的红白对比，就好像万宝路烟盒上的红白颜色组合，由此而得名万宝路七彩神仙鱼。以后繁殖者经过多代净化，终于除去了黑纱，现在已成功创造出清透的鲜红色七彩神仙鱼。此鱼幼年时只呈现出浅红色及通透特点，并不出现鲜红色，但只要投喂含虾红素的饵料或虾卵等，成熟后就能表现它独有的鲜艳红色。万宝路七彩神仙鱼是红色系神仙鱼的一大成就，后来又经新加坡等地繁殖者的努力，去掉了头部的白色，成为全红色鱼（红妃、满堂红），更加风靡世界。

白头红盖子七彩神仙鱼

11. 蛇纹七彩神仙鱼

英文名：Blue Snakeskin

体长：15 ~ 21cm　体高：15 ~ 21cm

品种起源：1992 年左右时，泰国一家繁殖场无意之中繁育出一批纹路十分细密的小鱼，与当时的普通红松石七彩神仙鱼看上去差别很大。这批小鱼被养殖者林亚头先生全部购进，并有意保留其性状，不断选育提纯，最终出现了真正意义上的“蛇纹七彩神仙鱼”。

血统近似品种：红松石。

品种特征：蛇纹七彩神仙鱼的纹路是不可以断的，而且一定要又细又密。底色常见有蓝色及红色。

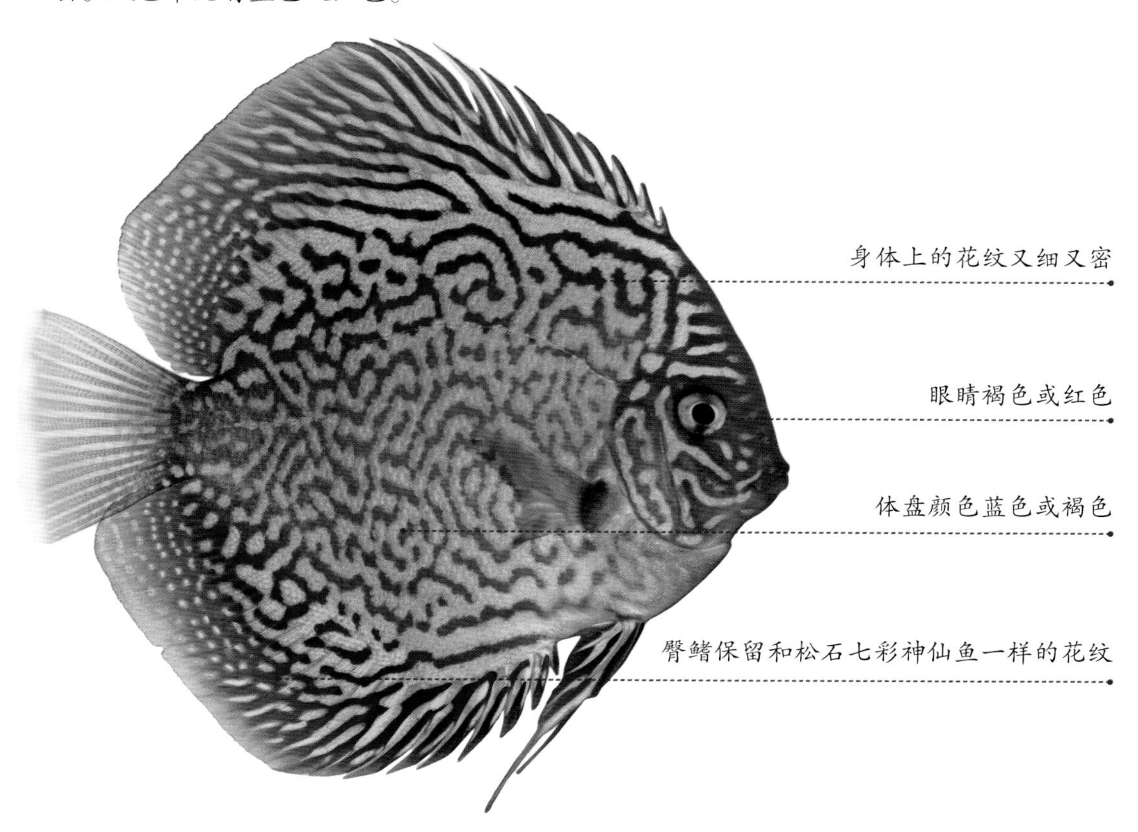
身体上的花纹又细又密
眼睛褐色或红色
体盘颜色蓝色或褐色
臀鳍保留和松石七彩神仙鱼一样的花纹

蛇纹七彩神仙鱼的鉴赏要点是鳃盖部分一定要有细微的纹路，全身也布满细纹，如果上下鳍也有细纹，那就更好了。优质的蛇纹七彩神仙鱼的纹路是不可以断的，而且一定要又细又密。蛇纹七彩神仙鱼是由红松石七彩神仙鱼演变而来，

蓝蛇纹七彩神仙鱼

所以自然有着高耸宽大的体形。一条硕大的七彩神仙鱼，配合令人眼花缭乱的细蛇纹路，是非常赏心悦目的。

蛇纹七彩神仙鱼，由于其多样的纹路变异，如今已产生了各式各样复杂的花纹图案，如珍珠式、蜘蛛网式、迷宫式及直纹式等等。相信随着时代的发展还会有更多让人目不暇接的奇异组合呈现在我们眼前。蛇纹七彩神仙鱼给我们最大的启示也许就是它被发现的那种偶然性：要知道它只是从一群普通的红松石幼鱼里面不经意变异出来的，所以，要想繁殖优秀的品种，一定要注意观察幼鱼的形态。

蛇纹七彩神仙鱼在七彩神仙鱼培育上有重要的杂交作用，其本身的遗传基因非常强势，在有意无意的杂交之后，发现这种七彩神仙鱼的蛇形纹路非常稳定，几乎和每一种鱼杂交后都会很明显地留下痕迹。为了改变这种花纹，人们第一次在七彩神仙鱼繁育中引进了野生绿彩的基因，从而得到了现在最受瞩目的豹纹、豹点蛇这个大家族。但是，如果没有蛇纹作为基础，现在大体盘斑点花纹的七彩神仙鱼几乎不可能得到。

金蛇纹七彩神仙鱼
（白化蓝蛇纹）

红蛇纹七彩神仙鱼
（变异的蓝蛇纹）

12. 红点绿七彩神仙鱼

英文名：Red Spotted Green Discus

体长：14 ～ 18cm　体高：14 ～ 17cm

品种起源：七彩神仙鱼培育大师施密特·霍克 1991 年前后得到了一对经典的野生绿七彩神仙鱼。施密特将这两条鱼杂交，得到的子代又分给另外几位知名大玩家。香港劳永溢、吴正勇先生则用这一子代继续繁衍，成功培育出了红点绿七彩神仙鱼。

血统近似品种：豹点蛇。

品种特征：鲜红的眼睛，略显长方的身体，有许多细密的红点构成各种花式。图案分布在身体的中间，额头及背部还有少部分线条存在的绿色七彩神仙鱼。个体不大。

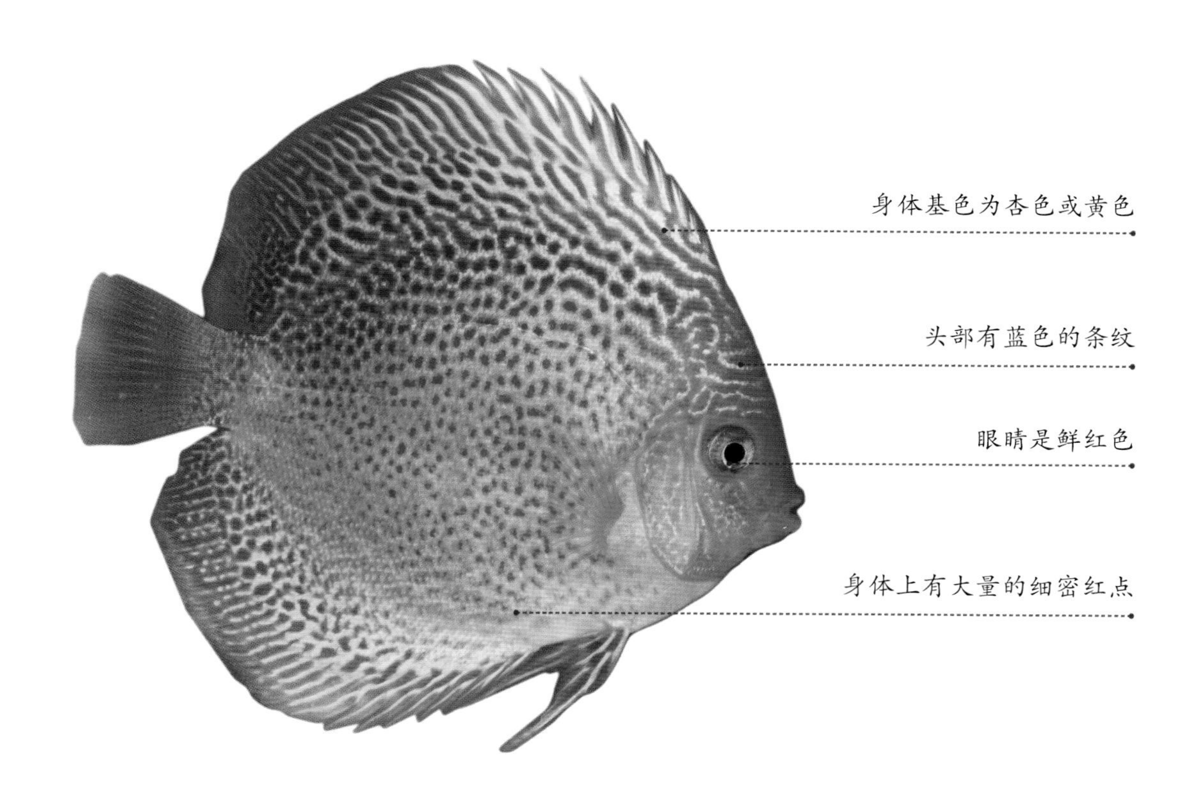
身体基色为杏色或黄色
头部有蓝色的条纹
眼睛是鲜红色
身体上有大量的细密红点

红点绿七彩神仙鱼，到了F3代便已闻名世界，如今已创造出多个品种，如豹纹红点绿、马赛克红点绿、金早晨红点绿等。红点绿七彩神仙鱼是所有七彩当中要求标准最高的七彩。饲养好的红点绿七彩神仙鱼困难如下：

① 要得到体盘底色为黄色、杏红色较为困难。

② 很难配出许多红点。

③ 饲养水质不佳的情况下，生长到5～6cm时容易大批死亡，这需要很丰富的水质处理饲养经验，否则红点绿七彩神仙鱼即使成活，也会停止生长。

④ 要随时注意鱼只的健康状况，保持红点绿七彩神仙鱼体色正常，不苍白，不发黑，眼睛清澈明亮，不混浊，不发黑的良好状况。

⑤ 要注意营养，注意水质管理才能保持红点绿七彩神仙鱼的红点正常化，不褪色。如果能养好红点绿七彩神仙，饲养其他品种七彩神仙鱼就不难了。

13. 豹纹七彩神仙鱼

英文名：Leopard Discus

体长：14 ~ 18cm　体高：14 ~ 18cm

品种起源：香港劳氏培育出红点绿七彩神仙鱼后，该品种的基因并不稳定，其中有一些背部条纹十分连贯且体盘中央有断开的红点，甚至有圈纹表现的，和其他幼鱼明显不太一样，被劳氏单独分离出来，称为 WR19LS（Leopard Spotted，即豹纹斑点）。19LS 之子代和施密特红松石进行杂交，得到了 WR14，这就是第一代的豹纹七彩神仙鱼。

血统近似品种：红点绿，豹点蛇。

品种特征：在蓝色、蓝绿色、棕色或杏黄色的体盘上分布大量大型红色圆点，背部的点会连接成条状，给人豹纹的野性感觉。一般个体不大。

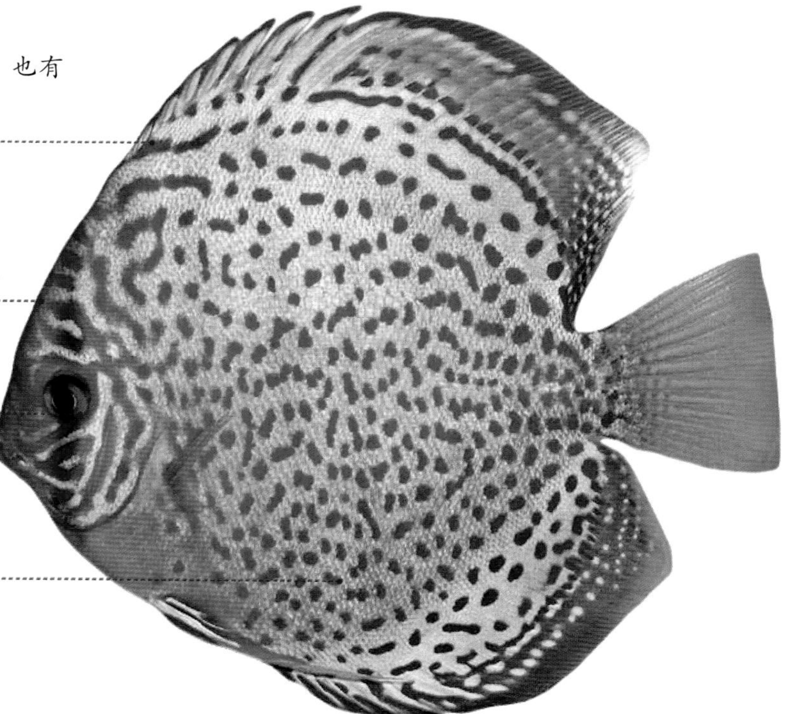

身体基色为明蓝色和棕黄色，也有紫蓝色的

头部保留了蛇纹和松石的花纹

眼睛是鲜红色

身上的红色斑点比红点绿粗大，很有野性感

豹纹七彩神仙鱼与其他七彩神仙鱼相比，是一种较为难养的鱼。它们继承了红点绿的基因，生长速度非常缓慢；并且它对水质的要求特别高，水质稍有变异，鱼身就会发黑，要保证水质非常稳定。

豹纹七彩神仙鱼的另一个迷人之处是它变化多端的红点。这是由于绿系七彩神仙鱼体内存在的红色素细胞，这些细胞并不是平均散布的，有些鱼红色素多些，有的少些，有些容易显示，有些则隐藏弱现。作为七彩神仙鱼的爱好者，饲养手法的提高就是想尽各种方法把这种红色素细胞诱发出来，而最终目的也就是让这些红斑表现得越多越好。

红豹点七彩神仙鱼

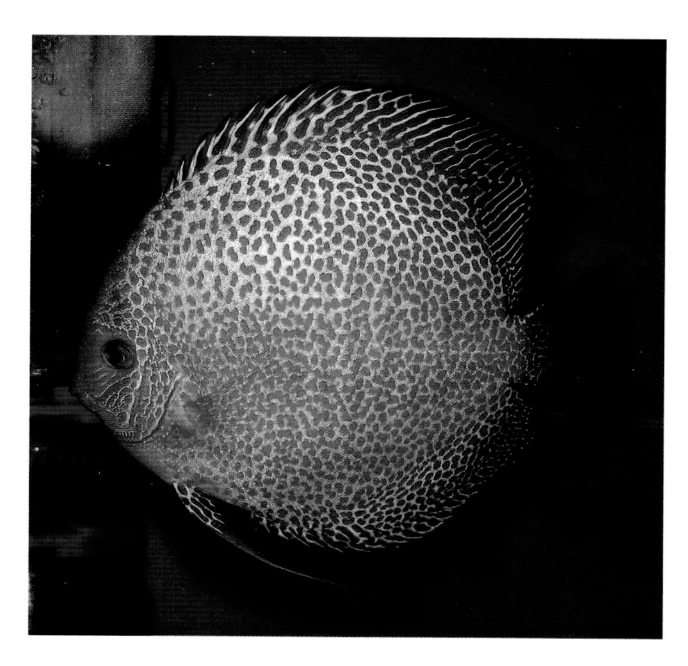

豹点七彩神仙鱼

近年来随着豹纹七彩神仙鱼的不断改良，对豹纹七彩神仙鱼的要求也是越来越高，不仅要欣赏它的红点，同时对于它身上的绿色素的搭配也有了要求。豹纹七彩神仙鱼的血统中混有松石七彩神仙鱼的基因，本来红松石七彩神仙鱼的亮蓝底色也是很漂亮的，但是和绿系七彩神仙鱼杂交过后，颜色淡了下去，变成略显蓝绿色的“灰蓝色”，这就太不理想了。于是人们开始专注于豹纹七彩神仙鱼的底色培养，希望通过定向提纯将原本绿系七彩的底色也表现出来。优秀的豹纹七彩神仙鱼必须拥有绿系七彩神仙鱼继承的淡黄色的腹部，而体盘侧面则是以绿色为佳；当然如果是十分清爽高雅的蓝色，也绝对不失为一条好鱼。有了这些色彩的搭配，丰满的红点和红纹耀眼突出，再加上一颗明亮如宝石般的红眼睛，就真的是让所有人都羡慕不已的好鱼了。

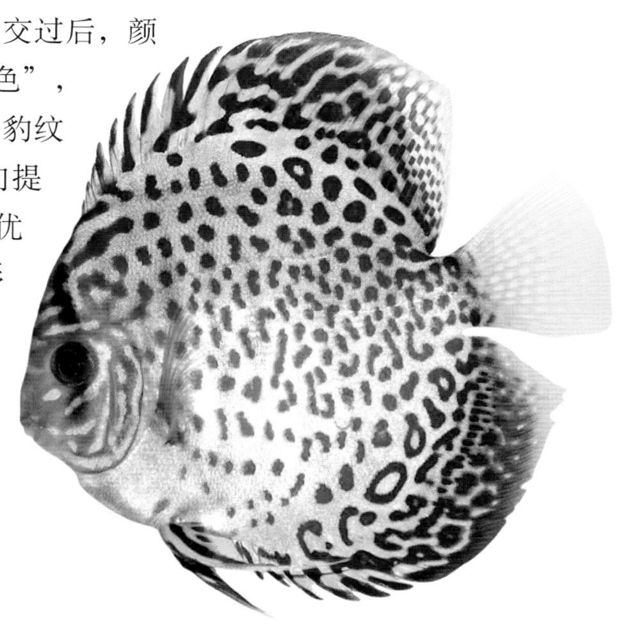

甜甜圈豹点蛇七彩神仙鱼

14. 阿莲卡七彩神仙鱼

英文名：Alenquer Discus

体长：18 ～ 22cm　体高：17 ～ 22cm

品种起源：是一个古老的品种，从野生蓝彩（红蓝纹彩，以前认为是棕彩）中变异得到，保持了原始的大部分特征。因为最早的亲鱼捕捞于阿莲卡地区，因此得名。

血统近似品种：一片红，大多数全红色的七彩神仙鱼都可能具有它的基因。

品种特征：体盘呈现暗红或红褐色，眼睛为鲜红色，只有头部和背鳍前部有条形花纹，臀鳍上花纹也很少。是可以生长得很大的七彩神仙鱼。

体盘呈现褐色或暗红色

头部有蓝绿色花纹

眼睛是鲜艳的红色

臀鳍上花纹很少

白化阿莲卡七彩神仙鱼

阿莲卡七彩神仙鱼最早指的是产于南美洲阿莲卡地区的野生蓝七彩神仙鱼，这种鱼身上的花纹比较少，身体呈现橘红色或黄色。后来，人们用野生阿莲卡七彩神仙鱼和其他七彩神仙鱼杂交，将所得到的花纹少、体色呈橘红色的个体都称为阿莲卡七彩神仙鱼。

15. 一片红七彩神仙鱼

英文名：Alenquer Red Discus

体长：18 ~ 21cm　体高：17 ~ 21cm

品种起源：1991 年前后欧洲饲养者从阿莲卡七彩神仙鱼的变异后代中筛选分离出了这种红色很浓艳的品种。

血统近似品种：阿莲卡、血鸽子。

品种特征：体盘呈现鲜艳的红色，其他特征和阿莲卡七彩神仙鱼相似。额头和上、下两鳍的基部拥有强烈闪烁金属光芒的蓝绿色条纹，视觉感极其锐利。

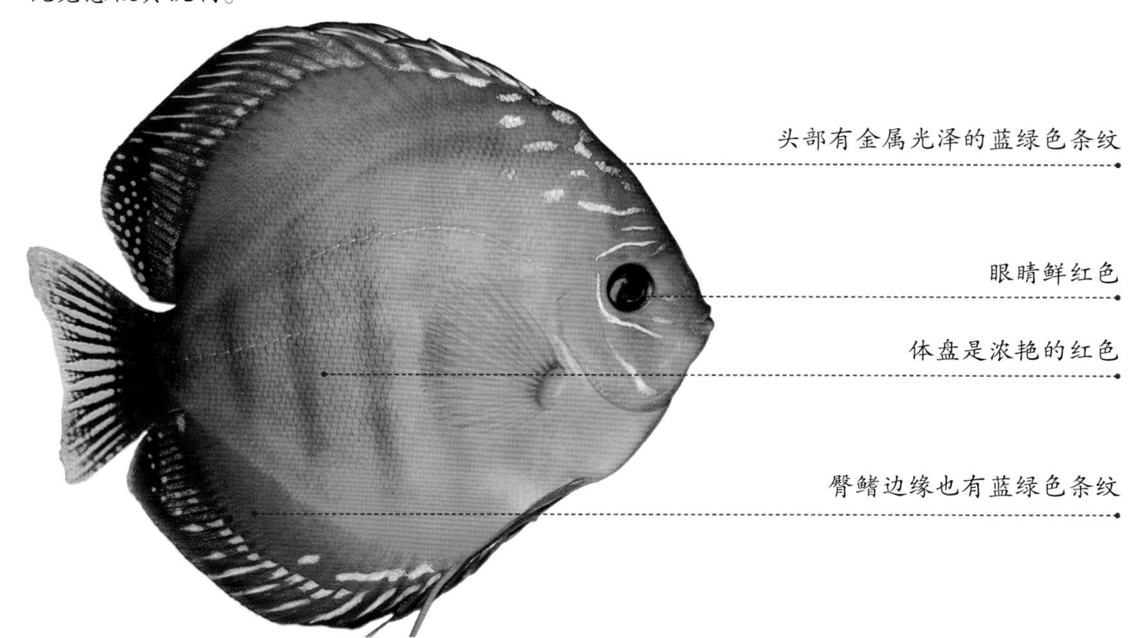
头部有金属光泽的蓝绿色条纹
眼睛鲜红色
体盘是浓艳的红色
臀鳍边缘也有蓝绿色条纹

鸽子七彩神仙鱼与一片红七彩神仙鱼杂交的后代

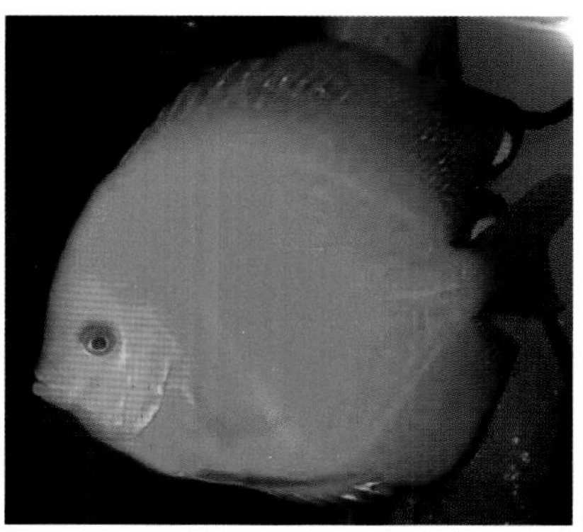
一片红七彩神仙鱼

满堂红七彩神仙鱼

15. 黄金七彩神仙鱼

英文名：Golden Discus

体长：18 ～ 22cm　体高：17 ～ 22cm

品种起源：以前人们将野生棕彩（也可能是红蓝纹彩）培育出的白化变异，称为“赤目阿莲卡”。赤目阿莲卡是第一代被承认的黄化神仙鱼，由赤目阿莲卡继续培育，去掉背部多余的条纹，使得整个体盘完全呈现出金黄色的七彩神仙鱼，就是黄金七彩神仙鱼。

血统近似品种：阿莲卡、白化阿莲卡。

品种特征：身体淡金黄色，半透明状，眼为红色，全身完全无条纹，没有黑栋，没有黑环带及黑纱，只在头部有少许头线。鱼的上下鳍边缘呈现红色。由于其源自野生棕七彩神仙鱼或是蓝纹七彩神仙鱼，躯体可以长得高大饱满，是一种颇有气势的鱼。

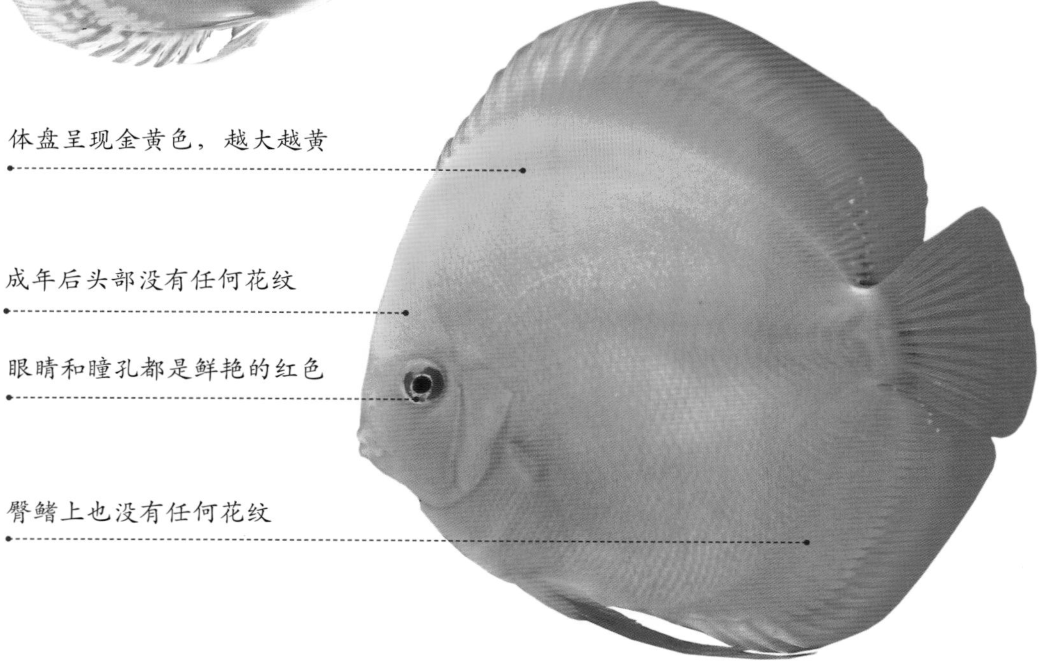

体盘呈现金黄色，越大越黄

成年后头部没有任何花纹

眼睛和瞳孔都是鲜艳的红色

臀鳍上也没有任何花纹

16. 天子蓝七彩神仙鱼（蓝钻）

英文名：Blue Diamond

体长：18 ~ 22cm 体高：17 ~ 22cm

品种起源：纯蓝色七彩神仙鱼最早是由德国繁育家培养而出，1985年左右定型。由于其体盘完全蓝色没有杂纹，称之为“一片蓝”。一片蓝部分保留了“祖先”蓝松石七彩神仙鱼的痕迹：在额头和鳃盖部分还是可以看见明显的条纹，背鳍和臀鳍有时也会出现网纹。在一片蓝的基础上，1990年后香港劳式七彩神仙鱼繁殖场培育出了天子蓝七彩神仙鱼。

血统近似品种：蓝松石、一片蓝。

品种特征：有晶莹剔透的红眼睛、硕大圆润的体形，全身无任何花纹，背鳍臀鳍无网花，蓝绿色泽均匀地覆盖在细致的鳞片上，因身体的游动引起的耀目鳞光闪闪动人。国外称为蓝钻。

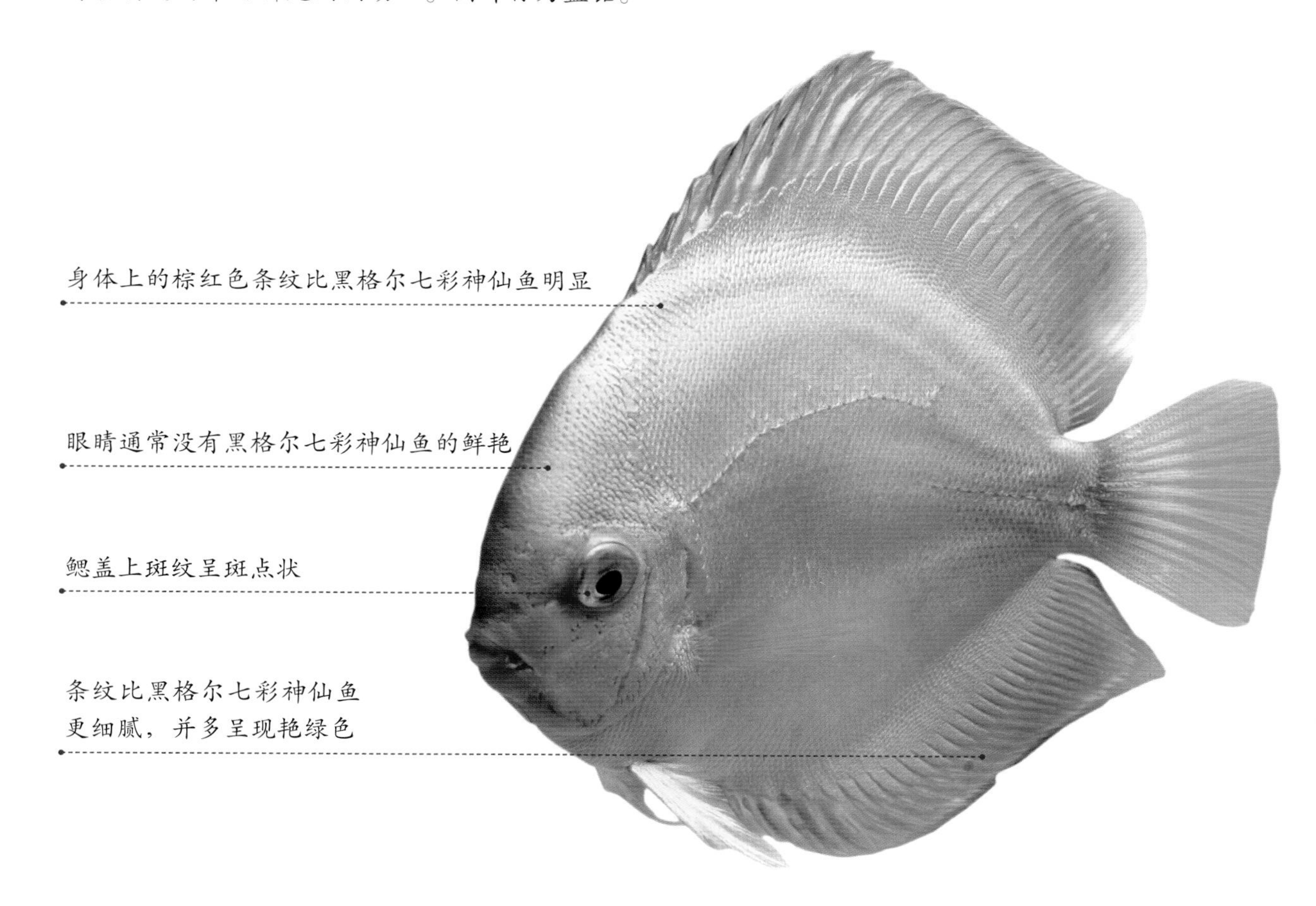
身体上的棕红色条纹比黑格尔七彩神仙鱼明显
眼睛通常没有黑格尔七彩神仙鱼的鲜艳
鳃盖上斑纹呈斑点状
条纹比黑格尔七彩神仙鱼
更细腻，并多呈现艳绿色

德国的一片蓝七彩神仙鱼问世之后，世界各地的七彩神仙鱼繁育家争相引进，或量产繁殖、或提纯改进。1990 年左右培育出了纯度极高的蓝色七彩神仙鱼，这种新生七彩神仙鱼褪去了一片蓝七彩神仙鱼头部、鳃盖和上下鳍仅存的条纹，蓝色的纯度似乎已经达到"顶天"的级别，所以被命名为"天子蓝"。天子蓝七彩神仙鱼 1996 年正式面向世界，在德国第一届世界七彩神仙鱼大赛中荣获蓝鱼组冠军，从此名声大噪。

天子蓝七彩神仙鱼之所以能够"蓝"得如此彻底，源于它特殊的色泽基因：由于累代近亲繁育交配，鱼鳞片表皮层的色素细胞中的蓝磷光色素蛋白发生变异，使得多余的黑色素细胞全部褪去。当然，这种近亲繁育本质上来说是一种退化的表现，

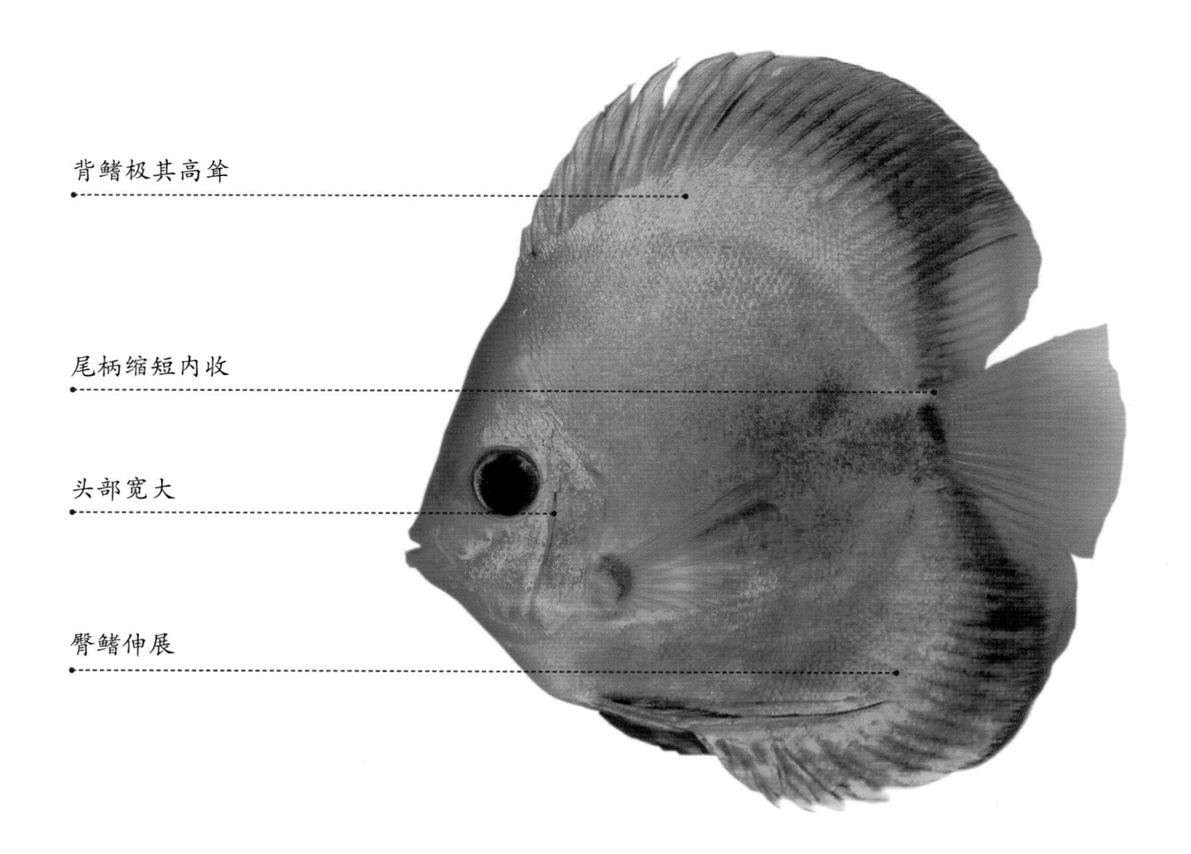

高体型天子蓝七彩神仙鱼

这也就使得天子蓝七彩神仙鱼的幼鱼在5cm以前基本上没有色素显现，市场上的小蓝鱼都是人工扬色的个体。这种颜色上的退化同时也从另一方面证实，这种鱼体质比较娇弱，饲养上要注意水质的稳定和饵料的卫生。

天子蓝七彩神仙鱼的基因虽然已经比较稳定，但表现上还是存在着个体差异，最好的天子蓝七彩神仙鱼是有着晶莹剔透的红眼睛，体盘为近圆形或是高身的鸭蛋形。它的头部、面颊以及上下两鳍绝对不能有一丝花纹，延展至身体的各个角落包括上下两鳍的末端和尾鳍都应是透明的蓝色。不过天子蓝七彩神仙鱼的颜色深浅依地区的不同而有所区别，如日本人喜欢浅色系，而中国香港、大陆地区则更加偏爱深蓝色系。

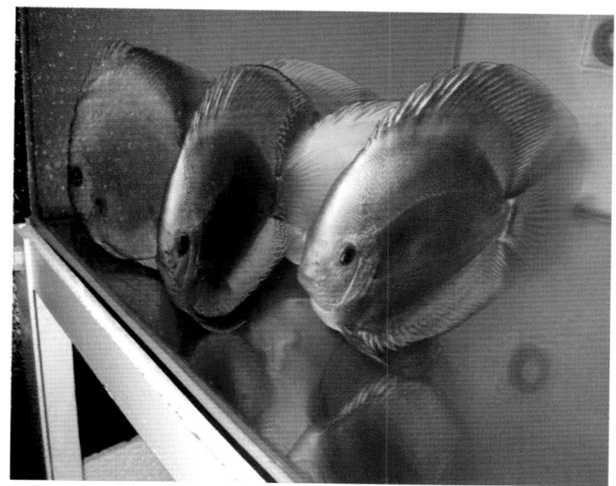

天子蓝七彩神仙鱼的不同颜色表现

17. 雪玉七彩神仙鱼

英文名：Snow White

体长：16 ~ 20cm　体高：16 ~ 20cm

品种起源：1995 年一位居住在马六甲市喂养七彩神仙鱼已有 21 年经验的罗拔先生购买了 10 只棕彩的小鱼来饲养。这十只野生小鱼长大之后配对得到三对种鱼，其中一对种鱼所繁殖出来的子鱼当中出现了几尾透明的个体。罗拔先生十分留心这些透明变异的子鱼，他悉心照顾，当这些透明的小鱼长大后，就长成这种全身无色的就连眼睛也没有半点色素的白鱼，这就是雪玉七彩神仙鱼的由来 。

血统近似品种：野生棕彩。

品种特征：浑身洁白毫无一丝瑕疵的纯白色七彩神仙鱼。通体雪白的色泽使它看上去格外高雅安逸，是很多人都喜欢的品种。国外叫白雪公主。

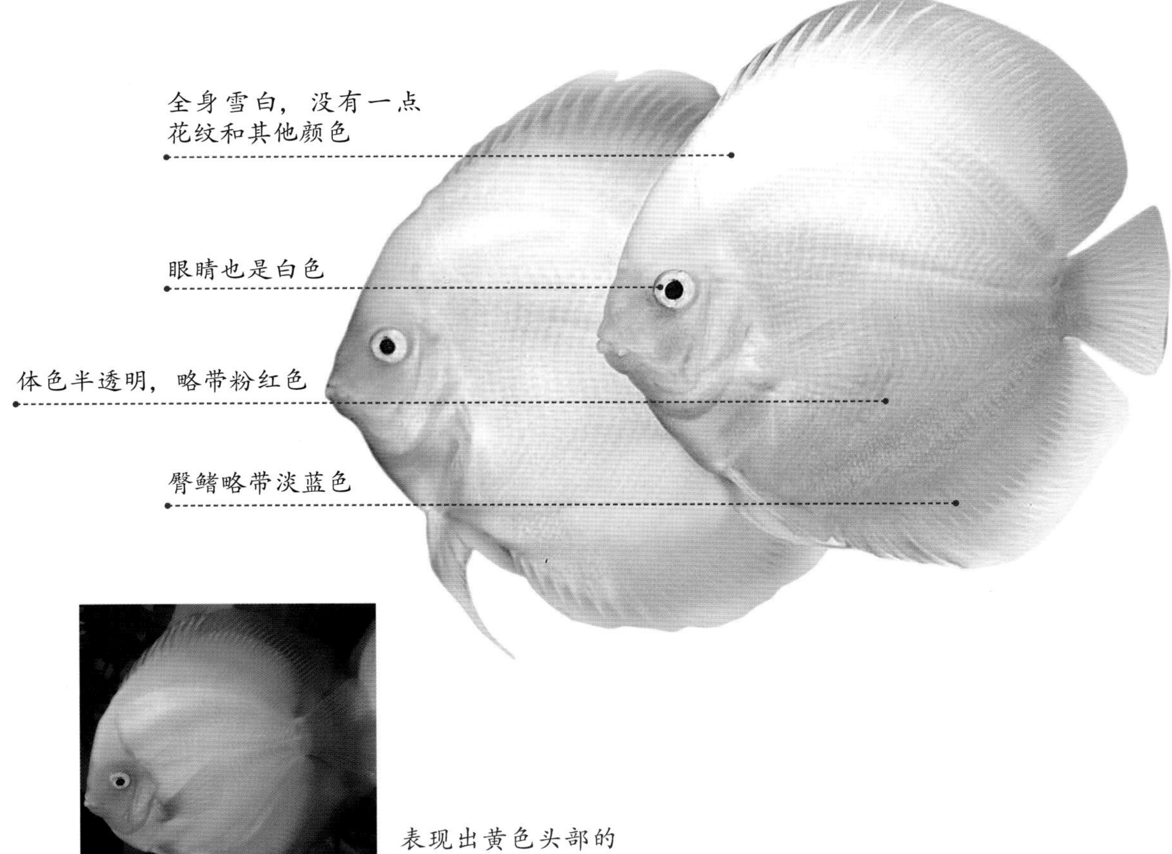
全身雪白，没有一点
花纹和其他颜色
眼睛也是白色
体色半透明，略带粉红色
臀鳍略带淡蓝色

表现出黄色头部的
雪玉七彩神仙鱼

18. 红白七彩神仙鱼

英文名：Red White

体长：16 ~ 19cm　体高：17 ~ 21cm

品种起源：雪玉七彩神仙鱼和万宝路七彩神仙鱼或红妃七彩神仙鱼杂交得到的品种。

血统近似品种：万宝路、雪玉。

品种特征：头部和上半身为白色，体盘中部和下半身为红色的七彩神仙鱼。

身体上部和头部呈现白色，略带金色
从体盘中部开始呈现鲜艳的红色
眼睛为红色
臀鳍上经常出现黑纱

魔鬼红白七彩神仙鱼

魔鬼七彩神仙鱼

三、七彩神仙鱼的家庭饲养方法

七彩神仙鱼是比较娇贵的热带观赏鱼，要想饲养好实属不易。不论是家庭饲养还是大规模养殖，选择合适的器材、掌握优秀的饲养技术都是非常必要的。

七彩神仙鱼最好单独饲养，尽量不要和其他鱼混养在一起

1. 饲养器材的准备

想要养好七彩神仙鱼，就必须先准备好饲养的一应设备。七彩神仙鱼在所有淡水观赏鱼中，算是比较难养的品种，加上人工类型大部分是近亲繁殖，血统极纯的品种抵抗力、适应能力、游泳能力和生殖能力都较野生鱼大幅下降，这更加大了七彩神仙鱼的难养程度。所以选择合适的饲养设备尤关重要。

① 水族箱

水族箱是饲养观赏鱼必备的设备，有大有小，有贵有贱。针对饲养七彩神仙鱼，最好选择长度在 100 ～ 150cm，宽度在 40 ～ 60cm, 高度在 45 ～ 70cm，容积在 200 ～ 600L 的水族箱。这个大小的水族箱，既能满足体长和体高在 20cm 左右的七彩神仙鱼运动，又容易操作，而且水质也好保持稳定。

不要选择过小的水族箱，容积小于 100L 的水族箱，除去专业养殖场用来批量繁殖外。个人饲养七彩神仙鱼是不能使用的。这种小型水族箱会让成年的七彩神仙鱼无法自由游动，而且水量小的情况下，水温和水质受到外界影响大，很难稳定。尤其夏天有空调的房间里，每天水温都可能有 3℃左右的波动。这对七彩神仙鱼是致命的。

高度（深度）超过 60cm，容积在 600L 以上的大水族箱也不适合饲养七彩神仙鱼。因为这种水族箱太大，日常维护操作困难。而且大水量饲养在平时水质处理和保健药物投放时，耗费巨大。虽然七彩神仙鱼是中大型热带观赏鱼，但它们并不十分喜欢游泳，通常是静止在水中的。水族箱过大，对它们的好处并不明显。

将水族箱安放在家中的什么地方也是非常讲科学的事情，水族箱位置安放的合适，不但方便日常家居生活和水族箱的维护，还对所饲养的生物有好处。水族箱一般放置在家中的客厅、玄关、餐厅、书房等处，最好不放置在卧室内，因为即便再好的设备，在夜深人静的时候运转，也会产生一定的噪音。

安装水族箱的位置最好不靠近窗户，阳光直射对于鱼缸有

百害而无一利，强烈的阳光不仅会让水中藻类滋生，而且还会缩短一些水族箱部件的寿命。比如一些水族箱的边缘、盖子是用塑料制作的，过热的阳光暴晒然后再变冷，会让塑料逐渐变脆，还会使塑料褪 色。铝合金的鱼缸盖似乎不是很怕阳光，但阳光让它们摸上去很烫手。

同时，水族箱不能靠近厨房，油烟对水的污染很大，漂浮在水面的油膜会影响水的溶氧过程。另外，水族箱安放的地方要尽量方便换水操作，附近不要有怕水怕湿的器物家居。因为，在换水的时候，即便你再小心，也会有少许水落在地上或家居上。

空调如果直吹水族箱，会让水温忽高忽低，饲养的鱼会经常得病。

开放性水族箱在北方干燥的家居中，水的蒸发量很大，能起到为家庭空气加湿的作用，但大的蒸发量，就要求饲养者必须每天添加新水，添加新水对七彩神仙鱼是一种刺激，最好用和水族箱内水质相同的水来添加。否则，最好还是给水族箱加一个盖子，尽量减少水的蒸发。

此外是水族箱必须水平摆放。看一个水族箱摆放是否平稳，只要观察其水平面就知道了。如果水族箱一侧的水面较另一侧的水面离水族箱上沿更近的话，那么就说明水族箱没有放平。歪放的水族箱不仅影响美观，而且有一定危险。因为水族箱盛水后自重非常大，在倾斜状态下，各粘合部位的受力大小不均匀，硅胶粘合缝被挤压变形，时间长了就会开裂漏水。所以在摆放安装水族箱以及其底柜时，最好使用水平尺校准，地面不平的时候，需要用东西垫平。在水族箱下面垫一块和箱底一样大的泡沫塑料是好办法，水位不平的时候，过重的那一端会被压下去，泡沫的弹性能让水族箱恢复水平。

正常使用下，水族箱粘合物硅胶的寿命大概在8～15年（不同品牌略有差异），所以一个水族箱使用10年左右就应当考虑更换。硅胶老化变硬，水族箱开始逐渐漏水。塑料部件的寿命不比硅胶长，它们通常会变脆，美观性和安全性大大降低。同样底柜的寿命也差不多是这样的时间。

② 过滤器

对于饲养七彩神仙鱼来说，拥有一套强大的过滤器是非常重要的。七彩神仙鱼对水质的要求极高，它们不能忍受水中有大量的杂质和营养盐，必须通过过滤器将它们去除。

所谓的过滤器，并不是我们通常说的用一个水泵将水抽到过滤棉上，将杂质留下后，水再返回水族箱中。那是最简单的装置，它只负责将水中颗粒状的杂志去除掉。如果你只用这样的过滤器饲养七彩神仙鱼，要么你要经常换水，要么你要经常换鱼。在一个成熟的水族箱中，鱼类的粪便、体表排出的废物、残留的饵料等，会在很短的时间内转化成氨（NH_3^-）或铵（NH_4^-），它们都是有毒的。水中含有 0.1mg/L 的氨，鱼

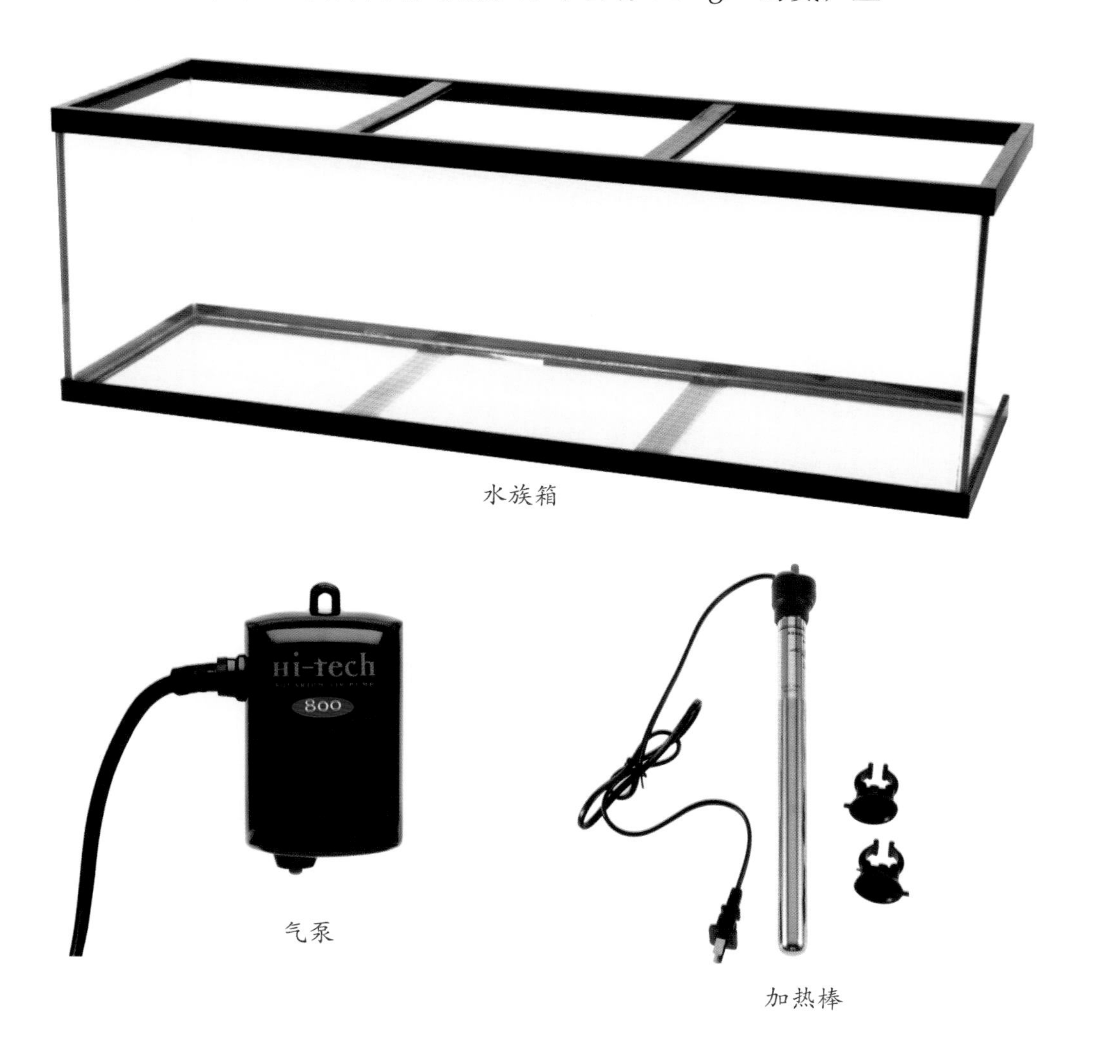

水族箱

气泵

加热棒

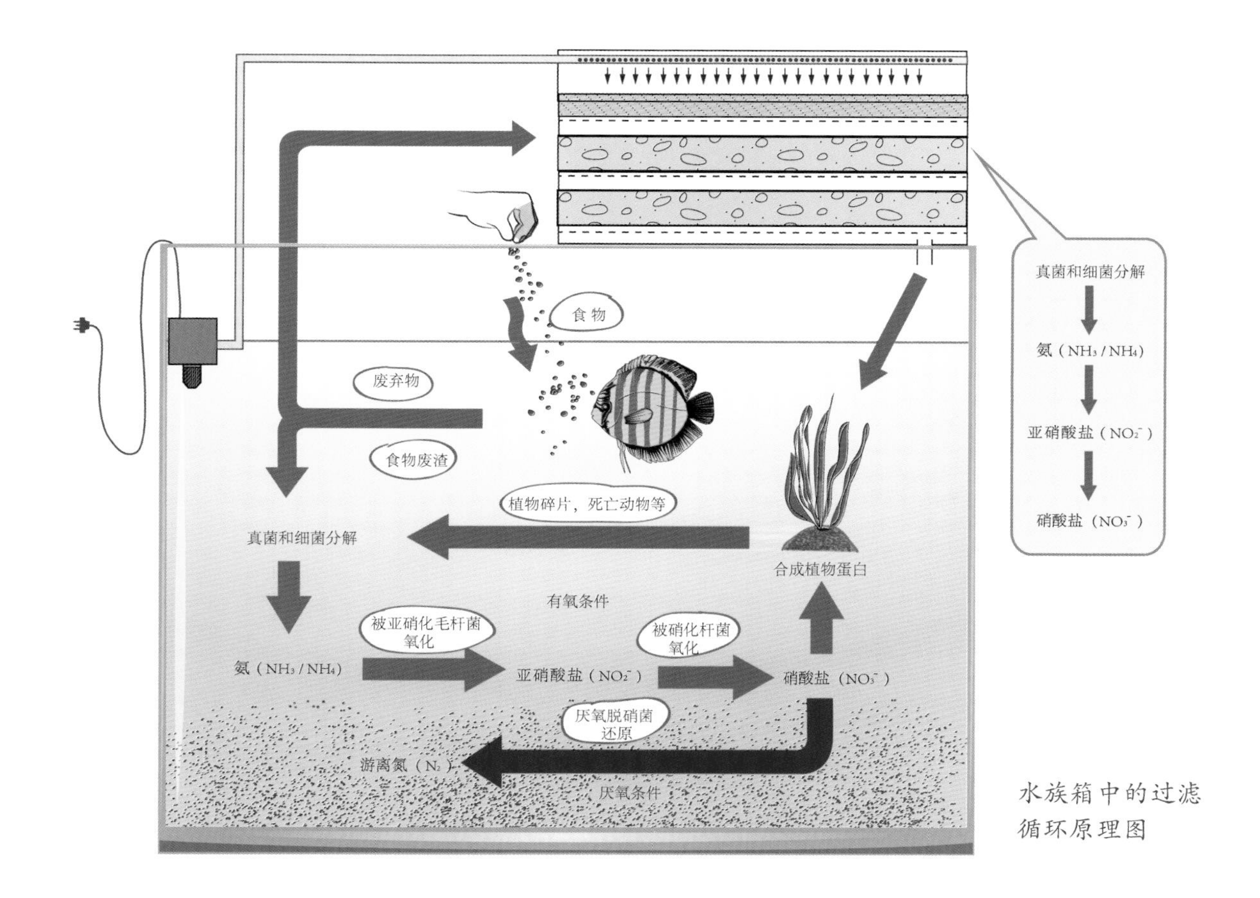

水族箱中的过滤循环原理图

就可能受到伤害，当氨高过 0.3mg/L 时，很多鱼都会被毒死。氨与水中的氢离子结合形成铵（NH_3+H → NH_4），铵的毒性要比氨小一些，因为它通过鱼鳃的时候不容易进入鱼的血液循环中。但在 pH7.0 以上的海水中，氢离子数量比较少，氨存在的数量比较大。因此，如果我们不设法去除氨，鱼不可能生存下去。

通常借助硝化细菌来处理水中的氨，硝化细菌可以将氨转化为毒性不强的亚硝酸盐（NO_2^-），再将亚硝酸盐转化为毒性更小的硝酸盐 (NO_3^-)。于是我们才可以得到能够安全养鱼的水。

$2NH_3+3O_2 \rightarrow 2NO_2^-+2H_2O+2H^+$+ 能量硝酸菌

$2NO_2+O_2 \rightarrow 2N+$ 臭氧 + 能量

硝化细菌需要附生在一些物质的表面，比如说沙子、石头、水族箱的玻璃壁上。我们饲养的鱼越多，需要的硝化细菌也就

越多。在水族箱内附生的硝化细菌远远不能满足饲养的需要，于是人们建立了专门为硝化细菌繁衍的空间，让水流过那里，再流回水族箱。这就是过滤系统的核心部分——生物过滤区，因为它降解和带走的是水中的有毒物质，所以，可以称呼它为水族箱的肝和肾。生物过滤区内存放大量的生物滤材，它们具有大量的细小空隙，形成巨大的表面积，可以供大量的硝化细菌生存繁衍。

通常的过滤系统由生物过滤区、物理过滤区和水泵组成，它的形式虽然多种多样，但实际上过滤系统之间都是大同小异的。

过滤系统是贯穿于整个水族箱的庞大系统，包括放在水族箱顶部、底柜里的过滤器；过滤器与水族箱链接的管路；以及水族箱内的底砂等等。水由水泵驱动，从水族箱流进过滤器，然后再在重力的作用下流回水族箱。过滤率器内放置各种滤材。过滤棉用来阻隔大颗粒的杂质，必须经常清洗过滤棉，以防水中杂质流入生物滤材，阻塞硝化细菌生活的小空隙。目前还没有一个可靠的数据能说明多少升容积的水族箱，需要多少生物滤材，一般只能凭借经验。

生物滤材在使用过程中要保证有充足的富氧水流过，否则不能体现出它的良好作用。使用 1 年以上的生物滤材需要适当清洗。不要将它们全拿出来用淡水清洗，那样会杀死所有的硝化细菌，造成水族箱的系统崩溃。最明智的办法是每次清洗 1/3，并用水族箱内换出来的旧水清洗。如果滤材表面空隙阻塞得太严重了，就要适当更换新滤材，每次更换数量也不要多于 1/3。

过滤器根据形式不同可分为：上部过滤、底部过滤、内置过滤、圆筒过滤等。

对于七彩神仙鱼来说，多层的上部过滤器和放在水族箱底柜里的底部过滤器是最好的。圆筒过滤器不方便清洗，内置过滤器效率太低都不适用。七彩神仙鱼是中大型观赏鱼，它们的排泄量还是很大的。

多层上部滴流过滤器，是非常强大而且节能的过滤器，只

需要一个几十瓦的小水泵，就可以将水送到大面积培育硝化细菌的过滤盒中。

③ 加热棒

七彩神仙鱼需要饲养在26℃～30℃的水温环境中，一些人工繁育的个体，由于多代的人工提纯，只能适应28℃～30℃的水温，水温低于28℃就会停止进食。所以，加热棒对于饲养七彩神仙鱼来说，是非常必要的工具。

加热棒是在一个密封的管子中安装电阻丝，通电后通过电阻丝产生热量。通常有25W、50W、100W、150W、200W、300W、500W、1 000W等多种型号。一般小型水族箱配置小功率加热棒，大型水族箱配置大功率加热棒。按照1W/L的功率配置，比如容积为100L的水族箱需要配置100W的加热棒，500L的则需要配置500W的加热棒。在使用大功率加热棒的时候，最好同时配置两根。因为现在加热棒都具备自动控温装置，加热到所需温度的时候，会自动断电，不会因为使用两根，功率大而更费电。这样做是为了，一旦其中一根出现了故障，另一根能“前仆后继”，防止出现温度骤降的事故。

要特别注意，饲养七彩神仙鱼的水族箱放置加热棒一定横向摆放或安装，不要竖立在水族箱中，七彩神仙鱼喜欢在竖立的物体上产卵，竖立的加热棒很容易让它在上面产卵。

④ 灯具

七彩神仙鱼对灯光要求不高，一般能保证欣赏照明就可以了，但在七彩神仙鱼繁殖缸上应再加一个小灯作为长明灯，一是避免开关灯瞬间给鱼带来惊吓，二是有助于子鱼附着在亲鱼的身上，防止亲鱼伤及子鱼。如果想欣赏到七彩神仙鱼最绚丽的颜色，建议使用全光谱的灯管照明，全光谱灯光的演色性在人工照明设备里最好，可以将七彩神仙鱼的丰富颜色淋漓尽致地展现出来。

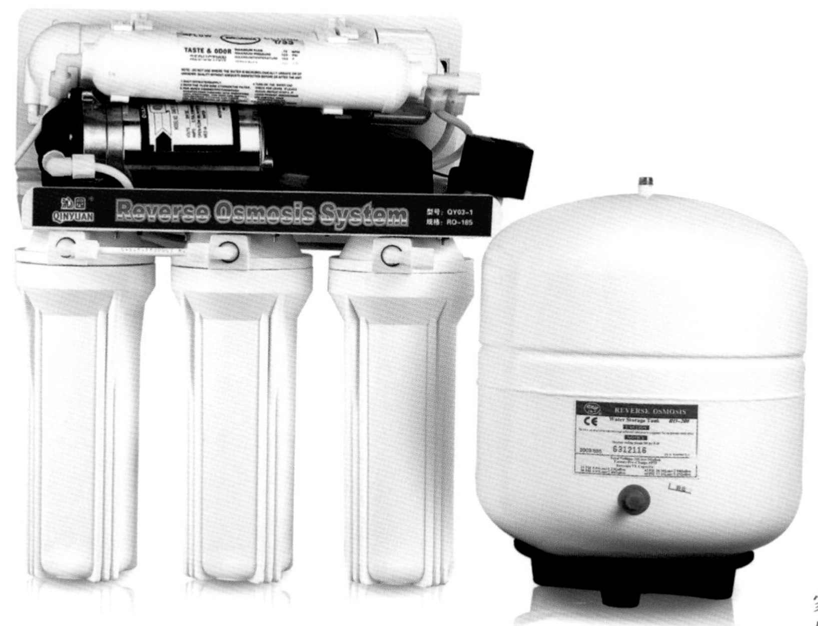

家用纯净水机是得到软水的最好途径

⑤ 软水机

野生七彩神仙鱼生活在硬度 3 ～ 6 °dH 的软水环境中，虽然人工培育的个体，经过了几十年的人工驯化，但还是不能适应硬度太高的水质。通常，如果想养活一些简单的品种，比如松石类、蛇纹类七彩神仙鱼，可以使用经过曝气和净化处理的自来水。但要是饲养野生七彩鱼和饲养难度大的品种，比如：红点绿、豹点蛇等，或者要繁殖七彩神仙鱼，那就必须在家中安装软水机，用软化处理后的水饲养七彩神仙鱼。家用软水机是利用离子交换树脂将水中的钙镁离子替换除去，从而降低硬度。一般可以将硬度降低到 5 °dH 以下，好的机器或纯净水机可以把自来水中的碳酸盐全部去除，使硬度为 0 °dH。这种水可以少量混合一些自来水养鱼，如果长期使用 0 硬度的水养鱼，鱼的颜色会暗淡。

⑥ 温度计

饲养七彩神仙鱼的水族箱中一定要有一支精确易读的温度计，放在明显易看的位置上，以便能经常观察到水温的变化情况。

⑦ 气泵

七彩神仙鱼需要较高的溶氧量，水族箱中应随时有着饱和的溶解氧。而一个气泵是确保水族箱中生物能获得充足的溶氧量的工具。另外还可以带动水流，避免水族箱中的水温出现分层现象。在繁殖七彩神仙鱼时，气泵是气动海绵过滤器的动力源。

2. 水质的调节

① 饲养七彩神仙鱼的水质标准

野生七彩神仙鱼生活在亚马逊河支流的平静水段，一般栖息于岸边有树枝探入水中的环境里。白天栖息于水下 3 ～ 5 m 的深处，夜晚上浮到 1 ～ 2 m 的水面觅食水生昆虫的幼虫、枝角类和树根上的少许真菌类。天明后，再沉入水底休息。在这样的水域里，水温常年保持在 26℃ ～ 30℃，硬度在 3 ～ 6 °dH，酸碱度（pH）在 5.5 左右。因为亚马逊河水量丰富，水中的营养盐含量很低，氨含量在 0.001mg/L 以下，硝酸盐在 0.3 ～ 5 之间，磷酸盐和其他无机盐、金属离子含量都很低。导电度常年在 100us 以下。在这样的水质环境里，七彩神仙鱼能生息繁衍生长良好，人工饲养下，最好能提供类似的水质，才能让七彩神仙鱼生长出最大的体盘，最鲜艳的颜色。

② 如何养水

养水分为两部分，一是进入水族箱之前的水处理；二是水族箱中的水质控制，就是过滤和管理系统。水处理系统主要的目的是将自来水中的氯气及其他不必要的杂质去除。常用的方法是在自来水管上安装水质净化装置，建材和家装市场上可以买到各式各样的净水设备，可以根据自己的需求选购。如果不能安装水质净化装置，可以用在水中添加水质稳定剂（主要成分是硫代硫酸钠）来去除氯。水中的杂质可以通过放置在宽敞容器里长时间沉淀的方法减少。近年来，逆渗透处理水技术迅速发展，也大量运用于七彩神仙鱼养殖业。这种过滤器不需要

新水处理示意图

加装动力装置，是利用自来水压力来工作。主要由粗滤、碳滤、超滤几部分组成，拆装方便。价格比电动净水机和纯水机器便宜，但要根据说明书，定期更换滤芯。

七彩神仙鱼对水中的重金属、残余农药等非常敏感，尽量不要使用河水、井水或者不符合饮用标准的水源。

③ 如何软化水

可以使用软水机或纯净水机的处理得到低硬度水，也可以自己购买离子转换树脂，在接用自来水时，让水缓慢流过树脂，达到软化水的目的。烧开后晾凉的水要比没有加热过的自来水硬度低，反复沸腾几次后，水的硬度会降低很多。过去，没有软水设备时，人们就是利用凉白开水曝气后，来繁殖七彩神仙鱼的。

④ 如何降低 pH

要想得到低 pH 的水，就必须提高水的酸性，在水中添加酸性物质。比如在水中放置沉木、腐叶等。但这些材料释放的单宁酸会将水染黄，使观赏性大打折扣。也可以在每次换水的时候，在水中直接添加单宁酸（鞣酸）、草酸（乙二酸）来降低 pH。在使用这些化学药物前，要先做实验，在没有经过降低 pH 的水中，加入定量的酸。比如 100L 中加入 10mg 鞣酸，看pH降低了多少，然后根据这个比例，在每次换水时进行添加。

⑤ 如何去除水中的氨氮

可以通过加大过滤器的方式，多培育硝化细菌，降低水中的氨氮含量，也可以通过换水的方式达到这个目的。硝化细菌的分解，只能降低或去除水中由鱼类粪便、残余饵料所产生的氨、铵和亚硝酸盐，硝酸盐必须靠换水去除，否则将在水中不停积存，当水中硝酸盐浓度高于 100mg/L 时候，七彩神仙鱼就会抵抗力下降，容易患白点病。水生植物可以吸收水中的硝酸盐和磷酸盐，但七彩神仙鱼需要在 28℃以上的水温内饲养。在这样高温的环境下，水草无法生长良好，因此饲养植物来吸收营养盐的办法并不适用。近年来，人们通过金属离子化学活跃性不同的特征，开发了一些吸附磷酸盐和硝酸盐的材料，但价格十分昂贵，使用起来不如换水方法节约成本。

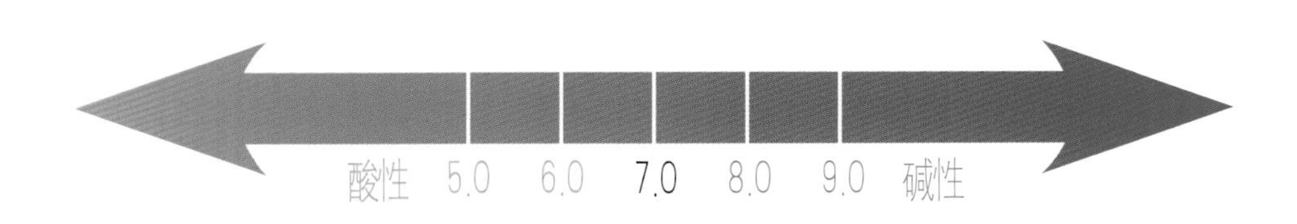

在水族箱中放置沉木，可以有效地降低水的 pH

⑥ 如何保证水的清澈无色

水的浑浊主要是由水中的悬浮颗粒造成的。水浑并不能证明水质不好，水中无色无味的氨氮才是影响水质的罪魁祸首。因此，养殖场往往不重视水的轻微浑浊。但是在家庭饲养时，水的浑浊或者有颜色，会直接影响欣赏。我们必须设法得到清澈无色的水。通常可以在过滤中加入细密的过滤棉或者细密的沙子来滤除水中的小颗粒，水的气味和颜色可以通过活性炭来吸附。当水发黄时，向水中输入少量的臭氧也可以起到褪色的目的。

3. 七彩神仙鱼的选购

七彩神仙鱼作为被人类人工培育了几十年的观赏鱼，在鉴赏方面有严格的等级制度和评选标准，不同品质的鱼其价格差异很大。所以选鱼时先要确定买高档鱼还是中低档鱼，野生种、杂交种还是选育纯种，然后再在同等级鱼类中挑选出类拔萃的。而且还要注意挑选健康，生长速度快的鱼，七彩神仙鱼因为过

度近亲繁育，它们的基因都有很大程度的退化，不少幼鱼是长不大的，并且抵抗力很差。

市场上出售的七彩神仙鱼品种和规格很多，在挑选购买的时候应当注意以下几点：

不要挑选个体太大或太小的鱼。小于3cm的幼体七彩神仙鱼在转移到新环境后非常难以适应，加之体格脆弱，很容易大批量死亡。

不要泡在黄水里的。我们常能看到商户饲养七彩神仙鱼的鱼缸中水为黄色的。这有两种可能，一是一些野生七彩神仙鱼，由于其要求生活在弱酸性的水中，商户很可能在水中浸泡沉木或橄榄叶，降低水的pH，这种做法会让水呈现淡茶色。而有些饲养缸中的水呈现出土黄色或黄色，这可能是商户在水中添加了如痢特灵或呋喃粉类的药物，缸中的鱼很可能刚刚运达还不稳定，或感染有细菌性疾病，不能购买。

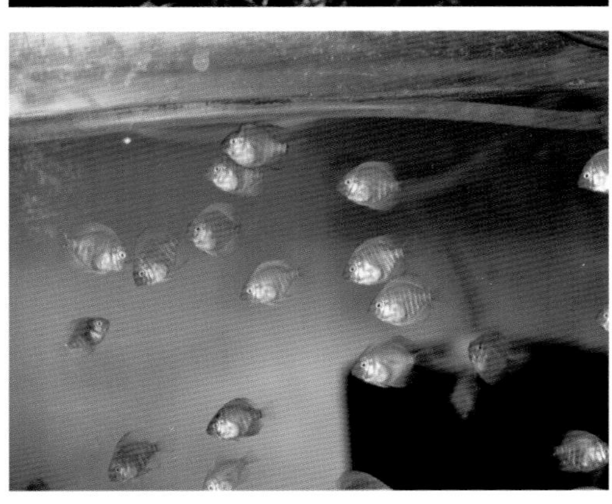

过老和过小的鱼都不适合购买饲养

不要粪便呈现白色的。七彩神仙鱼排泄的粪便颜色和其食物有直接关系。投喂牛心汉堡或赤虫的个体，粪便应当是褐色颗粒或条状的，到水中很容易扩散开来。如果投喂增色性饲料或丰年虾，鱼的粪便应当是粉色或暗红色的。投喂成长性饲料，粪便应当是灰色或茶色的。但不论你给七彩神仙鱼喂食什么，它们的粪便都不应当是白色的，更不应当是白色线状的。这种颜色和形状的粪便实际上是鱼的肠黏膜脱落导致。其原因肯定是该鱼患有严重的肠道疾病或感染寄生虫，绝不可以购买。

健康的七彩神仙应当具备如下的特征：

① 体形通常很圆。

② 眼睛明亮鲜艳。眼膜无白浊，左右对称、眼睛略突出。

③ 鱼鳍伸展自如、没有破损，背鳍要高耸，鳞片光滑。

④ 颜色自然鲜活，不发黑。

⑤ 品种特征明显（如条纹状要绵延连贯，喷点状要密集细腻），体侧有黑栋（竖条纹）的品种，应左右对称、粗细均匀。如黑格尔品系，需要第一、第五两条栋线格外粗黑醒目。其他品系，则 9 栋线较为原始（或说更接近野生），栋线数目越多（如 14 栋）说明人工培育的时间越长，同时体盘会越圆。

⑥ 鱼身上没有白点、发黑等病态，鳃盖不外翻。

⑦ 反应敏捷、在水体中上层悠闲自得的活动，不躲藏在角落里。把手放到水族箱前，会追人手。

4. 七彩神仙鱼的检疫处理

① 泡袋

观赏鱼的运输通常用塑料袋完成，出售商会将你购买的鱼连同一部分水放到塑料袋里，然后向袋子中充入氧气。鱼被带到家后，不能直接放到水族箱里。要连同袋子一起浸泡在水族箱中 20 ~ 40 分钟，才能解开袋子，任其游入新家。这个过程称为泡袋。泡袋的目的是使袋子内的水温和水族箱内水温达到一致，防止水温大幅波动对鱼的鳃和侧线造成损害。泡袋的时间长短和袋内水量以及内外水温差有关，因为无法确定内外水温到底相差多少，最好多浸泡一段时间。如果在放鱼前用温度计测量一下袋内外的水温是否一致那就更好了。

温度计是饲养七彩神仙鱼必备的工具

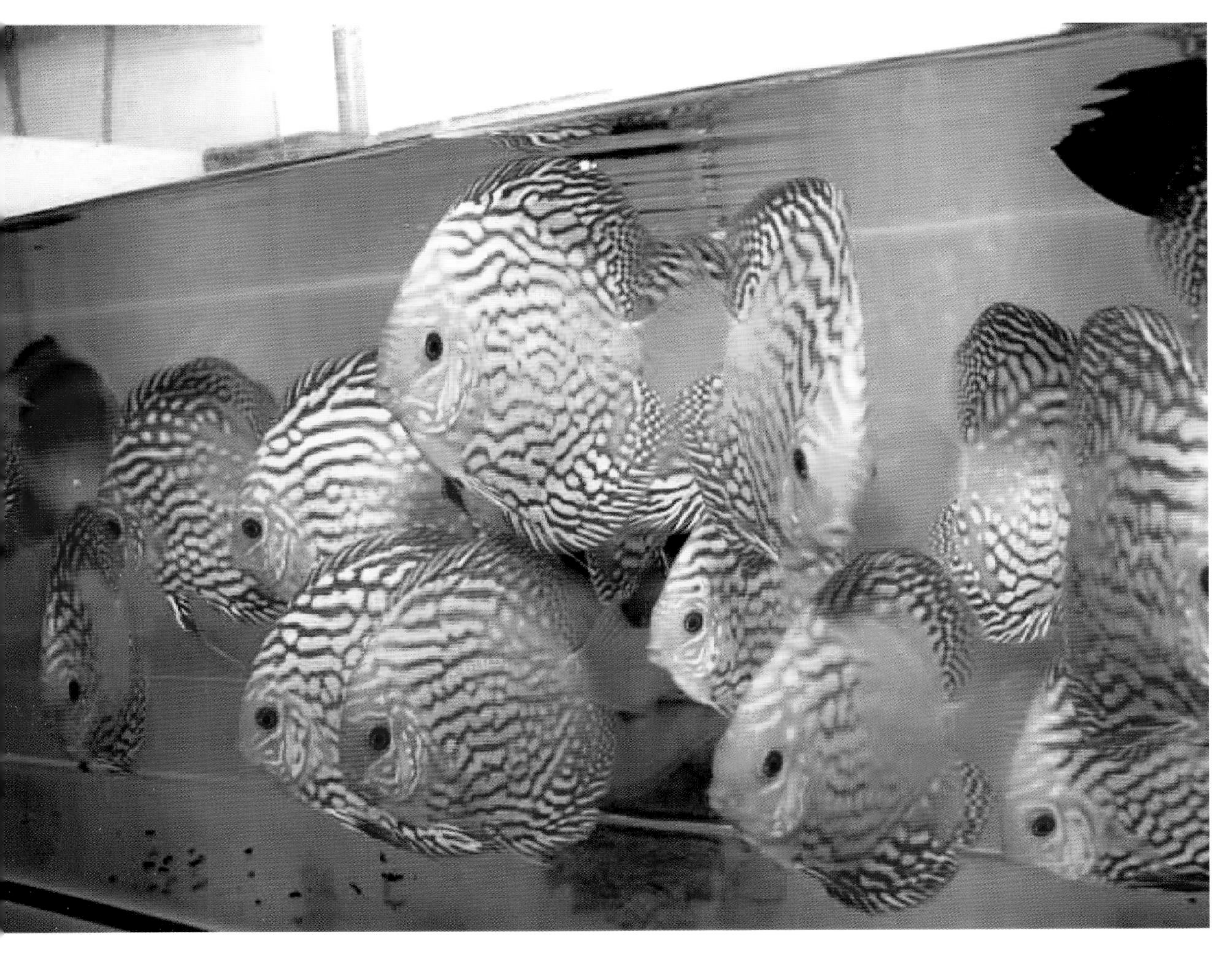

过水可以减少新环境对鱼的刺激

② 过水

由于各地饲养七彩神仙鱼用水的水质略有不同，七彩神仙鱼又对水质变化极其敏感，在泡袋过后还需要过水处理。过水是将鱼连同袋子里的水放到一个盆里，再用虹吸管从水族箱里抽取一些水到这个盆里，抽水的速度要慢，通常用气管阀门控制水量。当盆内水快满的时候，将盆内水舀回水族箱一部分，如此反复大概 4 ～ 6 次，然后将鱼放到水族箱中。这个过程的目的是为了让水族箱中水的导电度、硬度、酸碱度等指标与袋内水的指标基本达到一致，减少对鱼的刺激。这个过程对很多普通观赏鱼没有必要，但对于七彩神仙鱼，特别是野生七彩神仙鱼是非常必要的。

③ 检疫

检疫是将新购买的鱼隔离在另外一个水族箱中饲养一段时间，待观察其没有潜伏的疾病，则可以放入观赏用的水族箱。检疫的同时一般伴随药浴，通常会在水中添加磺胺类药物杀灭细菌，还可能放一些驱虫药物。检疫多数是在观赏鱼养殖场完成。家庭饲养观赏鱼一般很少做检疫，大多数人也没有检疫的条件。

七彩神仙鱼由于体质很弱，而且属于高价鱼类，饲养时最好专门设置一个检疫缸，新鱼买回来后隔离饲养 1 个月左右，放置外来病菌感染已经养了很久的鱼。检疫缸的容积通常在 100L 左右，要配备强有力的过滤和曝气设备。

5. 七彩神仙鱼的饵料

① 天然饵料

野生七彩神仙鱼主要以水生无脊椎动物的幼虫为食，在人工环境下，它们仍然非常喜欢吃，特别是红虫。另外丝蚯蚓也能接受。幼体还喜欢吃水蚤。但由于七彩神仙鱼肠道的抵抗力很弱，喂食活饵很容易患肠炎，所以现在已经很少有人长期用天然饵料喂养七彩神仙鱼了。只是在繁殖期前，会投喂一些消毒过的冷冻红虫，作为营养补充。

② 牛心汉堡

牛心汉堡是目前饲养七彩神仙鱼的主要饵料，它由牛心、虾肉、螺旋藻等材料人工加工而成，干净卫生，营养丰富。用它喂食七彩神仙鱼，既营养均衡，又能避免肠道感染。

现在牛心汉堡可以在市场上买到，回家后冷冻在冰箱里，随喂随取。也可以自己制作，为了饲养出出色的七彩神仙鱼，还是建议饲养者自己制作牛心汉堡。因为市场上出售的，为了节约成本，往往会在材料上做不该做的“节约”。

牛心汉堡的配方有很多，有的为了增色，有的为了生长速度快。下面是较为通用的一种做法。

七彩神仙鱼非常喜欢吃红虫，但为了它们的健康，尽量少喂这种饵料

原料：鲜牛心 1 000g、虾肉 100g、煮熟的胡萝卜 100g、螺旋藻精粉 10g、大蒜素 10mL、复合维生素粉（小儿金维他碾碎使用）少许。

汉堡的制作要点：

首先要把牛心的筋、膜以及油脂处理干净。虾去头去壳只留肉。牛心和虾仁一定要用水过洗干净，晾干水分。胡萝卜一定要煮熟煮软，可以切成小块煮，捞出来晾干水分。将处理好的牛心、虾仁、萝卜分别放入搅碎机绞碎，然后连同螺旋藻粉、大蒜素和维生素粉一起混合搅碎 2 ～ 3 次，使其呈现黏稠的糊状。将糊状物放入塑料自封袋中，压成扁片，冷冻到冰箱里。

喂食时，掰取少量化冻后呈胶质状，放入水族箱中，七彩神仙鱼会自己来啃食。

如果制作的汉堡出现浑水问题，可能是如下环节没有处理好造成的：

a. 搅碎机绞碎不够均匀，没有使原料充分混合成糊状；

b. 虾肉比例太少，虾肉含有大量胶质，绞碎后的黏性是很大的，而牛心绞碎后是没有黏性的，所以虾仁和牛心的比例最好为 1 ∶ 1。这样就可以提高整个汉堡的黏性，不至于入水就化。

c. 水分是引起汉堡入水就化的另一个主要原因，所以在制作汉堡时我们必须把牛心和虾仁充分晾干水分，牛心可以在绞碎以后放置 1 小时，让牛心的血水充分脱尽，如果有食品离心机是最好不过了。另外，尽量不要添加西红柿、素菜之类含水分较多的原料，这些营养可以用维生素粉来代替。

将原料切成小块

分别绞碎

将绞碎的各种原料搅拌到一起

分装到小盒里冷冻保存

d. 投喂汉堡的时候尽量不要一次投喂过多，应该吃多少喂多少，一点一点喂，虽然麻烦，但是为了不浑水还是应该坚持。

e. 可以混合饲养一些小型鱼类，七彩神仙鱼在吞食汉堡的过程中产生碎屑是难免的，小鱼可以将这些碎屑吃掉，避免污染水质。

② 干燥饲料

多数七彩神仙鱼不喜欢吃干燥饲料，包括干虾、干红虫、干丰年虾，以及人工合成的薄片、颗粒饲料。但是，如果经过长期驯化，它们还是能接受质量好的干燥饲料。通常这些饲料是为了那些无法提供冷冻饵料的饲养者准备的，价格并不便宜，在选择时要选择知名的大品牌。一些假冒的饲料，鱼肯定是不吃的。鉴别某种干燥饲料能否被七彩神仙鱼接受的方法是，打开后闻一下，如果很腥，有鱼干和动物肝脏的味道，则鱼能接受，如果是豆粉味则鱼肯定不吃。

6. 日常管理

① 换水

换水是饲养七彩神仙鱼的必修课，这是因为它们对水质的要求很高。建议每周至少换两次水，每次换掉水族箱中1/5 ~ 1/3 的水。换入的新水要和水族箱中的原水水质、温度一样，而且要去除掉水中的氯。最好的办法是在加入新水的时候，尽量让速度缓慢些，可以用一个导管导入，导入速度控制在 10 ~ 30mL/s。这样，即便新水和原水有一定的水质、水温差异，也不会因为加入速度过快而损伤到鱼。

② 清洗过滤器

清洗过滤器分为清洗过滤棉和清洗生物滤材两部分。过滤棉只是用来阻隔大颗粒碎屑，可以用自来水清洗并消毒。

生物滤材内生存有大量硝化细菌，不能粗暴清洗，要用

水族箱内换出的水来清洗，以免硝化细菌大量死亡，使过滤系统失效。

③ 定期除虫

不论怎样细心挑选，多数新购进的七彩神仙鱼都携带有寄生虫，特别是野生个体和血统非常纯正的品种。野生个体来自野外，它们携带有体内和体外的寄生虫，人们不敢用猛烈的药物清除它们身上的寄生虫，因为七彩神仙鱼忍受不了过重的药物。人工繁殖的个体，寄生虫的携带情况要好很多，但由于一些饲养场条件有限，体内外寄生虫还是经常被携带的。如果你的七彩神仙鱼偶尔会有抽筋一样的抖动鳍的现象，那么它肯定携带有体外寄生虫，如果它们吃很多东西，但却总是不胖，那也是体内寄生虫在作祟。少量的寄生虫，不会影响七彩神仙鱼的正常生长，更不危及生命。但寄生虫会慢慢繁殖，当寄生虫达到一定数量后，七彩神仙鱼就会消瘦死亡。这就是很多人饲养几个月的鱼突然不吃东西，并开始变瘦，最后死亡的原因。解决这个问题的办法是定期除虫。

一般观赏鱼商店里都有去除七彩神仙鱼体内寄生虫的药物，比如肠炎灵、黑复康等，也可以通过在饲料中添加大蒜素的方法为七彩神仙鱼除虫。

对于体外寄生虫，可以使用甲硝唑和敌百虫等，不过七彩神仙鱼对化学药物有些敏感，用量一定要严格按说明减半使用。体外寄生虫，主要是纤毛虫和指环虫类，它们在许多观赏鱼身上都长期存在。只要保持水质良好稳定，一般不会大面积爆发。

一些有经验的饲养者，会每个月为七彩神仙鱼去除体内寄生虫 2 次，去除体外寄生虫 1 次。如此反复，并不间断。有些人则认为这样会造成鱼对药物的依赖性和寄生虫的抗药性。不建议在未发病期使用药物。这些说法，各有长处。但因为你不能保证买到的鱼来自一个从不滥用药物的繁殖场，所以在饲养初期定期除虫还是很必要的，至少是在新鱼到达后接受检疫的 1 个月里。

四、七彩神仙鱼的生产性养殖技术

七彩神仙鱼的生产性养殖是观赏鱼养殖中难度较高的技术之一，想要养殖好七彩神仙鱼就必须有过硬的技术支持。以下就七彩神仙鱼常规养殖技术进行说明。

首先，七彩神仙鱼养殖需在室内进行，由于七彩神仙鱼繁殖要求的水温较高，因此，不论南北方都必须安装有供暖设施。在建设好养殖房后，就可以准备养殖了。

1. 繁殖缸的准备

七彩神仙鱼繁殖的鱼缸可使用 60cm × 45cm × 45cm 或 50cm × 50cm × 50cm 的普通玻璃鱼缸，内装气动海绵过滤器、放置钵（陶制锥形体）。鱼缸和设备均需洗净消毒，使用前一般用 20mg/L 的高锰酸钾水溶液浸泡 20 分钟，然后再用清水清洗干净。准备好的鱼缸加入经曝气、软化处理过的备用水，水温控制在 28℃ ~ 30℃，导电度为 50 ~ 60us（Micro Siemens）。硬度要小于 6° dH，在硬度高的水中，亲鱼可以产卵，

七彩神仙鱼的养殖室

具有亲鱼潜质的亚成体七彩神仙鱼

但卵不能孵化。而对于七彩神仙鱼繁殖所适应的 pH 范围，则不是完全固定的。通常的标准范围是：pH4.2 ～ 6.8，但有爱好者曾经碰到过非 pH4.6 左右不能孵出的，也碰到过要 pH7.0 才能产卵的。通常雄鱼的水质要求范围会比雌鱼要窄，所以常常会遇到雌鱼产卵了，但雄鱼不愿意授精的现象。

繁殖缸一般不使用由水泵带动的过滤器，以避免子鱼被吸走。

2. 亲鱼的培育

如果培育野生七彩神仙鱼作为亲鱼，至少要选择 2 龄以上的个体，人工培育依据品种不同，成熟期不一致，鸽子类七彩神仙鱼 8 个月就可以繁殖，天子蓝七彩神仙鱼要 14 个月左右。总体来讲，至少要选择 1 龄以上的亲鱼。亲鱼达到性成熟年龄后，需选择身体强健、色泽亮丽、没有身体畸形或缺陷、较温和而不太敏感的个体单独培育。一个繁殖缸里放一对亲鱼，如

带仔中的七彩神仙鱼

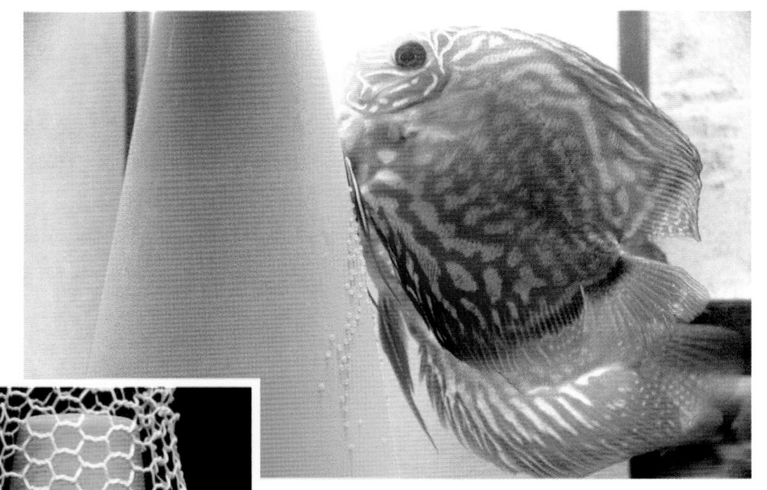

产卵中的亲鱼

防止亲鱼吃卵的网罩

果放两对亲鱼，它们之间会打斗得很激烈。

分辨七彩神仙鱼的雌雄需要一定经验，凭借经验可以有多种方法。比较直观的观察点就是：雄鱼输精突孔（即肛门处突出的输精管先端）尖而细，头部较隆起，背鳍、尾鳍较大；雌鱼产卵突孔（即肛门处突出的输卵管先端）圆而粗，头部较圆润，背鳍、尾鳍较小。

七彩神仙鱼长到成年后会自行配偶，一旦一对亲鱼彼此选择，就会终生为伴，形影不离，一起觅食，占领领地，一起驱赶进入它们领地的其他鱼，共同照顾幼鱼。这种配偶关系，通常很难被破坏。有人做过实验，把已经配对成功的亲鱼分开，给它们另行规定配偶，再配对成功的几率只有 50% 左右。所以要想繁殖七彩神仙鱼，最好从小成群饲养，让它们自然配对。

3. 产卵和孵化

亲鱼产卵前通常会用嘴清洁产卵钵，还会互相碰尾调情，这一过程可能持续数小时甚至 1 天以上。产卵时，雌鱼生殖孔对着产卵钵产出约 10 ～ 50 粒卵子、雄鱼随即跟上排出精液使卵子受精，这样重复多次完成一个产卵过程，可产出数百粒卵子。然后亲鱼轮流照顾受精卵，对卵子附着区域用胸鳍扇动水流为胚胎提供新鲜水和保持清洁，确保后代健康成长。如遇有敌入侵，通常亲鱼一尾守卫，一尾攻击敌人，保护产区安全。

在水温 28℃的情况下， 2 天后可以看到鱼卵上活动的小鱼尾巴。再过一天可以看到子鱼躯干平直，凭卵黄囊脐部分泌物粘附在产卵钵上，群集时往往会聚集成头内尾外的圆圈，状如菊花瓣的排列。亲鱼会用嘴衔掉下来的子鱼送回产卵钵的群体中，显示良好的护雏行为。比较有经验的亲鱼会吃掉没有孵化出来的废卵和一些发育不良的子鱼。但也有一些亲鱼特别是新产亲鱼会把孵出来的子鱼全部吃掉，这些亲鱼需要经历几次产卵才会成功。如果确实不行，则应将卵与亲鱼用纱网隔离开，待小鱼孵化后再移开纱网。

4. 子鱼、幼鱼的培育

子鱼将腹部卵囊吸收后（2 ～ 3 天）会开始游动，此时亲鱼会用嘴把子鱼送到另一尾亲鱼身上，吸取亲鱼体表分泌物为营养，状如哺乳。往后子鱼自己会游动附着到亲鱼身上，吸食“乳汁”。有时因环境条件不适、亲鱼缺少营养分泌物（无“奶”）或其他原因，子鱼不能吸附到亲鱼身上，这时必须检测水质各项参数是否符合要求，及时调整。如果不是环境不适，则可能是亲鱼问题：新产亲鱼不适应或者有不良习性，则应为子鱼寻找一对“养父母”（俗称“奶妈鱼”）来喂养。七彩神仙鱼能够建立义亲子关系，在鱼类中也是一种罕见的现象，也是其动人的原因之一。子鱼由亲鱼哺育 5 天以上就可隔离独立生活，但很多爱好者喜欢让它们多哺育几天，同亲鱼生活 10 ～ 15 天后才将小鱼捞出，国外养殖者甚至要等小鱼变形（变成和亲鱼一样的圆盘形）后才隔离饲养。“哺乳期”长的小鱼身体要更健壮，但延长哺乳期对亲鱼损耗很大，所以不建议让亲鱼自己喂养小鱼超过 15 天的时间。

幼鱼“断奶”后，要另行安置到一个 40cm × 30cm × 40cm 的小鱼缸中饲养，不要把小鱼一下子就放到过大的鱼缸中，它们会因为空间太大而找不到食物。鱼缸中水温控制在 30℃左

孵化出一个月左右的幼鱼

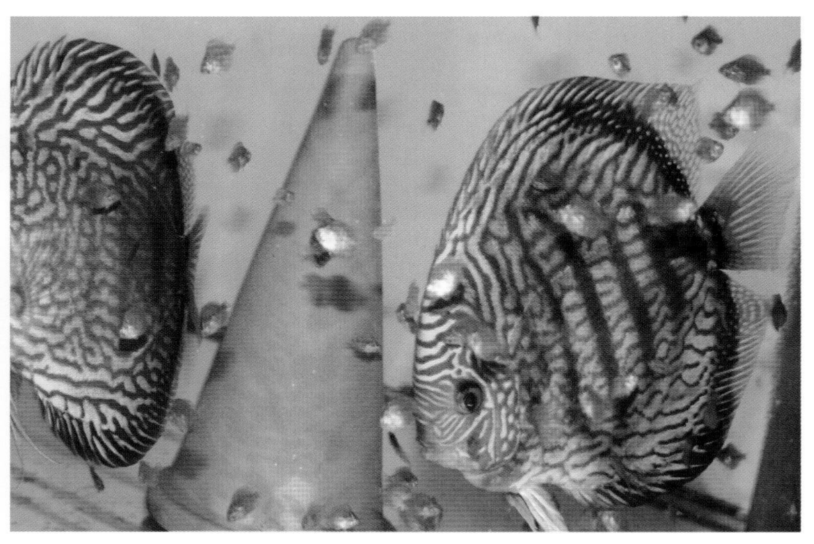
带子中的亲鱼

右，特别需要将水质亚硝酸盐（NO_2）的浓度尽量控制为0，亚硝酸盐含量过高会使小鱼的鳃组织受损害。断奶的幼鱼已经可以主动摄食，饲喂可用丰年虫、无节幼虫或水蚤。幼鱼的食物需求量较高，饲喂频率以3小时喂一次为好，如果没有时间照顾，也可以延长投喂间隔时间，但每天至少喂食4次以上，以确保幼鱼成长良好。在喂食后1小时内，应该换水50%以维持水质。这样喂养持续到幼鱼生长达2cm以上，就可以用红虫或汉堡来喂养了，每天仍然要喂4餐以上。换水可减少为每天2次，每次2/3～3/4，直到幼鱼长成5cm规格的小鱼。在一切顺利的情况下，幼鱼在2个月内应可长大到5～6cm，如果体型相差太多，则说明是体质有问题的弱苗，应及早淘汰。

具有规模的七彩神仙鱼养殖场

5．杂交育种

人类在生产性繁育动物的时候，只会挑选出具有符合某一些特质的个体来繁殖。但动物的后代并非总是符合双亲的特性或者出现我们所期望的特质，造成这种状况的原因相当多。比如：学习而来的行为方式就不能够遗传、复杂的特质、智商等也不能从双亲遗传而来。遗传本质储存在染色体里面。所谓染色体是指细胞核内极为微小的丝状或者棒状的构造。每一个体细胞都含有双套的染色体，其中的一套是来自父亲而另外一套是来自母亲的。只有在生殖细胞，也就是卵细胞和精细胞才拥有单套的染色体。精细胞和卵细胞的形成牵涉到了所谓的递减分裂。递减分裂的意思就是指双套的染色体，不管是来自父亲或者母亲的，以随便分配的方式分离成两个部分。当细胞分裂了以后，每一个新生成的生殖细胞内就只含有单套的染色体。在正常的情况下，这两组单套的染色体会分成一套来自父亲的染色体和另外一套来自母亲的染色体。唯有当父母亲双方的遗传特质都相同的时候，子代的表现型才会和双亲的一模一样。我们常说的纯血（血统纯正）七彩神仙鱼就是这类。而培育出一个七彩神仙鱼的新品种，就是培育一个纯血的品种，在繁殖中偶尔突变的个体，不能算新品种。

我们要想获得一个七彩神仙鱼新品种，就必须让挑选出的七彩神仙鱼近亲繁殖多代。一般经过 20 代的繁殖后，我们才有可能得到一个纯粹的新种。但是，我们要为近亲繁殖付出代价。近亲繁殖的代数越多，产生残废鱼的几率越大，七彩神仙鱼还会失去原有的本能行为，有些甚至不会繁殖后代。

为了尽快达到提纯品种的目的，七彩神仙鱼子代与双亲之间相互杂交的作法就很常见，也就是回交。回交是获得优秀纯种的重要手段。

在孟德尔（Gregor Mendel）建立了遗传学说法则以后，我们就掌握了遗传的原理，知道如何控制所繁殖动物的后代特性比例，而且也能有效回避近亲繁殖带来的弊病。特别是，如

果我们手中只有一条或两条变异的鱼，想要保留它们的形状，成为新品种，那么掌握一定的遗传学知识是非常重要的。

假设我们手边有一条漂亮的七彩神仙鱼色系是 AA，另外一只正常的七彩神仙鱼色系是 BB。我们现在将两只七彩神仙鱼加以配对，那么所有的子代七彩神仙鱼都会出现 AB 的特质，也就是色彩介于双亲之间。

$$AA \times BB=AB$$

我们将子代继续繁殖下去，子代的生殖细胞的遗传特质就会出现 A 和 B 两种，并且会自由地组合。自由组合的意思是：来自父亲的 A 基因或是与来自母亲的 A 或是与 B 基因组合，那么孙代的基因型将会出现 AA 或者 AB。同样的，来自父亲的 B 基因或是与来自母亲的 A 或是与 B 基因组合，那么孙代的基因型将会出现 AB 或者 BB。以纯粹统计来看，我们将获得 50% 色彩为 AB 的七彩神仙鱼，以及各 25% 色彩为 AA 或者 BB 的七彩神仙鱼（这两种与祖父母完全一样）。

$$AB \times AB=AB(50\%)+AA(25\%)+BB(25\%)$$

不过假如我们将子代具有 AB 特质的七彩神仙与双亲中拥有 AA 特质的七彩神仙相杂交，我们就会得到各 50% 的 AA 与 BB。可是这一项法则只有在 A 与 B 两项遗传特质都有相同的表现度的时候才适用。通常遇到的是一项遗传特质为显性的，这就是说当这一项遗传基因存在的时候，七彩神仙鱼就会表现较偏向这一个特质的外观。

很可惜的是，我们所期望的特质通常不是显性的，而是隐性的。从生物学的观点来看这也是有意义的：一只七彩神仙鱼的色彩如果耀眼夺目而且鱼鳍拉得特别长，在大自然中就很容易引起天敌的注意，或者在游泳的时候会受到阻碍。虽然我们喜欢的七彩神仙鱼特质往往占劣势地位，但还是有可能加以纯化繁殖。可是我们还必须要考虑到过度近亲繁殖会造成大量畸形。所以利用不同品种的杂交是非常必要的。

假如我们把具有我们所期望的特征（隐性的）的七彩神仙亲鱼标示为 aa，而拥有正常（显性的）外观特质的七彩神仙亲鱼标示为 AA，那么产下来的子代七彩神仙都将是混合体 Aa，不过外观特征都是正常的。

$$AA \times aa=Aa$$

我们将子代继续相互杂交，遗传特质便会彼此分离而且自由组合。我们将得到 50% 的混合体后代 Aa，以及各占 25% 的纯遗传体 aa 和 AA。

$$Aa \times Aa=Aa(50\%)+AA(25\%)+aa(25\%)$$

如此一来就有 25% 的七彩神仙鱼出现了我们所期望的特质 aa。可是还有 75% 的七彩神仙鱼看起来是正常的型式，因为那 50% 混合基因的七彩神仙鱼与纯基因 AA 的七彩神仙鱼看起来一模一样。

如果我们将两只纯基因的七彩神仙鱼加以杂交，就会出现完全相同的后代。但是假使我们将一只混合基因 Aa 与一只纯隐性基因 aa 的七彩神仙鱼相杂交，我们所得到的后代就有 50% 的 Aa 和 50% 的 aa，这就是利用第一子代亲代回交的结果。

$$Aa \times aa=Aa(50\%)+aa(50\%)$$

令人遗憾的是，我们所期望的特性往往不是只由一个基因就能够决定的。比如：我们希望有一种色彩漂亮且鱼鳍很长（这两种特质都是隐性的）的七彩神仙鱼，并且利用显性的七彩神仙鱼配偶来做杂交，那么七彩神仙鱼要在 16 代子孙中的其中一代才会出现这两种特质，而且其先决条件是：都是子孙间的彼此近亲杂交。这就意味着必须要进行大量饲养、繁殖才有得到新品种的机会。所以，当你了解了遗传知识后，还要有一些运气。比如在繁殖时，恰恰有两条鱼突然变异成了特殊花色，而这两条鱼正好是一雌一雄，那么恭喜你，用

它们繁殖，很可能就稳定了这种形状。实际上，大多数七彩神仙鱼的新品种都是偶尔得到的，我们用遗传学知识所做的就是加强它们的基因，使它们的遗传稳定下来。比如用突变鱼的后代和突变亲鱼进行回交，经过 3 代以后，鱼的特征就基本稳定了。你所要做的就是修饰一下花纹，用上述的办法将花纹（单一的遗传因素）更好地提纯出来。

具有很高潜质的商品鱼

五、七彩神仙鱼的鉴赏和评选标准

七彩神仙鱼由于人工饲养历史较长，广受全世界观赏鱼爱好者喜爱。因此不论是东方还是西方，每年都会举办很多次不同形式的七彩神仙鱼比赛。在欧洲，德国、比利时、荷兰都是经常举办七彩神仙鱼比赛的国家。在亚洲，马来西亚、新加坡和我国台湾地区也每年都有不同规模的七彩神仙鱼比赛。另外我国的广东、上海等地也组织过七彩神仙鱼大赛。七彩神仙鱼比赛，为广大的观赏鱼爱好者提供了交流的平台。同时经过几十年来的不断总结，七彩神仙鱼的比赛评审标准已经非常系统和细致，并且得到了国际上大多数国家业者的认同。

七彩神仙鱼评审标准一般分成三个部分：整体印象、体型、花纹与色彩。在这三部分中，最后一部分要根据七彩神仙鱼的品种来进行考量。在一些特殊花色出现的时候，还会有加分的可能。通常按花色不同将七彩神仙鱼分成：红点绿组、豹点蛇

小型七彩神仙鱼养殖场

组、鸽子红组、全红组、全蓝组 、松石组、白化组、野生组和自由组等。

不论哪一组，都参考统一的总括印象标准，进行第一个单元的评选。对鱼的总括印象包括了健康度、活跃度等鱼的整体表现。因为一般人在浏览观赏鱼时第一印象是极为重要的，所以在评审时每一类鱼都有第一印象的项目。它包括在整体印象里为一个单元。

评审过程一般都分为初选、复审和决赛，而评分标准是决赛时才用的，所以，此时第一印象虽然只占10分。但在初选时，第一印象都是极为重要的。初选时具有明显畸形或不正常发育的参赛鱼是被筛选掉的，根本无法进入到复审阶段。

（一）总括印象 (Overall Impression) 10%	分值
1. 第一印象（美感）5% (First Impression)	
a. 非常优雅美丽且极为迷人。	5 分
b. 颇为优美且颇为迷人。	4 分
c. 还算优美且还算迷人。	3 分
d. 不太优美、不太迷人。	2 分
e. 不优美、不迷人。	1 分
2. 整体表现 5% (Overall Expression)	
a. 健康，有精神，悠然自在、洋洋自得，呼吸徐缓。	5 分
c. 还算健康，还算有精神但稍显不安，呼吸稍急促。	3 分
e. 不健康——体色稍灰暗，萎缩，躲藏缸角，或极显不安，呼吸急促。	1 分

第二个单元是形状与外貌的评分，一般单色型鱼这部分所占的分值较高，而花纹和斑点型的鱼则更重视花色。七彩神仙鱼是具有圆盘状奇特身形的鱼类。而实际上越圆的也越好看，所得的分数也越高。关于体形一项，虽然在评比时由参赛鱼相互间的比较就可得出其优劣（其他项的优劣，也可由鱼相互间的比较而定出）。但体形的圆与不圆，因评委各有自己的观点，而常常发生争论。

(二)身体大小 / 成长情形 (Body Size) 5%	分值
3. 大小 5% (Body Size)	
a. 特大型——18cm 以上。	5 分
c. 大型——17 ~ 18cm。	3 分
e. 普通——15 ~ 16cm。	1 分
(三)身体形状(身高，身长比例)与和谐性 (Proportions & Harmony) 20%	分值
4. 体形 10% (Body Shape)	
a. 好体形——圆。	10 分
c. 还算好——稍长身。	6 分
e. 形体不佳。	2 分
5. 躯体对称性及肥厚度(正面向) 5% (Body symmetry & Thickness-Frontal View)	
a. 身体左右很对称，体表平滑，上半身与下半身同等厚度。	5 分
c. 身体左右相当对称，体表稍有凹凸，上半身稍大于下半身。	3 分
e. 身体左右不对称，或厚度不均匀。	1 分
6. 头部、颚下部 / 鳃部 5% (Head & Throat/Gills)	

a. 头及颚下部圆弧顺畅完整，无凸凹。鳃盖完整平顺，无缺损。	5 分
c. 头及颚下部圆弧尚顺畅，或存有少许凸凹。鳃盖稍短小或闭合不太顺畅。	3 分
e. 头部圆弧过分走高，头、颚下部明显凸凹。鳃盖畸形或未能完整闭合。	1 分
（四）鱼鳍及尾鳍 (Fins & Tail) 7%	**分值**
7. 鱼鳍状态与相称性 (比例) 3% (Finage & Proportion)	
a. 上、下鳍硕大形美特别醒目，鳍缘平顺，弧度圆缓。胸尾鳍：清晰，鳍条平直。	3 分
c. 上、下鳍翅位还算相称，鳍缘不齐，背鳍弧度略尖峭。胸尾鳍：还算清晰，棘条还算平直。	2 分
e. 上、下鳍缩鳍，鳍缘极为不齐，背鳍弧度极尖峭；胸尾鳍不清晰，棘条不平直。	1 分
8. 鱼鳍对称性及身体平衡感 4% (Fin Symmetry & Body Balance)	
a. 上、下鳍形状与大小对称。腹鳍弧度顺畅且与上鳍等距，自吻端起头	4 分
c. 上、下鳍形状与大小稍不对称。腹鳍与上鳍不太等距，自吻端起头。	2 分
e. 上、下鳍形状与大小很不对称。	1 分

众所周知，野生七彩神仙鱼一般是椭圆体型，与撑开的鱼鳍一起看时，才能体现出圆身形。经过人为改良后真实的身体本身的高度增高，就带来了圆体形或高身形。所以，这里指的体形不仅仅包括身体形态（Body Shape）。

国际评审规则里，体形一项是特别以身体比例和身体协调性 (Proportions & Harmony) 来审评的，而未直截了当使用体形 Body Shape 一词的。在评比时，也常常将所有不同种野生七彩神仙鱼混合为一组来评比，这时，用国际评审规则可能较为实用，这样将 Body Shape 看做身形，而不译为体形可能较合实情。

第三单元是花纹和色彩，要根据不同品种的鱼制定不同的评审标准。下面以蓝松石七彩神仙鱼为例进行说明：

条纹型鱼：蓝／绿松石七彩神仙花色评选标准

（五）眼睛 (Eyes) 3%	分值
7. 眼睛 3% (Eyes)	
a. 与身体大小的比率：相当。圆整且红。	3 分
c. 与身体大小的比率：稍小。圆整而黄 / 橘红。	2 分
e. 与身体大小的比率：稍大。淡调，存有缺角。	1 分
（六）身体模样 (Body pattern) 25%	**分值**
8. 模样形态 15% (Pattern types)	
a. 蓝纹过半，走势极自然美妙，深具扣人心弦不由悠然神往生动感。	15 分
b. 蓝纹过半，走势自然美妙，扣人心弦，不由悠然神往生动感。	12 分
c. 蓝纹过半，走势还算自然美妙，颇具扣人心弦生动感。	9 分
d. 蓝纹未过半但走势还算美妙，颇具扣人心弦生动感。	5 分
e. 蓝纹未过半或模样欠缺生动感。	3 分
9. 纹路表现 10% (Stripe presentation)	
a. 均布全身上下，自头至尾极为完整且清晰成条，鱼鳞整齐。	10 分
b. 均布全身上下，自头至尾条纹基本清晰完整，鱼鳞整齐。	8 分
c. 分布略嫌不均，条纹不太完整或不太清晰，但鱼鳞整齐。	6 分
d. 分布略不均，条纹不太完整或不太清晰，鱼鳞不太整齐。	4 分
e. 分布不均，条纹不整或不清晰，鱼鳞零乱。	2 分

（七）条纹蓝／绿色泽 (Blue/Green shade of stripe color) 25%	分值
10. 光泽明亮度 15% (Brightness)	
a. 极闪亮，转身中闪现生动绿色鳞光（身侧及额头）。	15 分
b. 极闪亮，转身中闪现生动钴蓝色鳞光（身侧及额头）。	12 分
c. 还算亮，转身中稍微闪现生动绿色鳞光（额头）。	9 分
d. 还算亮，转身中稍微闪现生动钴蓝色鳞光（额头）。	5 分
e. 不明亮，未现鳞光。	3 分
11. 蓝／绿色泽浓厚度（强度、饱和度）与均匀度 10% (Intensity & Uniformity)	
a. 很浓厚且均匀；未显人工扬色相。	10 分
b. 很浓厚且均匀；未显人工扬色相，存在少许不均匀斑块。	8 分
c. 不太浓厚，不太均匀或存有斑块状处。	6 分
d. 不太浓厚，但颜色还可以。	4 分
e. 颜色不佳而淡薄，布色不均，或显人工扬色痕迹。	2 分
（八）体底黄／红色调 (Yellow/Red tone of base color) 20%	**分值**
12. 体底黄／红色强度及对比 20% (Intensity & Contrast)	
a. 底色度极适当，与条纹蓝／绿色相互映辉，形成美好和谐对比。	20 分
b. 底色度适当，与条纹蓝／绿色相互映辉，对比较和谐。	16 分
c. 底色度尚适当，与蓝／绿色搭配尚和谐，对比还算恰当。	12 分
d. 底色度不适当，但条纹色搭配尚可。	8 分
e. 灰暗而不相称或存有褐斑存在。	4 分

国际比赛中表现优秀的七彩神仙鱼

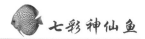

●	减分 (Minus points)	黑栋线条表现	栋线稍扭曲，不太整齐，或存有1 ~ 2 断裂处。	–3 分
			栋线极扭曲，或存有多数断裂处。	–5 分
◎	额外加分 (Bonus points)	头脸上或鳃盖上存有特别美妙花纹。	+5 ~ +3	+n(裁判自己定)
			+5 ~ +3	+n(裁判自己定)

世界各地的七彩神仙鱼比赛是观赏鱼爱好者交流的重要平台，
也是人们发布自己培育的新品种的重要舞台

六、七彩神仙鱼病害及防治

七彩神仙鱼是一种极易患病的鱼。水质不佳、营养不足或失调是引发七彩神仙鱼患病的主要原因。七彩神仙鱼患病的内在机制就是免疫力下降所致。鱼体免疫力下降，病原就会侵袭鱼体，当数量足够多时就会导致七彩神仙鱼死亡。

为了预防或减少疾病的发生，饲养者要了解七彩神仙鱼对食物及环境的基本要求，只要坚持有规律地换水及喂食高质量的饲料，一般情况下疾病就不会再频繁发生。

困扰七彩神仙鱼的疾病主要有以下几种：

真菌病：水霉病。

细菌病：出血性败血病、溃烂病和肠炎病等。

寄生虫病：三代虫病、指环虫病、鞭毛虫病、小瓜虫病、车轮虫病、线虫病、蛲虫病、绦虫病和锚头鱼蚤病等。

综合类疾病：倒立病、鳔病、眼病、黑死病等。

1. 真菌病

水霉病：水霉菌、绵霉菌是其代表。因在表层长出一层“白毛”，故又称其为白毛病。

[病因] 通常是捕捉、搬运时操作不小心而擦伤皮肤，或因寄生虫破坏表皮（鳃部），或因水温过低冻伤皮肤，以致水霉菌的孢子侵入伤口而感染。当鱼卵没有受精，漂浮于水中，极易被霉菌附着而发霉。当水温适宜时（15℃ ~ 25℃），霉菌 3 ~ 5 天就长成密集的菌丝体。

[症状] 表皮或鱼卵有棉絮状的丝状物出现，鳃丝呈棒状。

[防治方法] 用孔雀石绿药浴病鱼，浓度 1mg/L，药浴时间视鱼的状况而定；亚甲基蓝 2 ~ 4mg/L 浸泡病鱼，浸泡时间视鱼的状况而定；2% 粗盐水浸泡伤口。

身体消瘦且颜色暗淡的病鱼

2. 细菌病

① 出血性败血病

[病因] 产气单胞菌是水族箱中常见的致病细菌，当水质下降时，如水中溶解氧降低、含氮有机物增多时，产气单胞菌爆发，产生溶血毒素及肠毒素，引起出血性败血病。

[症状] 染病初期：病鱼离群独游，体表、胸鳍及腹鳍充血、出血。染病中期：体色变暗，腹部肿胀，立鳞，突眼，肛门外突红肿。染病末期：病变部位溃疡，局部出血，鱼鳍破损，鳞片脱落，部分鱼的眼眶充血、眼球浑浊，有的全身变黑。病鱼解剖：肠内腹水较多，呈黄色；脾、肝、肾充血、出血及轻微肿大。染病的鱼如果因治疗不及时会很快死亡。

[防治方法] 土霉素、金霉素、卡那霉素、沙星类抗生素；氟苯尼考等能起预防和治疗作用。金霉素用于药饵为 1%，药浴为 10mg/L；卡那霉素药饵为 0.1%，药浴为 3mg/L；土霉素药饵为 0.2%，药浴为 5mg/L。药浴时间视鱼当时的具体状况而定。沙星类和氟苯尼考药饵为 0.1%。

② 溃烂病

[病因] 假单胞菌感染。

[症状] 体表出血发炎、溃疡、鳃部溃烂。

[防治方法] 及时隔离病鱼，以浓度 2mg/L 的亚甲基蓝溶液浸泡，隔天再次药浴，连续 3 次；投喂红霉素药饵，连续喂 5 ～ 10 天。

③ 肠炎病

[病因] 由肠道菌引起。

[症状] 病鱼精神萎靡、体色变暗，眼球凸出，腹部膨胀，肛门常有灰白色长管状物拖出，且有离群现象。剖检可见内脏苍白，肠壁充血发炎，腹膜层表面及脂肪组织中有点状出血。

[防治方法] 口服环丙沙星或氟哌酸药饵，连续投喂 3 ～ 5 天，每天喂一次；投喂大蒜辣素药饵，连续投喂 3 ～ 5 天，每天喂 1 次。

3. 寄生虫病

① 三代虫病

[病因] 三代虫长时间刺激皮肤和鳃，导致鱼儿不适，七彩神仙鱼为它们提供营养。

[症状] 病鱼常在硬物上磨刮，抖动，皮肤上出现乳白色的分泌物，表皮受伤、出血，鱼鳍末端卷曲且逐渐裂开。鱼体褪色，并躲在鱼缸的角落，不四处游动。

[诊断] 用显微镜可观察到鱼体上微小的虫体。

[防治方法] 泼洒敌百虫等杀虫剂，使寄生虫的神经冲动、传输混乱，从而产生持续的神经刺激，导致寄生虫惊厥、麻痹和死亡；泼洒伊维菌素。

② 指环虫病

[病因] 指环虫是一种卵生寄生虫，一次能产 1 个卵。成虫粘附在鱼鳃上引起鳃病，并导致鳃丝被破坏，使鱼从水中吸收氧气的能力下降。该寄生虫可在 1 ～ 5 天（一般为 2 天）完成生活周期。它们雌雄同体，仅需一个吸虫就能完成繁殖后代的能力。虫卵孵化后，如果没有找到新的宿主，只能存活 5 ～ 6 个小时。

[症状] 鱼儿呼吸急促，鳃丝表皮细胞增生，呈棒状且苍白，鳃盖开裂，鳃部黏液增多。

[诊断] 用显微镜可观察到微小的虫体。

[防治方法] 见三代虫病的防治方法。

③ 鞭毛虫病

[病因] 由嗜酸性卵圆鞭毛虫、鱼波豆虫、六鞭毛虫等原虫引起。

[症状] 鞭毛虫繁殖速度极快，嗜酸性卵圆鞭毛虫和鱼波豆虫主要寄生在鱼体表面和鳃上。鱼儿常在硬物上刮擦，体色发黄，皮肤外表不光滑，有时呈片状剥离；鳃丝出血，呼吸困难。六鞭毛虫主要寄生在鱼的肠胃和血液中，可能与多种继发感染炎症、腹水、肠炎等有关。也有报道六鞭毛虫是引起头洞病的主要原因。

[诊断] 用显微镜可观察到微小的虫体。

[防治方法] 使用硫酸铜、孔雀绿或福尔马林，可以预防此类原虫病；吖啶黄 0.1% 药饵可治疗六鞭毛虫感染；特美咪唑和甲硝唑也可以治疗六鞭毛虫感染。

④ 小瓜虫病

[病因]多子小瓜虫，虫体穿过黏液层寄生于鱼体表皮细胞和鳃部。

[症状]受刺激的鱼体表皮组织分泌大量黏液，而且表皮细胞增殖，两者将白点虫包裹起来形成白色囊胞，肉眼可见。

[诊断]用显微镜可观察到微小的虫体。

[防治方法]使用孔雀石绿、氯化亚汞等能治愈小瓜虫病。用药时避免使用吸附性滤材，病愈后抽换部分水，并用活性炭吸附残余药剂。

⑤ 车轮虫病

[病因]车轮虫为鱼体皮肤或鳃部原虫类寄生虫。车轮虫的繁育较一般原虫复杂，具二分裂法和接合生殖法。水质不良，有机物浓度增加时大量繁殖。

[症状]皮肤黏液过多，呼吸困难，甚至浮头，易造成两次感染。

[诊断]用显微镜可观察到微小的虫体。

[防治方法]可使用福尔马林、硫酸铜和硫酸亚铁合剂等药物防治此病。

⑥ 斜管虫病

[病因]水质环境不良、有机质过多、鱼体受伤或其他因素等造成抵抗力下降时大量发生。主要寄生于鱼体体表。

[症状]体表黏液增多，表皮出血、坏死，常引起二次感染。

[防治方法]见车轮虫的防治方法。

⑦ 线虫病

[病因]毛细线虫和驼形线虫是最常见的鱼体内寄生虫，它们破坏肠壁组织，常引起肠内二次细菌感染，严重危害七彩神仙鱼的健康。必须依靠检查排泄物中的虫卵来确诊。

[症状]体重减轻，体色变暗，眼睛无光彩，食欲减退或拒食，

拖粪，腹部肿胀而背脊消瘦，严重者伴随肠炎或腹水病。

[防治方法]口服伊维菌素或阿苯达唑效果好，同时养殖水族箱里要泼洒杀虫药。

⑧ 蛲虫病

[病因]蛲虫是观赏鱼特有的一种肠内线虫，只感染七彩神仙鱼及神仙鱼(燕鱼)，因此又称七彩神仙蛆虫。主要寄生在肠道的前段，摄取肠内养分生活。量多时可能会造成肠道阻塞。成熟的雌虫体内孕育大量的卵，并随粪便排出鱼体，数小时后，随食物等被七彩神仙鱼所吞噬而感染。常与六鞭毛虫或其他病原混合感染。不易诊断，以显微镜观察才能见到虫体及卵圆形虫卵。

[症状]食欲良好，但鱼体日渐消瘦，停止生长，体色灰暗、不自然。对幼鱼影响较大，对成鱼几乎没影响。

[防治方法]见线虫病防治方法。

⑨ 绦虫病

[病因]绦虫呈长带状，也称带虫。在鱼类肠道内经常寄生有头槽绦虫。虫体为一截一截的节片，以头节附于组织上。头节能不断分化出体节，每节均能繁殖（每一节片各具一套生殖器官），雌雄同体，自体受精。红虫、水蚯蚓、水蚤是潜在的寄生主。

[症状]病鱼生长停滞，消瘦，体色变暗，离群独居，食欲减退或丧失，导致贫血。脱落的绦虫节片随粪便排出，或粘附于肛门，呈白色链带状。严重感染时，大量的虫体会阻塞肠道，造成腹部膨胀，病鱼无法进食。

[防治方法]见线虫病的防治方法。

⑩ 鲺病

[病因]鲺体躯圆形或椭圆形，在腹部有一对吸盘，吸附于鱼体上，口部突出，称为尖口，将尖端由鱼鳞之间刺入皮下，

吸取血液及体液，同时吐出毒液。病原由病鱼、水草或水蚤等带入水族箱中。

[症状] 鲺寄生部位遍及鱼的全身，但多发生于鳍基部。对于大型鱼，有时会寄生在口腔内壁，与锚头鱼蚤“定位寄生”不一样，鲺是“移动性寄生”。 鱼被大量寄生后，鱼的体表易受损伤，致使二次细菌感染的机会增多。鱼被大量寄生后，分泌很多黏液，有时严重发炎并出血，但出现贫血症的可能性很小。

[诊断] 鲺体大，肉眼能看到其在鱼体上爬动。

[防治方法] 使用敌百虫，需重复 2 ～ 3 次才能根除。如果表皮也发炎，需与高锰酸钾联合使用。

⑪ 锚头鱼蚤病

[病因]锚头鱼蚤的雌虫以头部突起物寄生于鱼类的鳞下、鳍、鳃及口腔内，属定位寄生型，并从鱼体吸收细胞组织液作为营养，快速反复产卵，大量繁殖；雄性虫进行交尾后即死亡。

[症状] 寄生部位充血，黏液异常分泌，上皮细胞增殖致隆起状，似白色隆起的疙瘩，有时会溃烂。寄生太多，七彩神仙鱼陷于贫血状态，精神不振，居于鱼池一隅或离群独自在水面浮游，食欲大减而逐渐消瘦，尤其是锚头鱼蚤寄生在口腔内而导致鱼无法摄食；寄生在鱼鳃，使鱼鳃受到损伤甚至丧失呼吸机能，导致憋死。锚头鱼蚤的寄生对七彩神仙鱼是一种异常刺激，使鱼体摩擦池壁，因而寄生部位容易受伤，导致细菌感染，出现穿孔病、水霉病及立鳞病等并发症。

[防治方法] 以小镊子拔出锚头鱼蚤，用高锰酸钾浸泡，防止二次感染。使用敌百虫、伊维菌素等杀虫药，直到虫卵全部死亡。

4. 综合类疾病

① 倒立病

鱼体头朝上或朝下，肚子向上泳动，无法正常进食。发病原因可能是：病毒或细菌的感染而导致中枢神经受到损伤且不能复原；长期喂饲单种饲料造成植物性食物不足；使用过量的药物，特别是使用麻醉性的药物过于频繁。

这种病几乎无药可救。

② 鳔发炎和鳔萎缩

水温过高等环境压力；鱼群太过稠密、生物攻击等生物压力；这些不利因素使鱼的抵抗力下降。鱼因受到惊吓、跳跃撞缸或跳出，致使鱼鳔机能受阻。

预防方法：创造良好的养殖环境，细心管理。

③ 眼疾

七彩神仙鱼眼球的疾病，常见的有角膜混浊、角膜溃疡、角膜结膜炎、虹膜炎、眼圈眼球充血和出血、眼球突出、晶状体混浊（白内障）、烂眼及掉眼。

[病因]病因有多种。机械性伤害，因捕捞或打斗所引起的伤害；水质恶化，如 pH 的急剧变化、氨（胺）或亚硝酸盐浓度升高；化学性伤害，如增酸剂、增碱剂或其他药物使用不当所引起的伤害；病原体侵袭，如细菌、原虫、吸虫及其他寄生虫的感染，以细菌为主，当长期不换水或不良的过滤最容易造成眼疾。

[防治方法]保证良好的养殖水体环境；勿使鱼体受伤；如果是复口吸虫进入头部，则需要使用杀虫药物。

④ 黑死病

[病因]黑死病并非单一病原体引起，而是混合感染。检查七彩神仙病鱼时会发现许多病原体及有害细菌，如原生动物

的六鞭毛虫、口丝虫、斜管虫及四膜虫；有害细菌有革兰氏阴性菌，如亲水性产气单胞菌、柱状菌、假单胞菌、弧菌、爱德华氏菌及肠细菌。

[症状]体色变黑，缩鳍，无精打采，聚集于缸底，并快速感染。发病初期：身体不停地抖动，畏缩怕人；所有鳍部都有白雾状物出现，身体黏液异常增加，常被误认为是“白云病”或细菌性“鳍腐病”；黏液开始自身体脱落，像被侵蚀般出现缺角。发病中期：病鱼鳍部紧缩，身体倾斜，体侧黏液已结成块状，全身几乎变黑，呈花斑状，体表上肮脏的黏液块大量脱落；病鱼挤在水族箱的角落。发病末期：黏液差不多都脱落，整条鱼看起来残缺不全，体色变得黑乎乎的。

[防治方法]建议使用特效黄粉、头孢类等抗菌药物。若检查出寄生虫，还需使用相应的杀虫药物。

⑤ 头洞病

症状和防治方法可参见龙鱼的头洞病。

5. 其他

机械性伤害

机械性伤害是对七彩神仙最粗暴的行为，是管理中最常见的。

[病因]人为操作不当或鱼互相攻击所致。相互攻击常发生于鱼的发情期或个体大小相差太大时。人为操作的伤害情况有：造景砸伤、加温棒未加套子烫伤、捕捞刮伤、换缸时鱼跳出捞网跌伤或硬棘互刺受伤等。

[症状]掉鳞、鳍破损、出血、黏膜受损（露出鳞片边线，相当于人的表皮受伤，正常七彩神仙鱼不容易看出鳞片轮廓）。

[处理方法]可用高锰酸钾、甲基蓝、福尔马林以及医用碘酒或聚维酮碘等对鱼体进行消毒，以防病原体侵袭，然后放入清洁的水中。

岁龄大的七彩神仙鱼更容易感染疾病

帝王老虎魟鱼是受众比较广的一种淡水魟鱼

大概从 2007 年开始一种新的观赏鱼以高价的姿态进入观赏鱼市场，它们体型像一个大圆盘，身体柔软，行动飘逸，这便是淡水魟鱼。早在 20 世纪 90 年代初，我国观赏鱼业者就曾经进口销售过产自南美洲的淡水珍珠魟鱼，但由于这种鱼颜色不出众，且不爱游动，仅凭怪异的外表很难被大众市场接受，故而，并没有“火”起来。但 2007 年后的魟鱼引进，则和上次截然不同。这种鱼不但被市场成功接受，而且一跃成为了价格最高位的观赏鱼之一，一些名贵品种甚至出售到每对十万元以上的价格。是什么让这种观赏鱼有如此高的身价呢？我们还得从头说起。

岁龄大的七彩神仙鱼更容易感染疾病

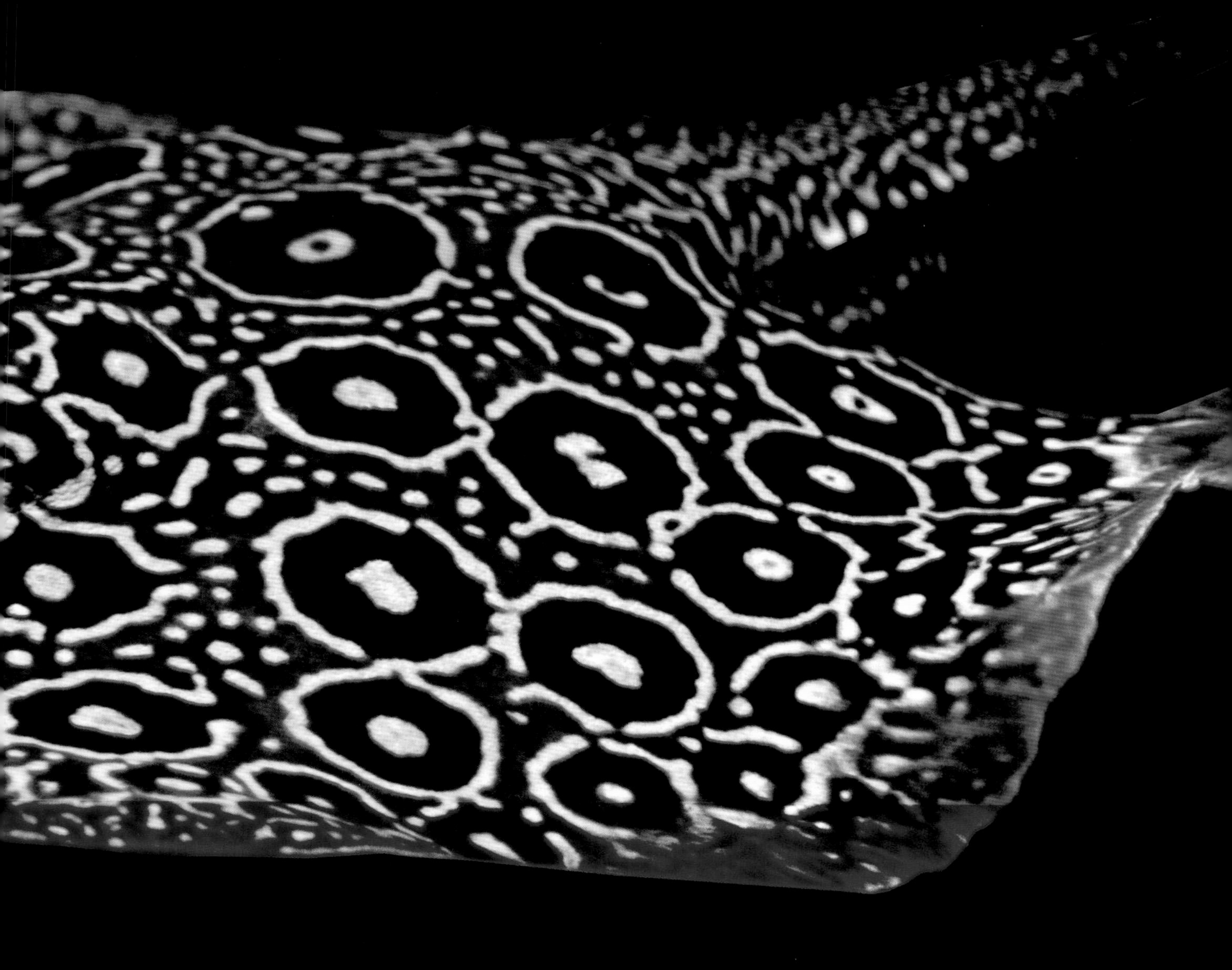

淡水魟鱼
Freshwater Stingrays

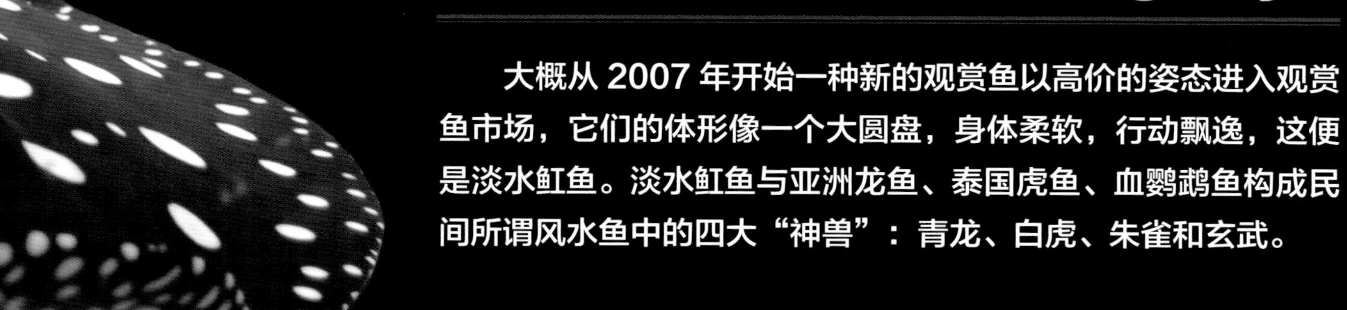

大概从 2007 年开始一种新的观赏鱼以高价的姿态进入观赏鱼市场，它们的体形像一个大圆盘，身体柔软，行动飘逸，这便是淡水魟鱼。淡水魟鱼与亚洲龙鱼、泰国虎鱼、血鹦鹉鱼构成民间所谓风水鱼中的四大“神兽”：青龙、白虎、朱雀和玄武。

帝王老虎魟鱼是受众比较广的一种淡水魟鱼

大概从 2007 年开始一种新的观赏鱼以高价的姿态进入观赏鱼市场，它们体型像一个大圆盘，身体柔软，行动飘逸，这便是淡水魟鱼。早在 20 世纪 90 年代初，我国观赏鱼业者就曾经进口销售过产自南美洲的淡水珍珠魟鱼，但由于这种鱼颜色不出众，且不爱游动，仅凭怪异的外表很难被大众市场接受，故而，并没有“火”起来。但 2007 年后的魟鱼引进，则和上次截然不同。这种鱼不但被市场成功接受，而且一跃成为了价格最高位的观赏鱼之一，一些名贵品种甚至出售到每对十万元以上的价格。是什么让这种观赏鱼有如此高的身价呢？我们还得从头说起。

一、淡水魟鱼的发展历史

淡水魟鱼属软骨鱼纲(Chondrichthyes)、板鳃亚纲(Elasmobranochii)、鳐目(Batoidea)、江魟科(Potamotrygonidae)，与海洋中的鳐鱼、鲨鱼是近亲。观赏鱼市场上出售的所有淡水魟鱼均产于南美洲，多数是南美河魟属(*Potamotrygon*)的成员。它们较海洋中的近亲，体形更加圆润，体盘直径在40～100cm之间，属夜行性动物，白天将自己埋藏在河床底部的沙子中，晚上出来捕食小型鱼类、虾、蟹、软体动物以及昆虫幼虫等。

亚马逊河为观赏用淡水魟鱼的发源地，由于早期亚马逊流域乃是一片海洋，并且生活着许多品种的海水鱼，后来因为海水水位慢慢变低，亚马逊河也随之慢慢淡化变成淡水河流，而封闭在亚马逊河流里的海水魟鱼则渐而演变成现在的南美洲淡水魟鱼。虽然在亚洲、非洲的一些沿海河流中也生活着江魟，但由于色彩和花纹单一，并没有被人们作为观赏鱼所利用。

魟鱼的体盘是由其发达的胸鳍演化而来，为了自我保护，它们还演化出了尾部的骨质扁平针状毒刺。刺呈中空状，尖端并生有两排小倒刺，毒液属神经性毒，毒刺本身会随着成长定期替换重长。替换期常可见新旧两刺上下重迭并存，甚至会有三根并存的情形。成年淡水魟鱼的毒刺若刺到人，可能会导致生命危险，所以饲养时应特别注意。

最早南美洲淡水魟鱼是作为一种奇特的大型观赏鱼被捕捞并出口到很多国家的，当时的爱好者们，看待这种鱼就如同看待北美洲的雀鳝、芦苇鱼，非洲的尼罗河魔鬼鱼、象鼻鱼一样，都是作为奇特且演化历史悠久的古代观赏鱼来看分类的。只有热衷于收集奇怪鱼类的人才会购买收藏这种鱼，大多数观赏鱼爱好者则对魟鱼不屑一顾。1993年前后，在国内水族市场上能见到两种淡水魟鱼——珍珠魟鱼和黑白魟鱼，其价格都不高。前者仅200元左右，后者也不足千元的身价。在今天看来，很

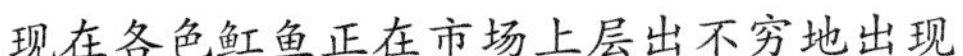
现在各色魟鱼正在市场上层出不穷地出现

最早被作为观赏鱼的魟鱼品种——珍珠魟鱼

低廉的价位并没有给当时的魟鱼带来市场，反而不久就在市场上消声灭迹了。

到了2002年前后，这种鱼开始在东南亚市场上“火”起来，其主要原因是由于该鱼对水质、水温和水族箱大小的需求和龙鱼接近，又没有攻击性，故此非常适合与当时很火爆的亚洲龙鱼一起混养。这一发现，让淡水魟鱼开始被人们所重视。

由于亚洲龙鱼领地意识极强，很难多条混养在一起。而若和其他鱼类混养，则又经常受到惊吓。人们厌倦了一个水族箱中只能饲养一条龙鱼的方式，这时属于夜行性的淡水魟鱼走入了养龙爱好者的视线。这种鱼白天一般趴在水底不动，晚上游动觅食，游泳时轻盈缓慢不会惊扰龙鱼。

魟鱼是底层活动的鱼类，龙鱼是上层活动的鱼类，两者不但互不侵扰，反而使水族箱看上去景色更充实。龙鱼颜色非金即红，而颜色黑褐色的魟鱼恰恰增加了水族箱内色彩的厚重感，将龙鱼点缀得更加鲜艳美丽。于是很多饲养龙鱼的爱好者开始购买淡水魟鱼和龙鱼一起混养，这一方式逐渐在东南亚流传开来。

最先养殖淡水魟鱼的渔场自然是龙鱼养殖场，龙鱼养殖场的条件不但符合养殖魟鱼的需求，而且养殖出的魟鱼还可以和龙鱼一起出售。于是到 2005 年已经有大量人工养殖的淡水魟鱼进入观赏鱼市场，但此时仅仅局限于 4 ～ 5 个品种，魟鱼的价格也不是很高。

前面我们谈到了亚洲龙鱼、血鹦鹉鱼的快速市场发展，都和亚洲人传统的风水思想分不开。这种思想同样也影响了出身和亚洲一点儿关系也没有的淡水魟鱼。

风水中讲分别镇守四方的有四个神兽，青龙、白虎、朱雀、玄武。而亚洲龙鱼就是水族箱中青龙的代表，泰国虎鱼是白虎的代表，血鹦鹉鱼是朱雀的代表，谁来代表玄武呢？按照神话中的样式，玄武是一种龟与蛇结合的黑色怪物，起初人

价格高昂的黑白魟鱼种鱼

们用产自澳大利亚的飞河龟来代表玄武，但龟和鱼毕竟不属同类，成年后飞河龟会撕咬鱼鳍。这时人们发现淡水魟鱼大多是黑褐色的，扁平的身体很像龟甲，而身上的花纹又与蛇的花纹相仿，从此淡水魟鱼就顺理成章地被幻化成了玄武的形象代表。

青龙、白虎、朱雀、玄武四“神兽”凑齐了，它们又能混养在一个大水族箱中，为了镇宅发财，不怕你不一起买。这个时期淡水魟鱼的价格开始剧烈地上涨了。因为泰国虎鱼和血鹦鹉鱼都是产量很大的鱼，一次产卵可达上千粒，能充足供应市场。龙鱼虽然一次只产几十枚卵，但也足够多。魟鱼是卵胎生，它们实施体内受精，雌魟鱼直接产出小鱼，所以一次只能产下数尾小鱼。这个产量远远落后于前三种“神兽”。物以稀为贵，在同样市场需求的情况下，自然是产量越少的价格越高了。

市场上的淡水魟鱼越来越供不应求，许多人想从养殖魟鱼中获利，其中也有从来没养过鱼，只想借机赚钱的投资者。于是一波针对淡水魟鱼的炒作开始了。

起初是养殖场只出售雄鱼而不出售雌鱼，市场上的魟鱼都是清一色的“光棍儿”。由于一尾雄鱼可以和多尾雌鱼交配，而雌鱼却只能数月产仔一次。雌性魟鱼一时一尾难求。不久有养殖场放出少量雌鱼到市场上，但价格是雄鱼的若干倍。渴望雌鱼已经快要崩溃的投资者，看到了雌鱼，不容分说就会购买。当养殖场看市场上的雌鱼销得差不多了，便开始成对出售亲鱼。一对一对地卖，雌性不单卖的方法确保了雄鱼的出售率。然后就是疯狂的涨价，同时不失时机的推出一些新的品种或杂交品种。这样投资者就买得更疯狂，因为涨价意味着繁殖出的幼鱼价格也会很高，而新品种的市场前景则更为广阔。

在 2009 ~ 2013 年期间，竟有人卖房、卖车、抵押贷款投资淡水魟鱼的养殖。其投资量少则数百万元，多则达数千万甚至更多。但淡水魟鱼的未来究竟能否带来如此多的利润空间吗？这个问题恐怕还有待观察。

淡水魟鱼身体各部位名称

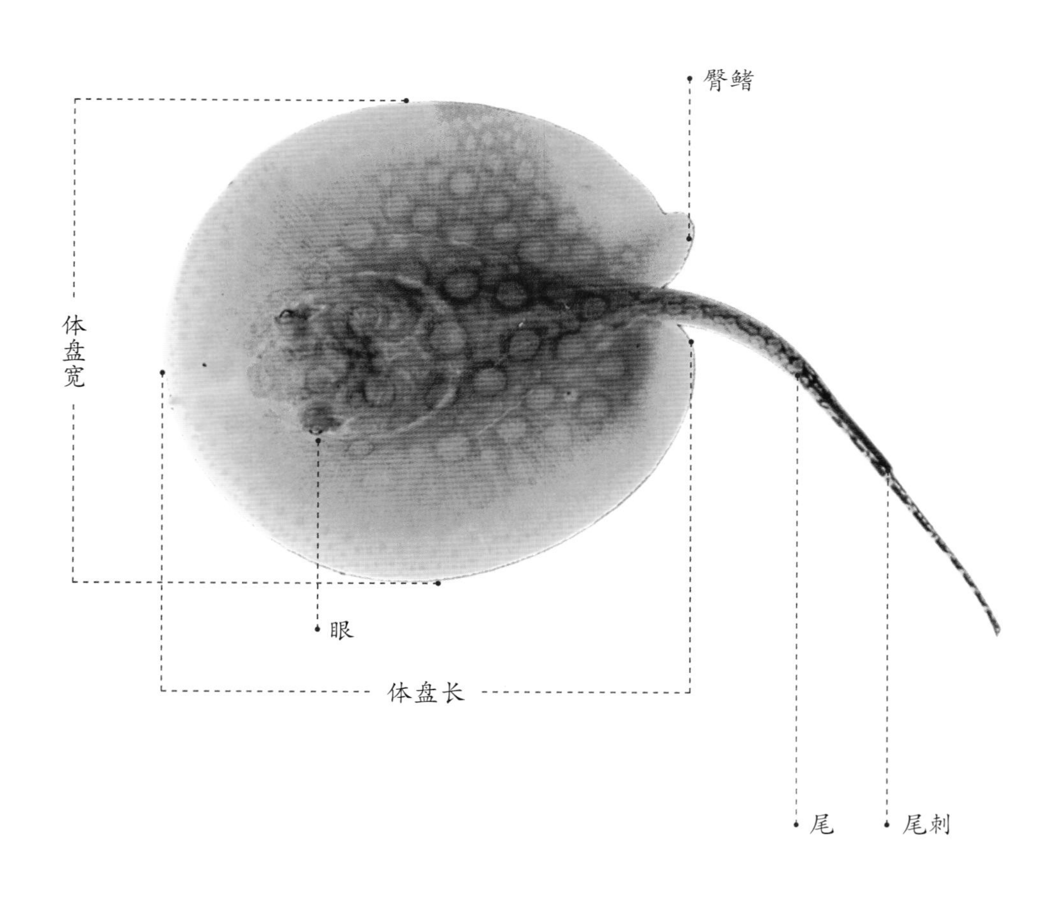

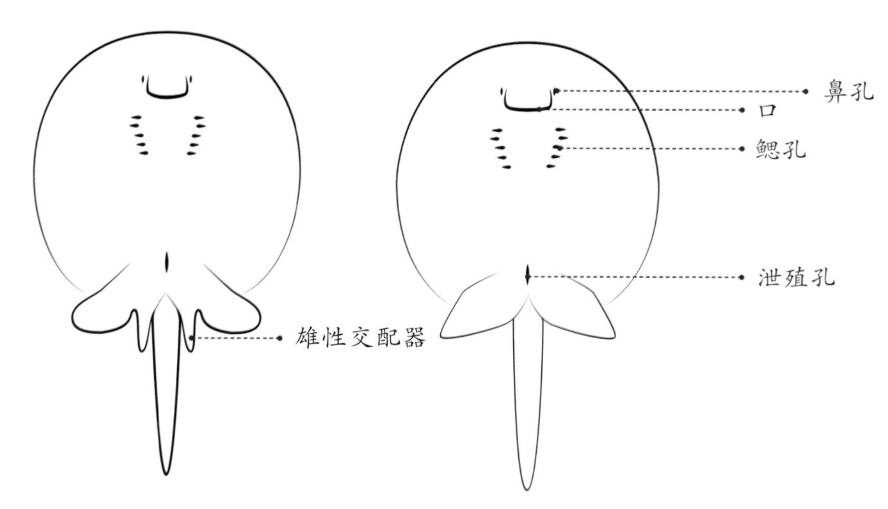

2. 黑白魟 *Potamotrygon leopoldi*

产地：巴西、申古河流域

pH：5.5 ～ 7.2

水温：24℃ ～ 32℃

黑白魟鱼盘体可达50cm，黑色的盘体上点缀着白色圆点（通常成3、2、1的秩序排列）是其最大的特征。明快醒目的黑白颜色搭配，成就了黑白魟在市场上超高的人气。黑白魟身上白色圆点的大小、形状、排列、颜色及表面的粗糙度会因采集地不同而有所差异。当饲养过程中水质出现变化（水温、pH剧烈震荡、亚硝酸太高等）常会出现白点拖长的现象，也就是俗称的“跑点”。这是水质出现问题的示警，应立即加强水质管理。黑白魟对环境的适应能力比较强，在淡水魟鱼中属于饲养难度不高的品种。根据其产地以及杂交后代的花色不同，黑白魟可分为皇冠

黑白魟、太空黑白魟等。

黑白魟鱼

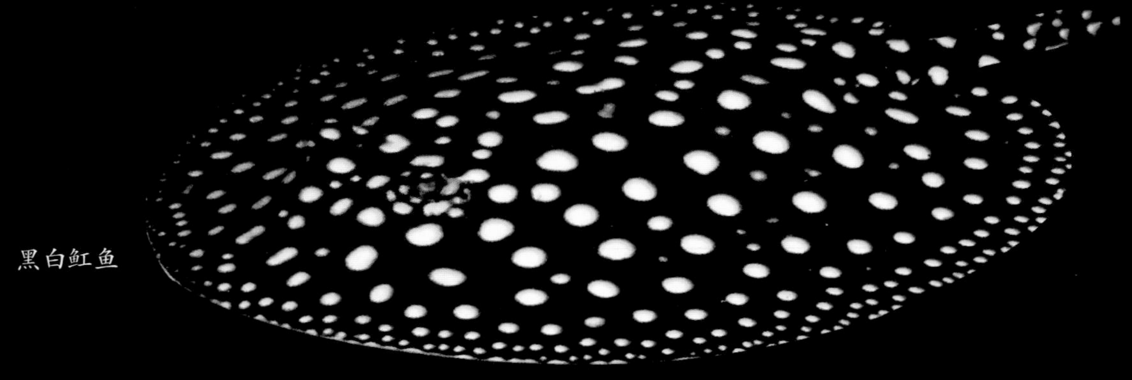
黑白魟鱼

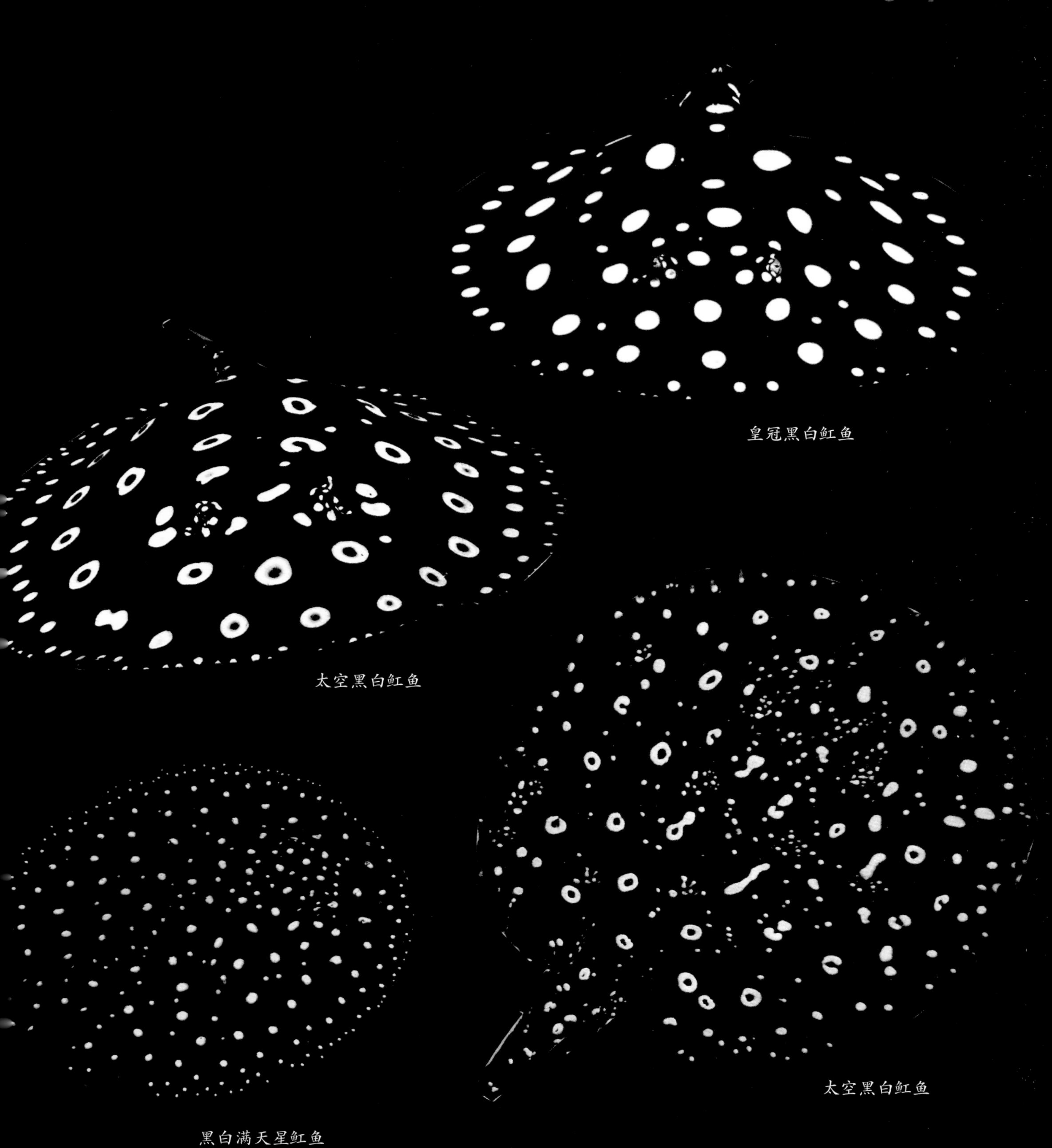

皇冠黑白魟鱼

太空黑白魟鱼

黑白满天星魟鱼

太空黑白魟鱼

3. 巨型龟甲魟 *Potamotrygon pachyura*

产地：巴拉圭境内的河系和巴拉那河的下游地区

pH：6.5 ～ 7.2

水温：22℃ ～ 25℃

巨型龟甲魟鱼背部呈现出蜂窝状的纹路，类似龟甲纹路。它是淡水魟鱼中体形最大的品种，通常都能生长到100cm以上，最大者可超过150cm。其全身呈灰褐色，并布满暗褐色的大龟甲状花纹，尾部短而胖。巨型龟甲魟爱吃虾和小鱼，对环境适应能力比较强，饲养并不困难。相对其他品种的魟鱼，它的眼睛比较小，尾长明显比体盘的直径短。

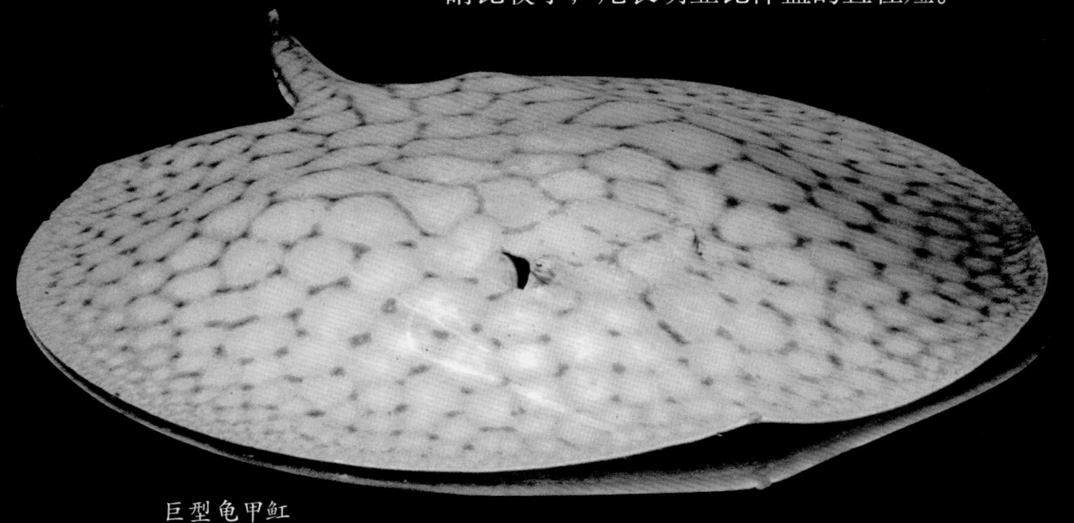

巨型龟甲魟

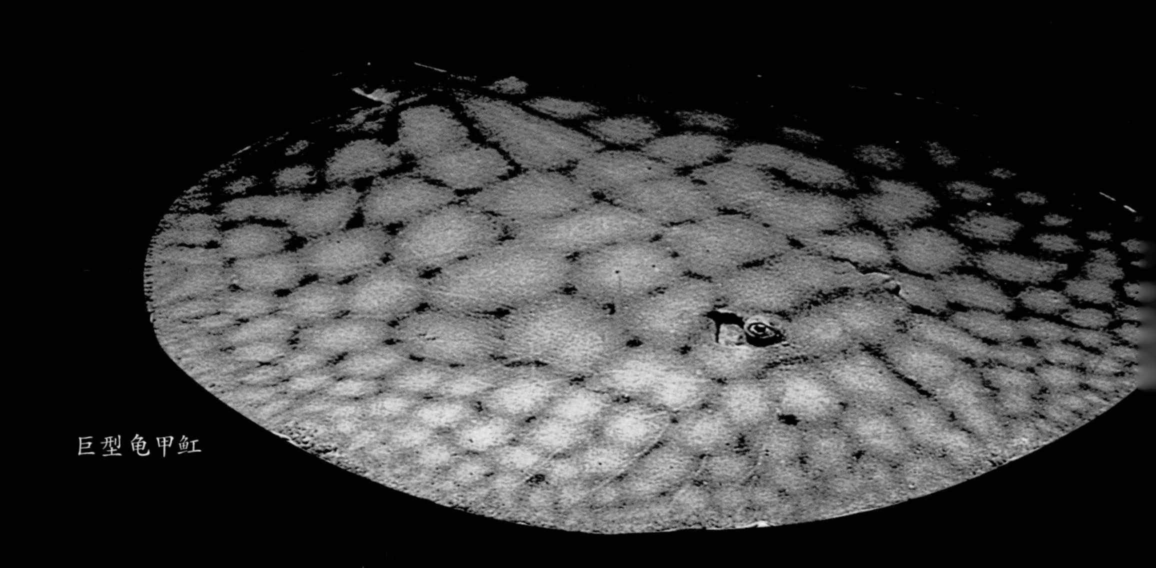

巨型龟甲魟

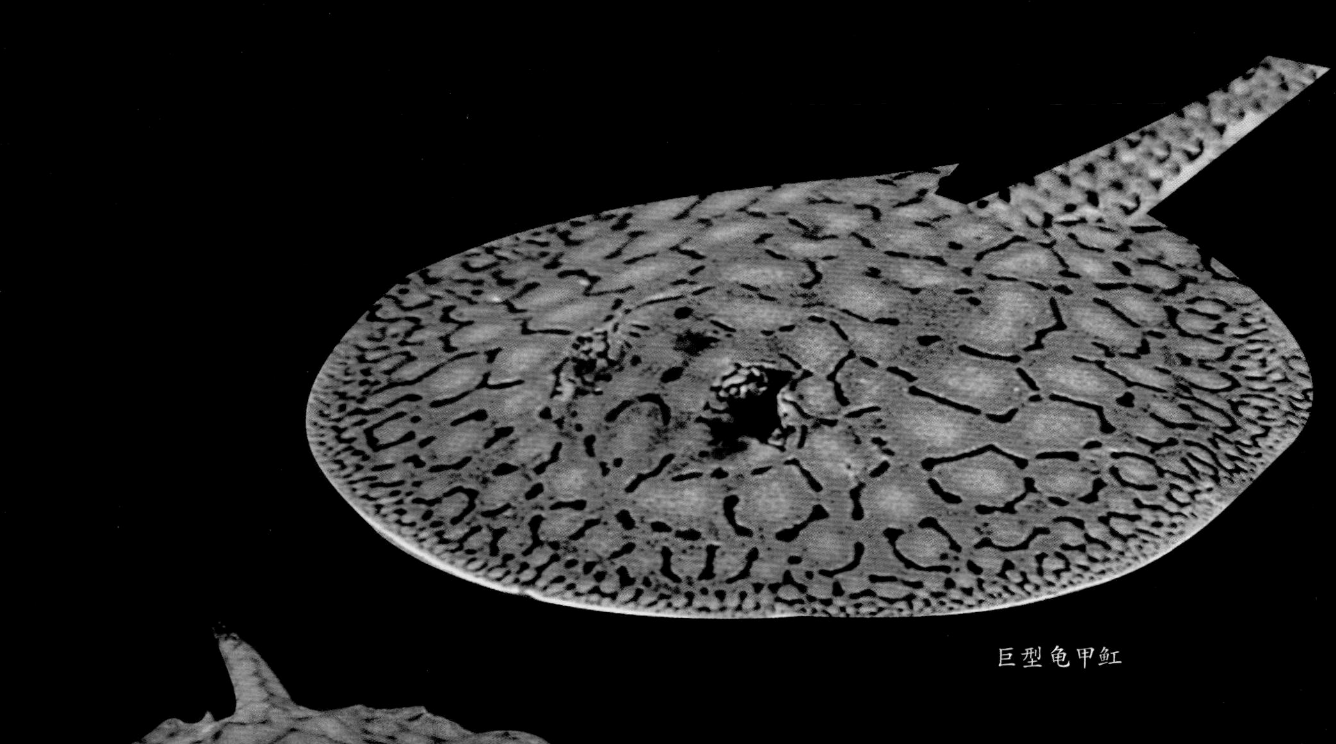
巨型龟甲魟

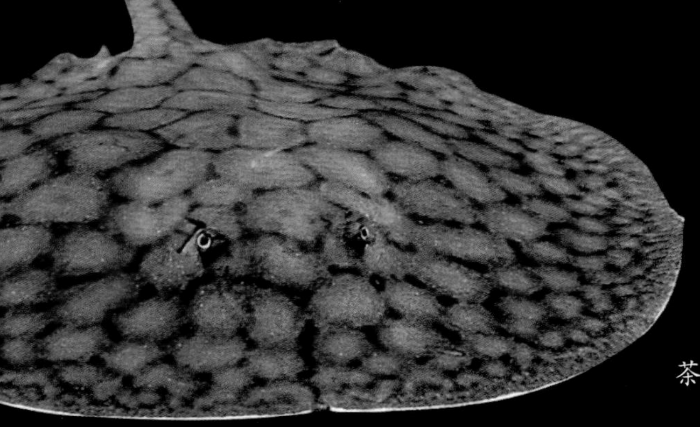
茶色巨型龟甲魟

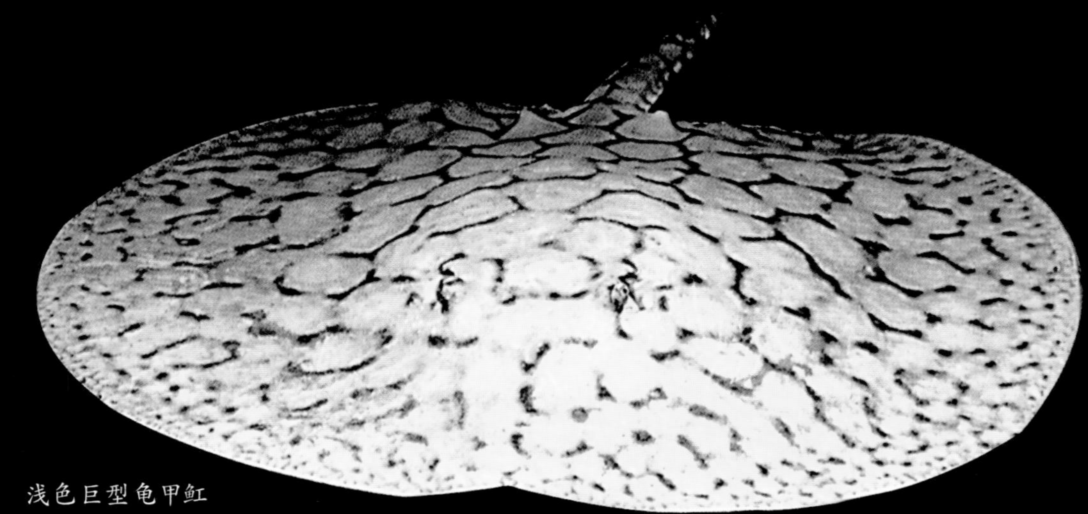
浅色巨型龟甲魟

4. 帝王魟 *Potamotrygon menchacai*

又称：老虎魟、帝王老虎魟

英文俗名：Tiger ray 直译称为老虎魟

产地：主要分布于秘鲁境内

pH：5.8 ~ 6.5

水温：24℃ ~ 29℃

在淡海水交接处生活的豹魟 (Dasyatis bleekeri) 也被称呼为老虎魟。为了方便区分，本品种常以帝王老虎魟来称呼。帝王老虎魟成长过程中会发生些许颜色深浅变化，但成年后颜色就趋于稳定了。由于是黄色花纹衬托在黑色的体盘上，可以说是最华丽的大型南美魟鱼了。其尾巴颜色黑白相间，腹部颜色全白是该鱼较其他品种最大的特点。帝王老虎魟体盘直径可达60cm。从饲养角度上说，帝王老虎魟由于体盘大，争抢食物的能力差。混养上须特别注意。另外该鱼肠胃较弱，不可一次投喂过多的饵料。

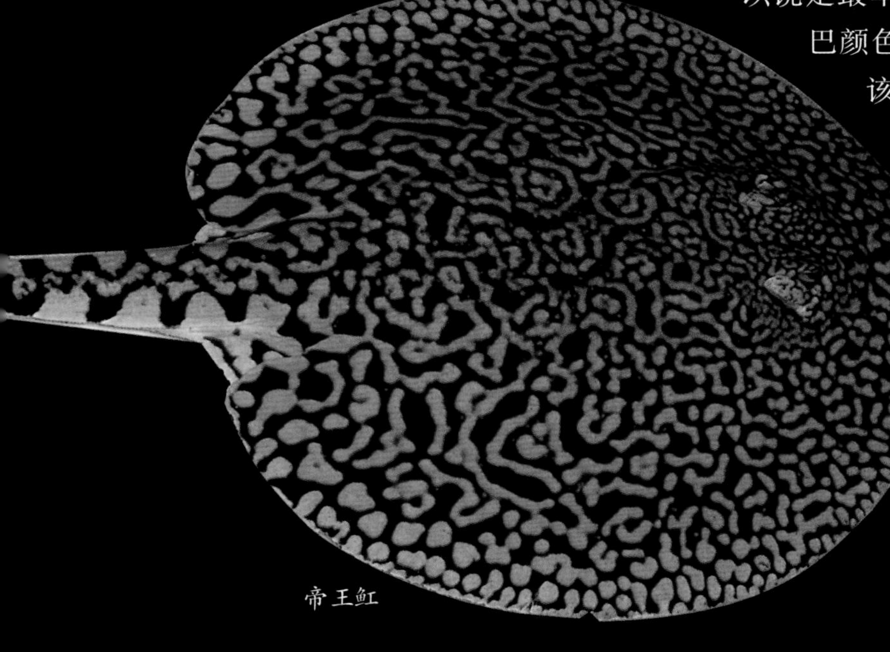

帝王魟

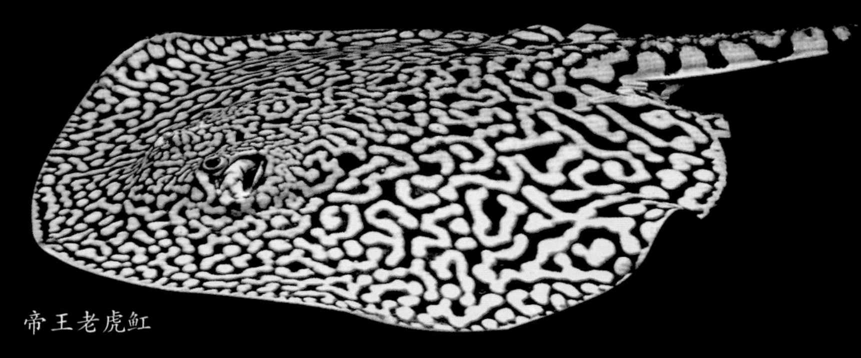

帝王老虎魟

帝王老虎魟

帝王魟

黑白相间的尾巴是帝王魟的标志性特征

5. 黑帝王魟 *Potamotrygon sp.*

又称：88 魟

英文俗名：Earl ray

产地：巴西、秘鲁

pH：5.8 ～ 6.5

水温：22℃ ～ 28℃

属名后面出现“sp”表示这种鱼虽然已经被单独看成一个种，但是还没法确定它的学名，是个尚待鉴定的品种。黑帝王魟鱼体盘基底色为浅黄色，斑纹为黑色的圆形斑点。部分斑纹会呈不规则形状，也有少许斑点会呈现“8”字形纹路，因此曾被称为 88 魟。因为花纹形状吉利，曾创下魟鱼销售史上的最高价位。谁叫中国人爱“8”这个字呢。以前被认为是珍珠魟的变异个体，但后来依据其进口数量分析，可能是一个独立族群，当然尚待确认。饲养方法上与珍珠魟类似，最大体盘直径 40cm。

黑帝王魟

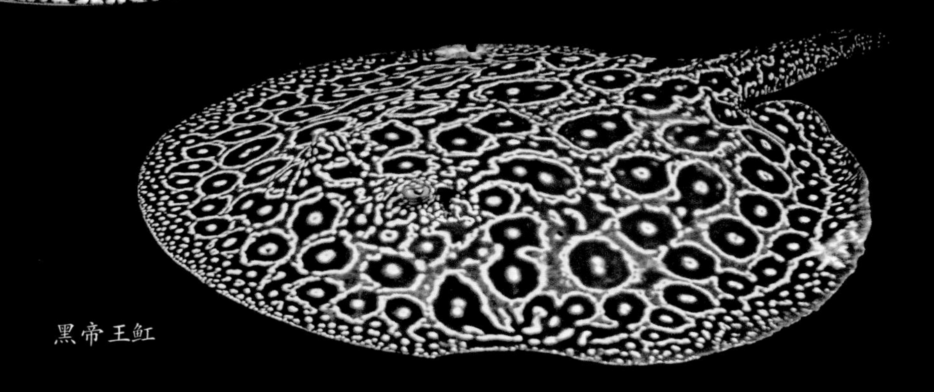

黑帝王魟

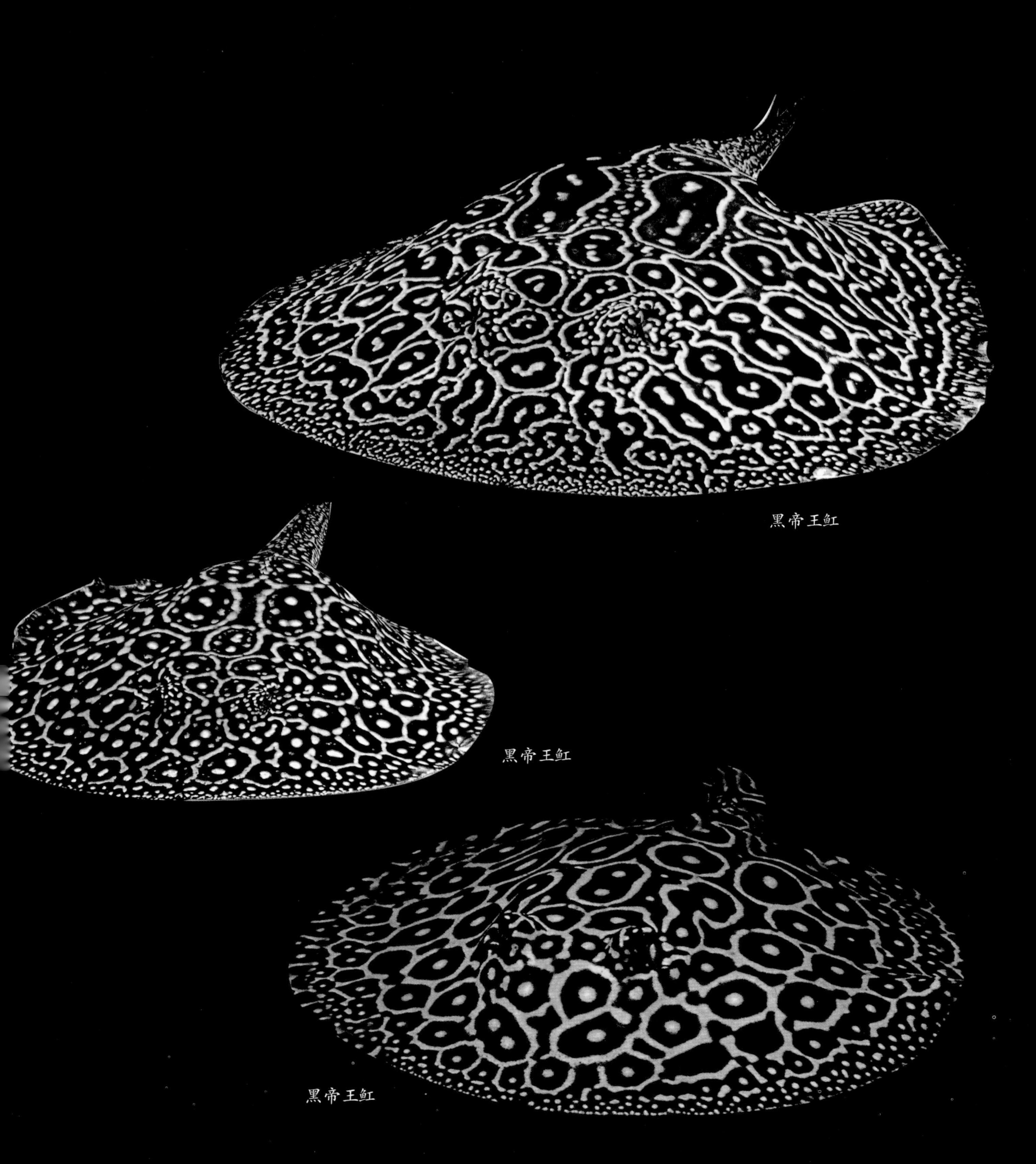

黑帝王魟

黑帝王魟

黑帝王魟

6. 苹果魟 *Paratrygon aiereba*

又称：眉毛魟

产地：巴西、秘鲁、哥伦比亚、亚马逊河流域、奥利诺科河

pH：5.6 ~ 7.0

温度：24℃ ~ 30℃

苹果魟盘体大而薄、尾巴细短，眼睛前方有着一对类似眉毛的粗黑纹路(部分个体没有眉毛纹)。盘体可达100cm，是大型魟鱼。眼睛比常见魟鱼小且较为平贴在头部。盘底色泽不一，有些偏黄色，有些偏茶色。对水质要求较高，对水质变化的忍受度低，饲养困难度相对比较高。

苹果魟

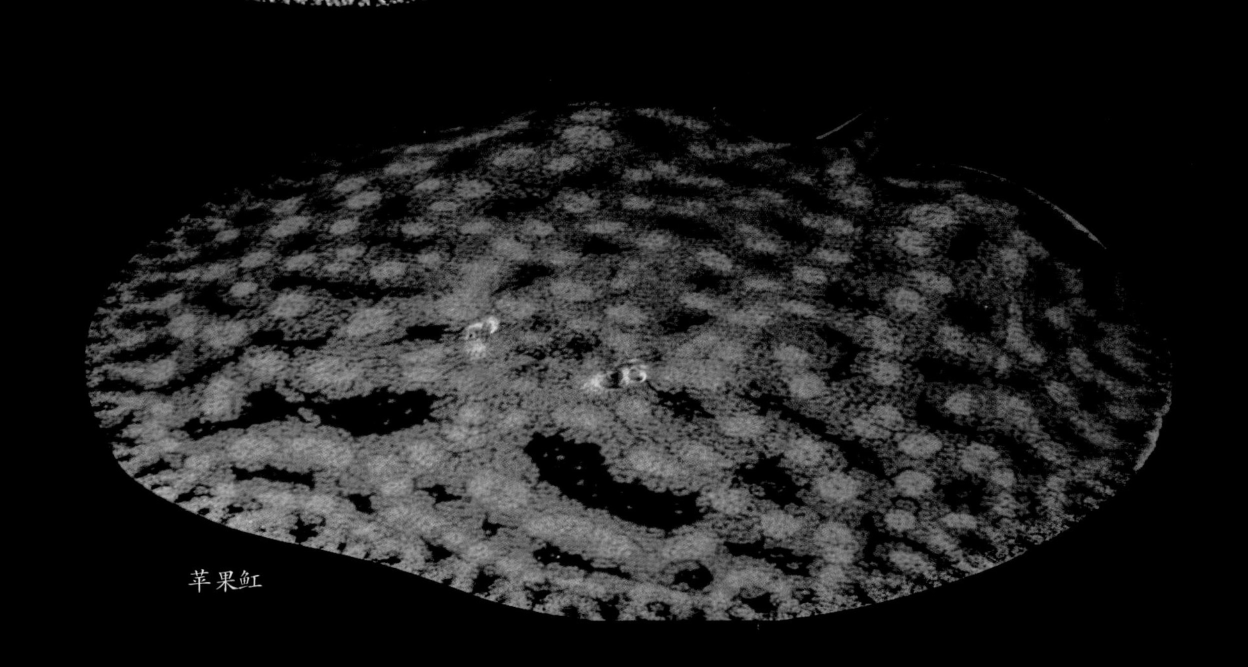

苹果魟

7. 豹魟 *Potamotrygon castexi*

又称：龟甲满天星、绿豆魟

产地：秘鲁、亚马逊河流域

pH：5.5 ~ 7.2

温度：24 ~ 32℃

豹魟鱼盘体可达50cm以上，是大型的南美魟鱼，身体健壮容易饲养，人工饲养下食量非常大。豹魟的变异种繁多，在纹路、斑点、棘刺等特征的表现上有着相当大的变化，所以很难具体描述其特征。比较容易识别的特点有：体色多为黑、咖啡色；圆点较小，多而密且分布均匀；体幅边缘成整圈的浅色细边。

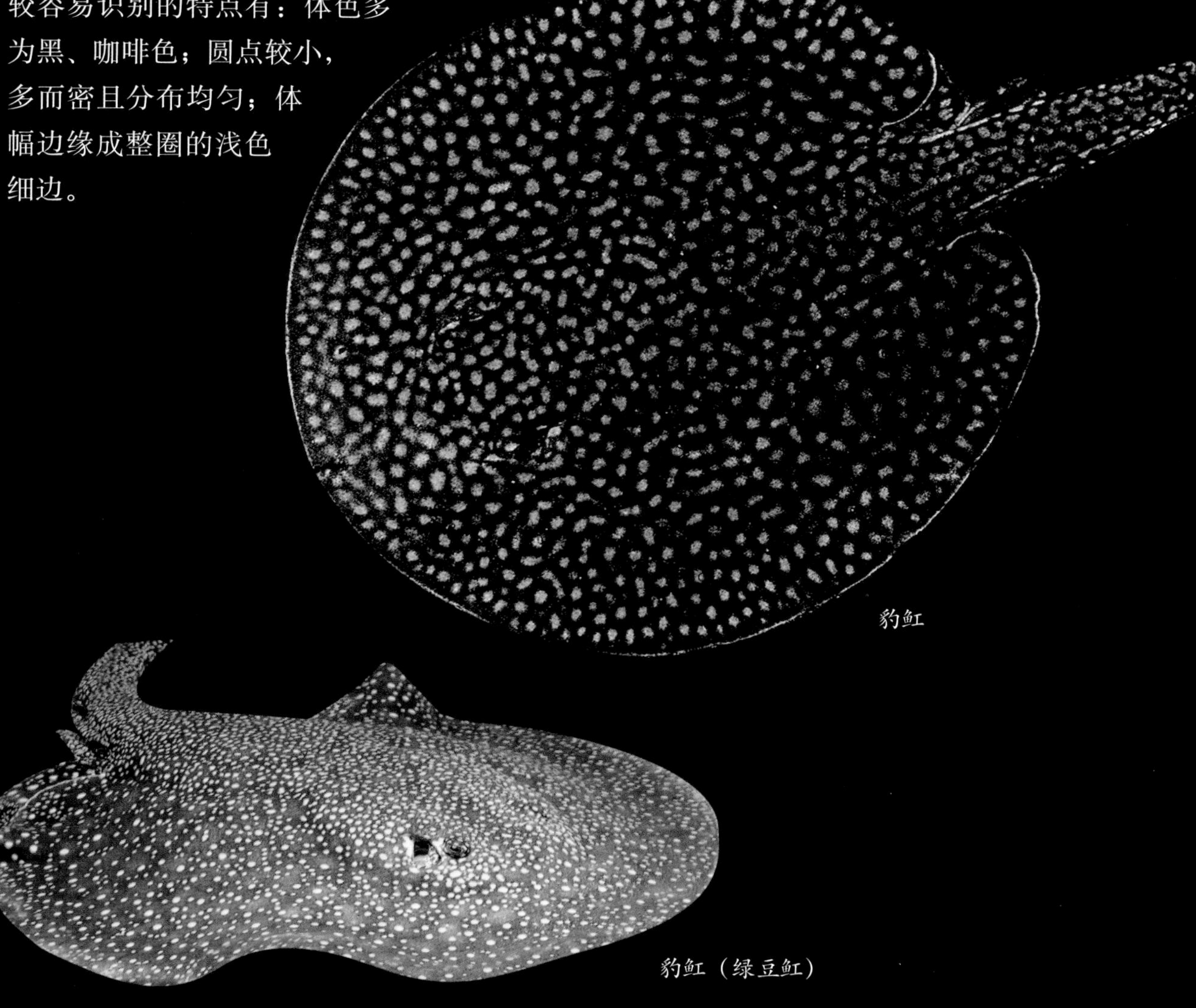

豹魟

豹魟（绿豆魟）

8. 金点魟 *Potamotrygon henlei*

又称：假黑白魟

产地：巴西

pH：5.5 ～ 7.2

水温：24℃ ～ 32℃

金点魟是比较容易饲养的入门品种，最大个体可达60cm。金点魟鱼和黑白魟鱼外观极为相似，但两种鱼产出的河域不同。金点魟和黑白魟的差异有：金点魟的体色偏褐色，黑白魟为黑色；金点魟的点多为金黄色而且比黑白魟的点多且乱；金点魟体盘的正反两面外围有碎金点环绕，腹部有明显斑点；金点魟表皮有明显疣状突起物，比黑白魟皮肤粗糙。

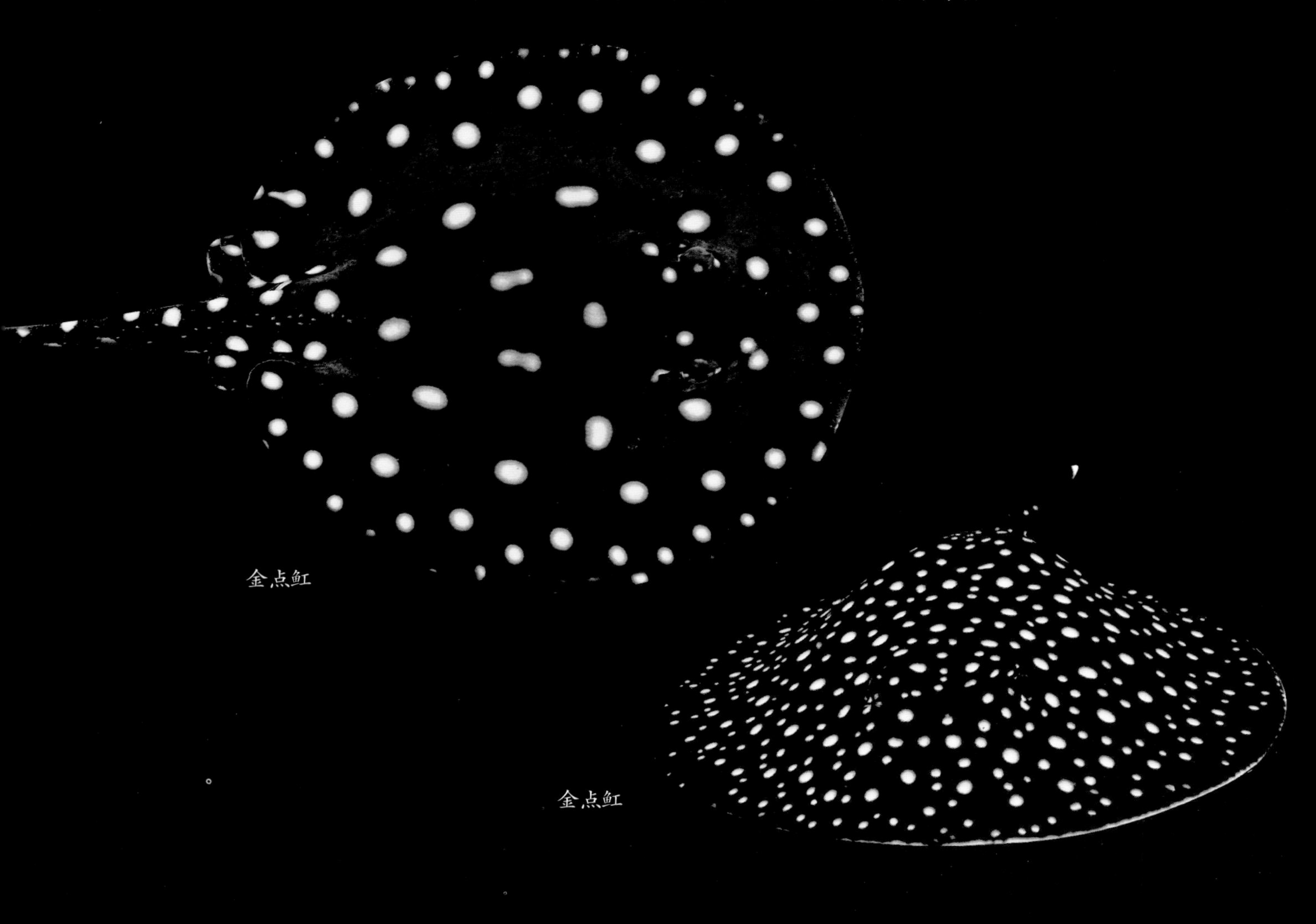

金点魟

金点魟

9. 天线魟 *Plesiotrygon iwamae*

又称：天线满天星魟

英名：Antenna ray

产地：秘鲁、巴西、亚马逊河流域

pH：5.5 ~ 7.2

水温：22℃ ~ 28℃

天线魟鱼体盘直径可达80cm，呈桃形。眼睛很小，尾巴细长。体盘面上布满细碎的浅色圆形斑点，因此有满天星之名。天线魟对水质变化的忍受能力低，饲养难度颇高。饲养空间不足常导致尾巴扭曲变形，最好用超大型水族箱饲养。

天线满天星魟

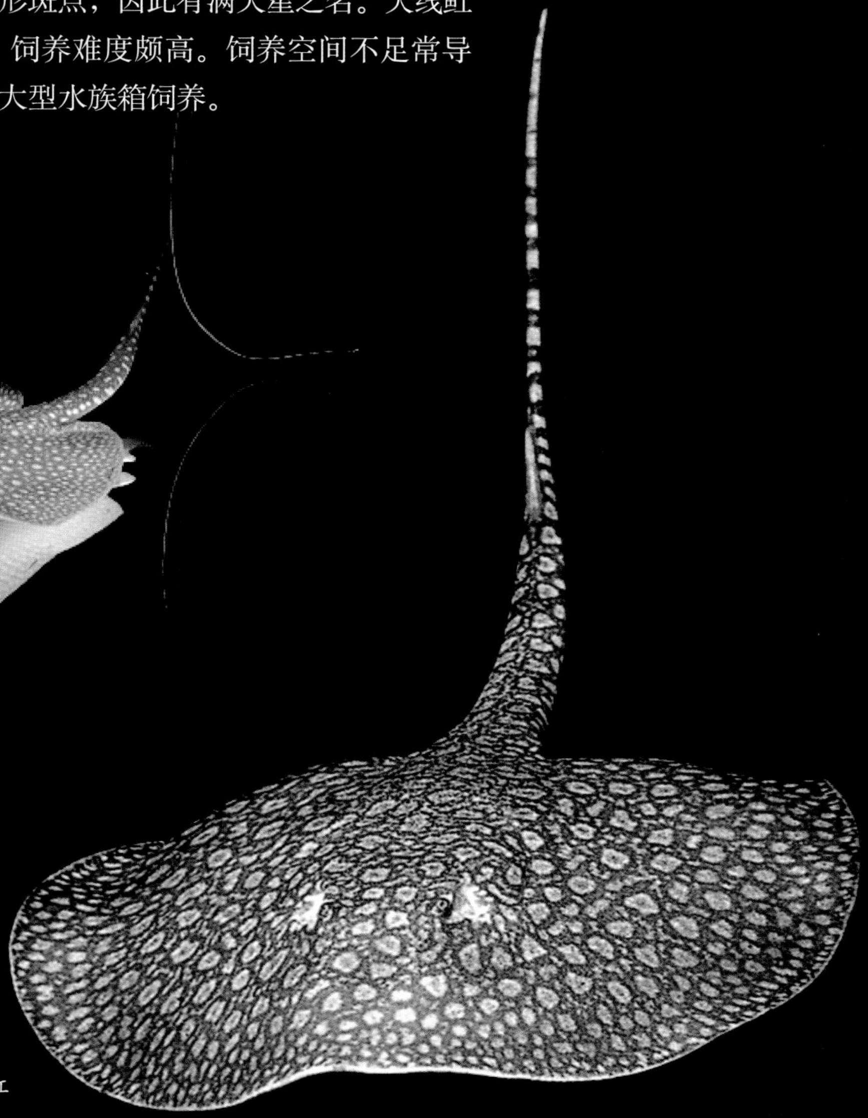

天线满天星魟

10. 米白龟甲魟 *Potamotrygon scobinae*

产地：巴西及哥伦比亚

pH：7.0 左右

水温：25℃左右

米白龟甲魟体盘最大 45cm 左右，基本的体色趋于白色，成鱼身上的斑点颜色也较淡，体盘边缘有 2 ~ 3 列小圆点分布。鱼体的背部很粗糙，尾柄前半段的小型突刺比一般魟鱼的大且明显。米白龟甲魟不容易适应水质的变化，饲养起来比较困难。

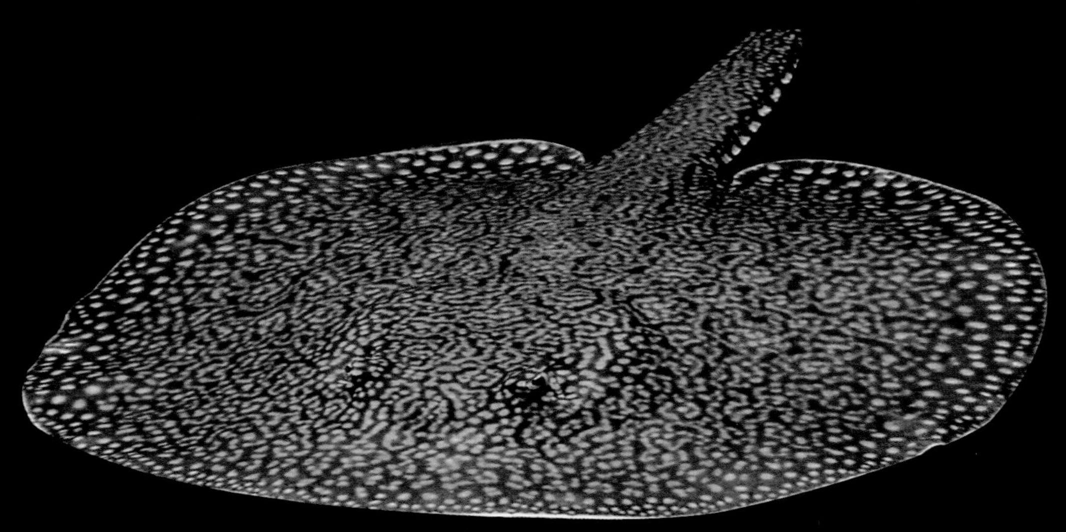

米白龟甲魟

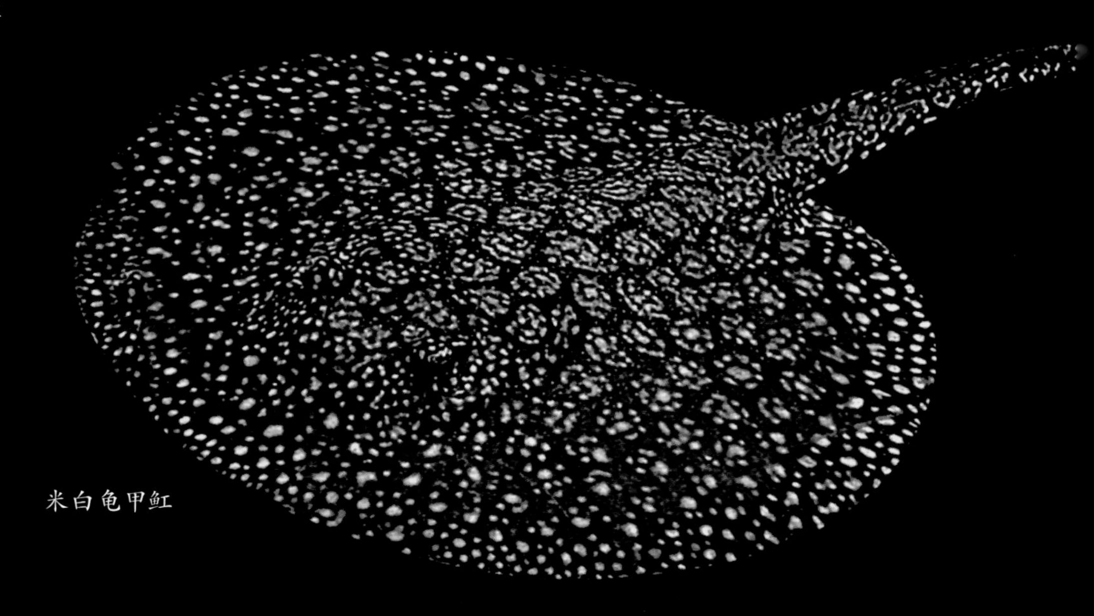

米白龟甲魟

11. 泰鲁魟 *Potamotrygon castexi var*

又称：金玉满堂豹魟

产地：泰鲁河流域

pH：5.5 ~ 7.2

温度：24℃ ~ 32℃

泰鲁魟也是色彩表现很出色的大型魟鱼。改良品种最近两三年来才被商品化。按照品种特征，泰鲁魟应是绿豆魟(*Potamotrygon castexi*)的特殊产地变异型。不同于一般的绿豆魟，泰鲁魟身上的色斑为金色的不规则块状，而非点状，发色的个体相当的鲜艳。市场上泰鲁魟数量并不多，但是价钱比帝王魟要便宜。因为该品种善于活动，所以最好提供大一点的饲养环境。

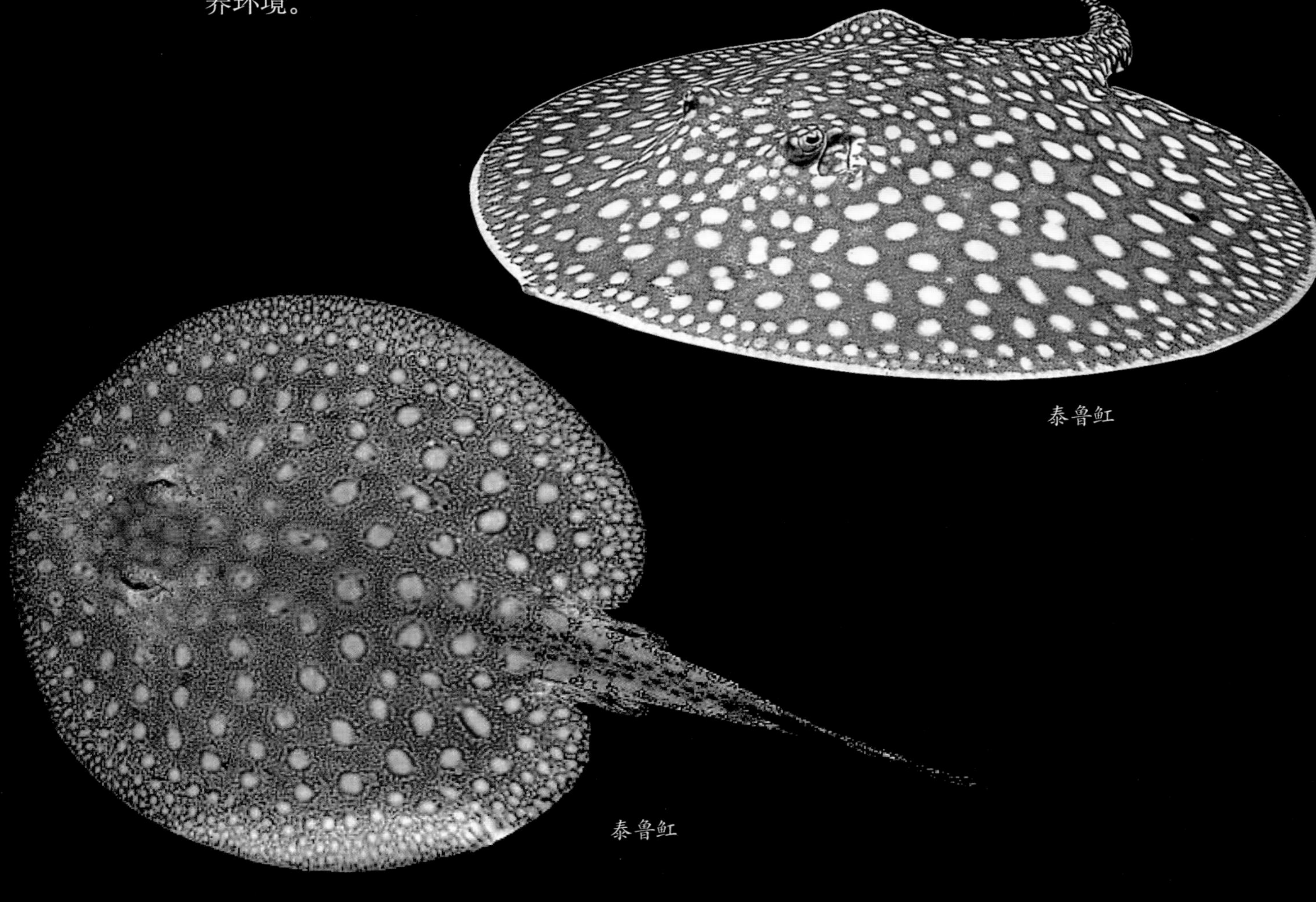

泰鲁魟

泰鲁魟

12. 金帝王魟 *Potamotrygon schroederi*

又称：梅花魟

产地：哥伦比亚

pH：5.5 ～ 7.2

温度：24℃ ～ 32℃

金帝王魟鱼可算是哥伦比亚的代表性魟鱼品种，它拥有非常鲜明的黄色花纹，如花瓣般散落在身上。成熟的魟鱼会发出绚丽的金黄色，而身上的图案仿佛一朵朵梅花贴满了全身。金帝王魟应当算当前观赏魟鱼中花色最漂亮的一种。

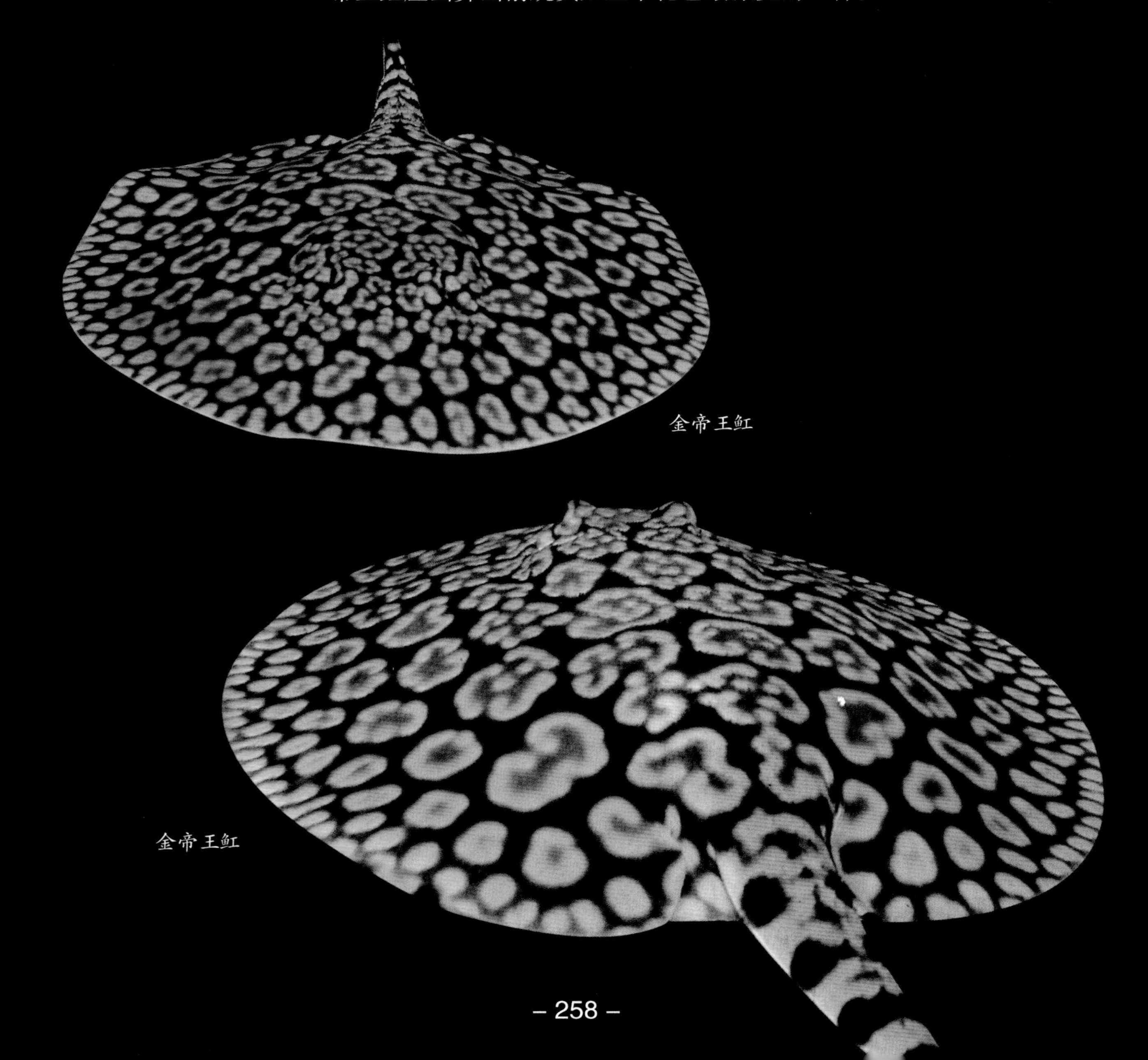

金帝王魟

金帝王魟

13. 烟圈魟 *Potamotrygon schroederi*

英文俗名：Belem ray

产地：巴西

PH：维持在 7.0 左右

温度：25℃

烟圈魟鱼体幅可以达到 40 ～ 50cm 以上，喜欢吃活饵或者冷冻饵，与多数的巴西产魟鱼一样，体形圆，尾部较短，体色接近秘鲁输出的品种。棕咖啡色的体色上，不规则地布满了浅咖啡色的圈圈。只要水质不要变化太大，烟圈魟饲养起来并不困难。

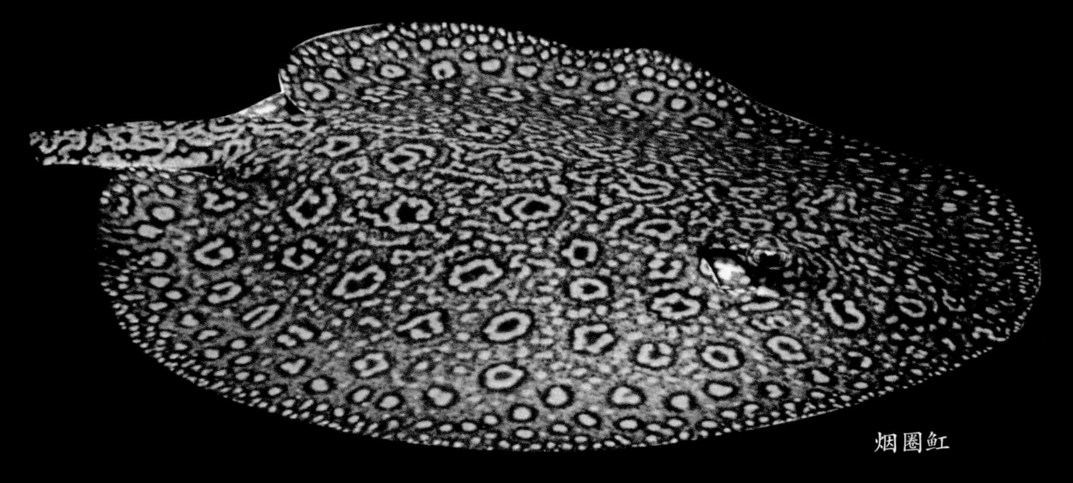

烟圈魟

迷你魟 *Potamotrygon reticulata*

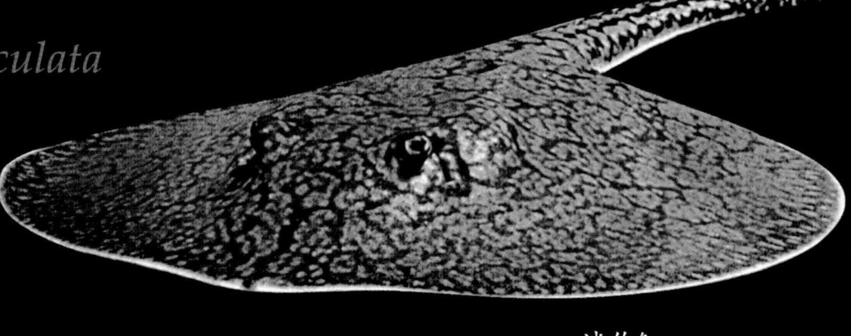

迷你魟

英文俗名：Belem ray

产地：哥伦比亚

pH：5.5 ～ 7.2

温度：24℃ ～ 32℃

迷你魟鱼属于小型魟鱼，最大的体幅可达 30cm 左右，斑纹直到完全成熟时才能明显显现。是较为常见的品种，价位低廉。不论是幼鱼还是成鱼，体形比一般的魟鱼要小。个体间纹路也有不少变化。饲养上稍有困难。

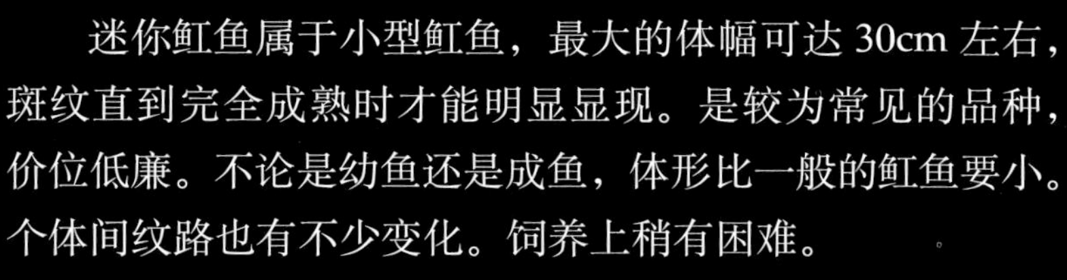

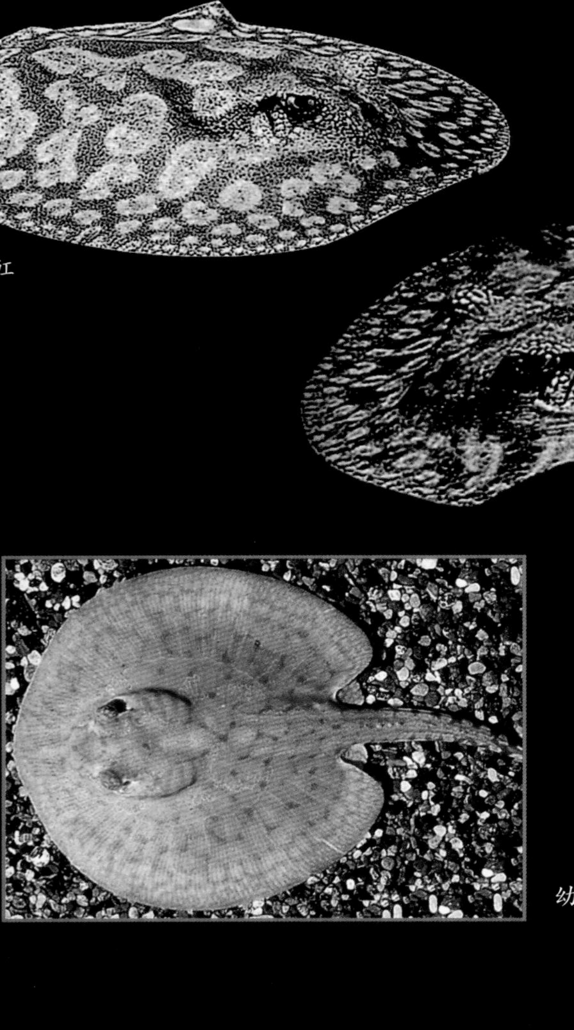

15. 米克斯魟

英文俗名：Mix ray

英文 mix 是混合的意思，这就说明所有的米克斯魟鱼都是杂交品种。故此，只要是杂交魟鱼在国外都叫做“米克斯”。国内没有直接翻译过来使用混血魟鱼或杂交魟鱼的名字，而是直接音译的原因是，称米克斯魟要比称杂交魟更利于销售。

杂交魟鱼中有很多个体展现出非常不错的花纹，还有一些亲本的身价比较好。因此这些类型在国内市场销售时也被单独提出来，另赋予名称。比如：半套黑白魟鱼、鬼面魟以及帝王魟和珍珠魟杂交得到的黑金帝王魟等。

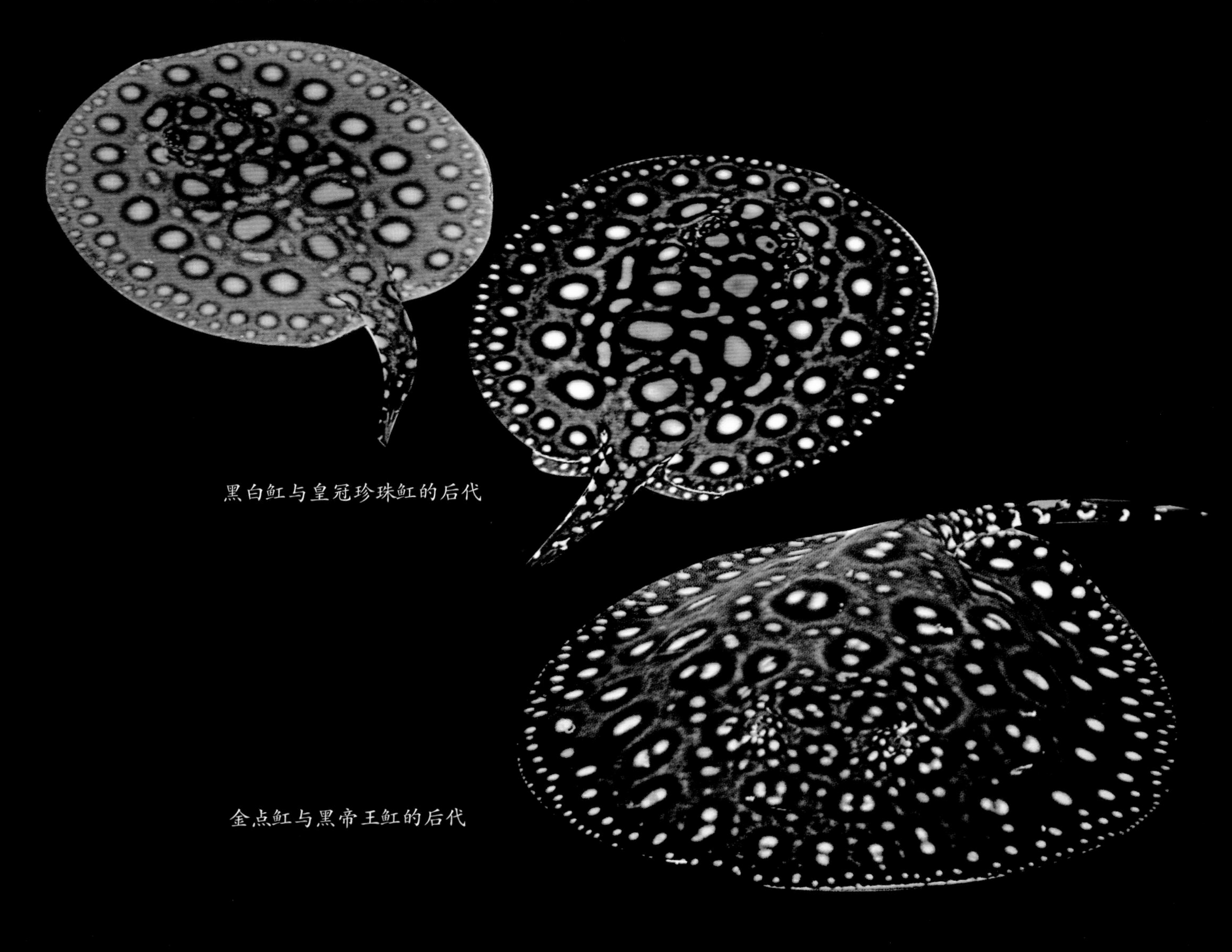

黑白魟与皇冠珍珠魟的后代

金点魟与黑帝王魟的后代

16. 其他观赏淡水魟鱼品种

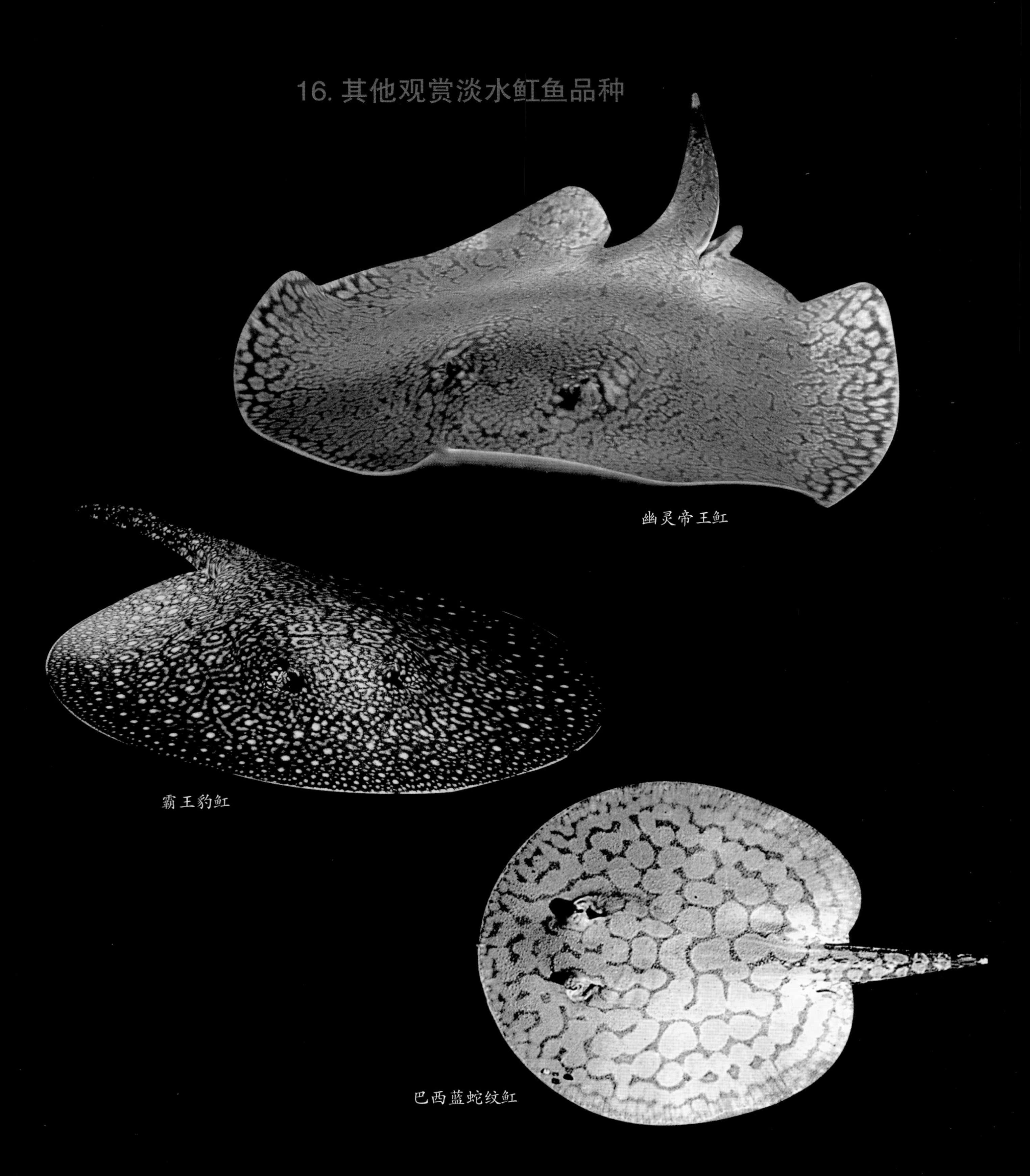

幽灵帝王魟

霸王豹魟

巴西蓝蛇纹魟

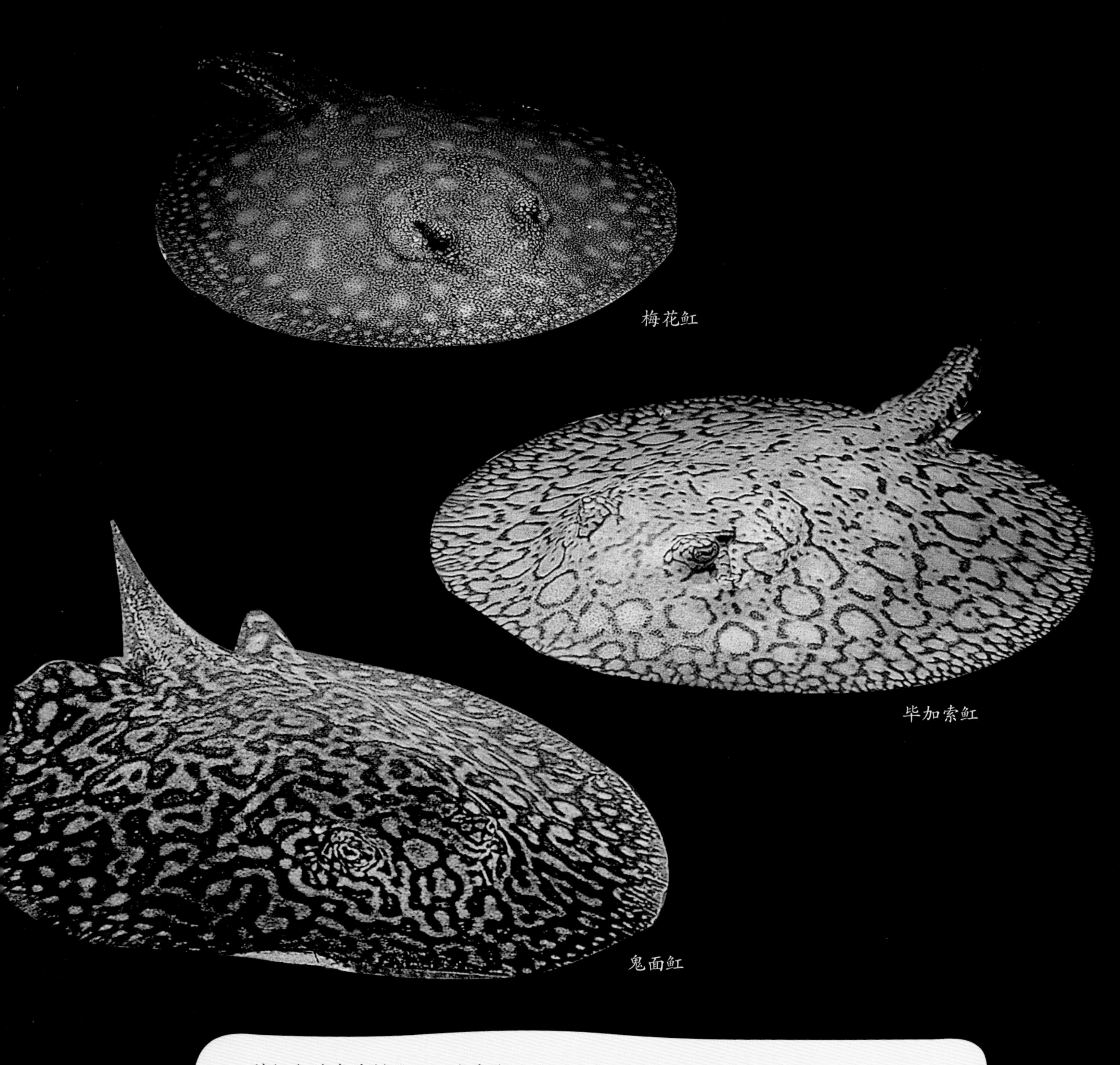
梅花魟

毕加索魟

鬼面魟

被魟鱼的毒棘刺伤后，毒素会释放到人体内而引起一连串的症状。首先伤口会剧烈疼痛，约1小时后转变为间歇性的抽痛，患部会肿大，且伴随有恶心、呕吐、腹痛、头晕、痉挛、呼吸困难、血压下降、麻痹等现象。如毒棘刺到胸部或腹部则易致人死亡。刺伤后，若伤口未做及时处理，极易受细菌二次感染而导致溃烂坏死。所以在饲养魟鱼时，一定要非常小心，千万不要被毒棘刺伤。

三、淡水魟鱼的家庭饲养方法

在家中饲养淡水魟鱼具有一定的难度，是开销比较大的一种爱好。若想养好，除了过硬的饲养设备外，还需要具备一定的饲养技术。总体来说，饲养魟鱼的技术可分为：魟鱼的挑选、饲养环境的设立、适水阶段和日常管理4部分。

1. 魟鱼的挑选

魟鱼的挑选主要考虑体盘、呼吸、活动力、眼睛、觅食状况等因素。

① 体盘

挑选魟鱼的体形时，要选略圆无伤口，体盘饱满平滑，无黏膜覆盖，尾部完整无断裂，胸、腰骨无浮出，体盘边缘无缺角破损的个体，健康的魟鱼静止时平贴于缸底或缸壁，盘面无浮隆。

② 呼吸

魟鱼的鳃孔要完整，呼吸匀称、缓慢有规律，上呼吸膜薄且舒张正常。

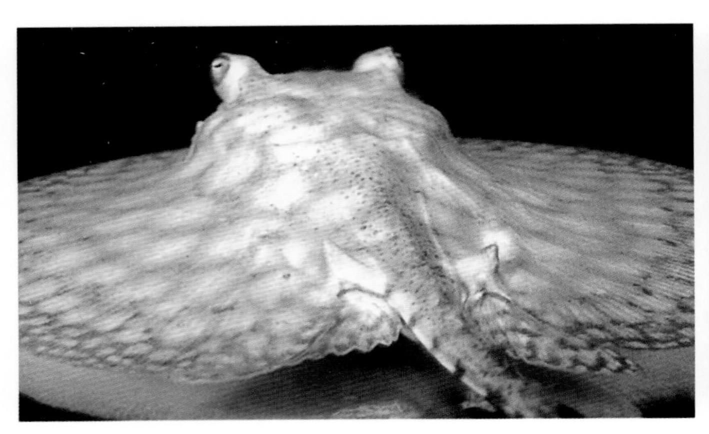

体盘末端脊椎突出，体表发白的魟鱼不能购买

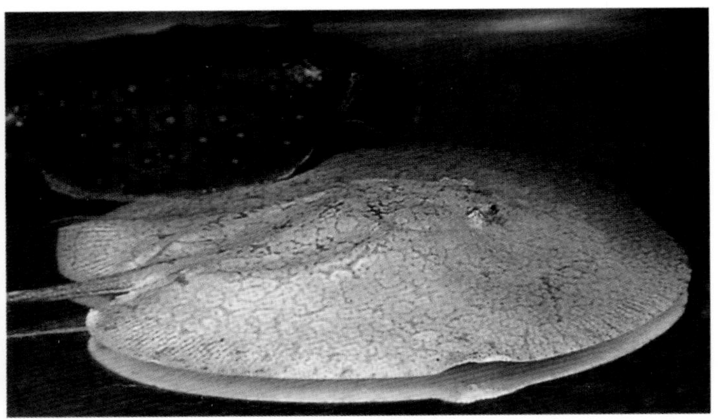

体盘额头腹部凹陷的魟鱼不能购买

魟鱼尾柄上有大型毒荆棘是由齿状突起进化而来的

③ 活动力

魟鱼的尾巴要甩动有力。受到惊扰时反应迅速，潜沙动作有力。游动时平贴于缸底或缸壁者佳，浮游于中上层水域者劣。

④ 眼睛

魟鱼的眼睛要明亮有神，晶状体透明清澈，无白雾状附着物，眼窝伸缩自如不凹陷。

⑤ 觅食状况

健康的魟鱼能吃且行动迅捷，捕食时力道强劲，贪得无厌，吞咬凶猛，扑杀动作迅速准确。

2. 魟鱼的饲养环境

饲养环境包括了水族箱、过滤器等硬件设备，同时也包括对水质、光线等因素的调节。

淡水魟鱼的饲养水族箱

溢流式底部过滤器

① 水族箱

水族箱的大小要按魟鱼体形需要而定。一般人都认为魟鱼喜欢稳定的水质所以水族箱越大越好，其实在某些情况下这种观点是错误的。因为小型魟鱼或幼鱼通常捕食能力十分差，用大水族箱饲养时，常因寻觅不到东西吃，导致越来越虚弱。所以先用小水族箱来饲养有助它们捕猎食物，随着魟鱼的长大再更换大型水族箱。

② 过滤设备

魟鱼喜欢干净的老水，所以过滤器一定要足够大。通常建议使用上部和底部两种过滤并用的方法来维持稳定且干净的水质环境，内部过滤器和圆桶过滤器不适用于饲养魟鱼。

③ 水质控制

水质方面，pH需维持在6.0～7.5之间，硝酸盐含量需维持在100～300mg/L之间，若饲养地区水质偏硬，则饲养水必须经过软化，水色要透明且溶解氧含量高。

④ 光线控制

魟鱼对光线没有特殊要求，但照明灯管的数量不宜过多，每日照明时间不超过8小时为好，夜行性的魟鱼喜欢昏暗的灯光环境。

⑤ 温度控制

魟鱼喜欢 26℃～32℃的水温范围，超过 34℃可能会有暴毙的情况发生。如果温度过低，会导致魟鱼抵抗力下降，容易生病。

⑥ 底沙铺设

底沙建议在放入魟鱼前铺设到水族箱中，以铺设 0.5～1cm 厚度为宜，沙子的颗粒选择越细越好，沙子质地应为中性。铺设底沙可以减少魟鱼的紧张情绪，让其较早适应新环境。每 2 个月左右要对底沙彻底清洗一次。

上部过滤器

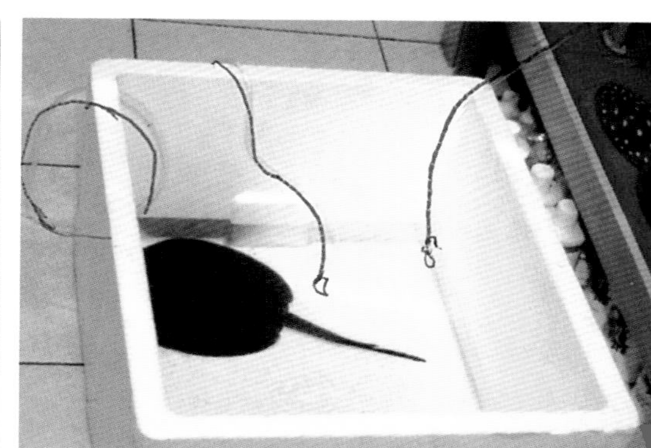

过水中的魟鱼

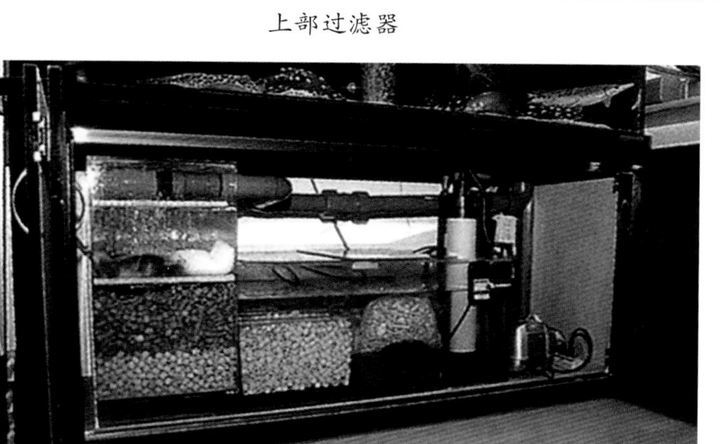

安装有全自动换水系统的底部过滤器

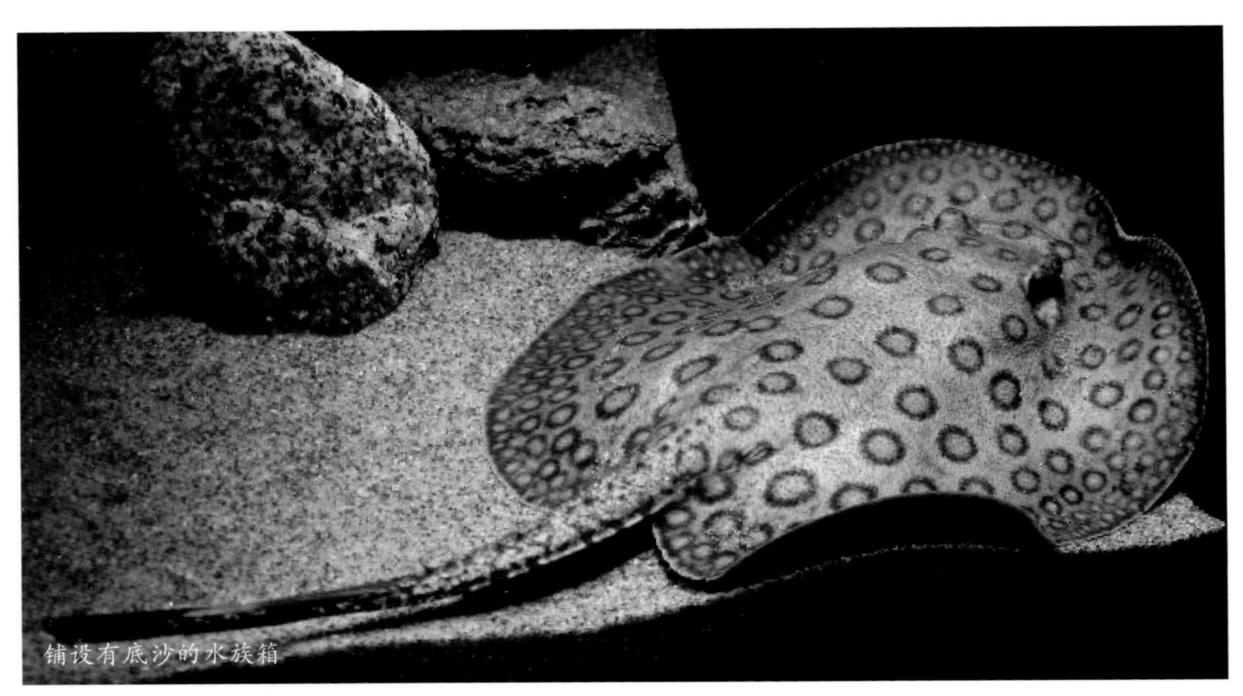
铺设有底沙的水族箱

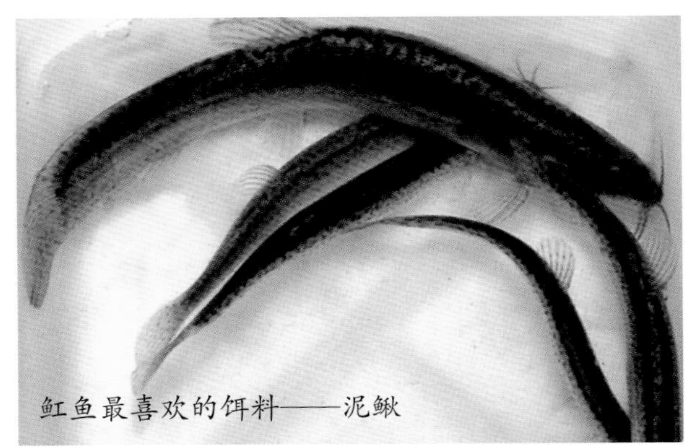
魟鱼最喜欢的饵料——泥鳅

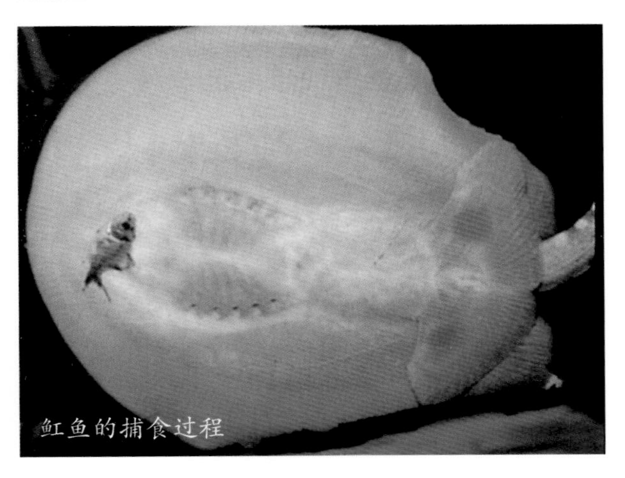
魟鱼的捕食过程

⑦ 造景

饲养魟鱼的水族箱内一般不建议使用装饰品造景，因为魟鱼体形宽大，装饰品不但影响其游动，而且容易对其皮肤造成伤害。

⑧ 混养

魟鱼可以和龙鱼、泰国虎鱼等混养，不适合与有攻击性的鱼饲养在一起。不可和清道夫、鲶鱼、鼠鱼、恐龙鱼、飞凤鱼等有啃咬或舔食习惯的鱼饲养在一起。这些鱼会啃食魟鱼体表、撕咬魟鱼身体。一些带有硬刺的鱼也不适合与魟鱼混养，比如铁甲武士类鲶鱼等。当然由于魟鱼会捕食小鱼，小型热带鱼也不能和魟鱼混养。

3.魟鱼的适水阶段

魟鱼对水质的变化极其敏感，因此让新鱼适水的阶段是尤为重要的环节。在购买魟鱼时最好跟鱼店多要一点原缸的老水，回来后混入自己的水族箱中，以便减少新水对魟鱼的刺激。

从鱼店买回来的魟鱼要先连水放入一个水盆中，只留没过魟鱼体表的水量即可，将细胶皮一端接气泡石置入水族箱中，另一端接可调式阀门对着小水盆垂下，利用虹吸原理向盆中注水。同时用阀门调整进盆水量和速度，最好控制在每秒进入3～4滴水，一直滴流到盆中水满，再抽出盆中水倒回水族箱里。还是只留没过魟鱼身体的水量，继续滴流。如此重复3次就可以直接将鱼放入水族箱了。这个过程可以让魟鱼充分适应水的变化，极大程度地减少新水对魟鱼的刺激。

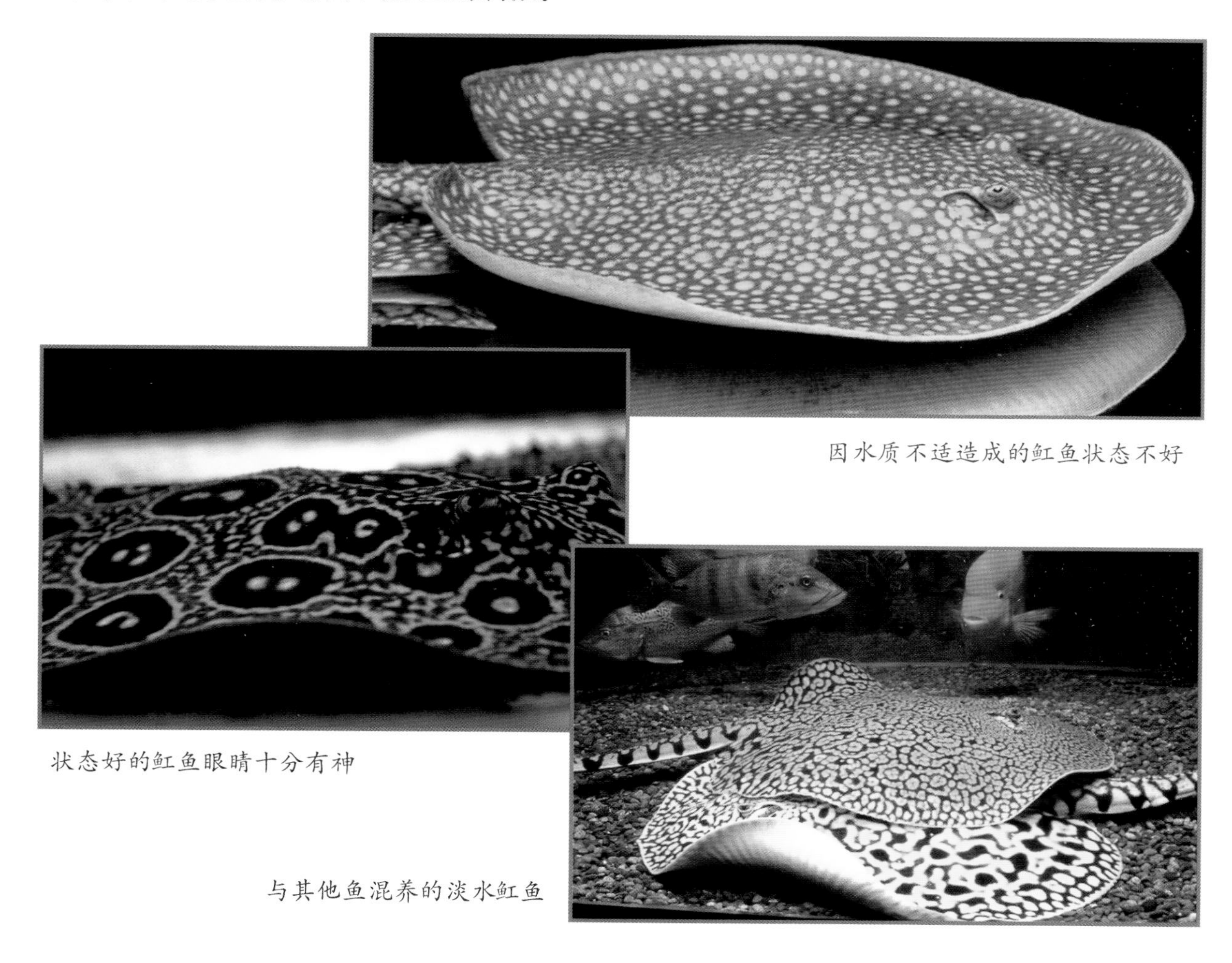

因水质不适造成的魟鱼状态不好

状态好的魟鱼眼睛十分有神

与其他鱼混养的淡水魟鱼

4.魟鱼的日常管理

① 换水

饲养魟鱼换水时要格外小心，以少换水、规律性换水为主。一般每周换水 1 次，每次换水量不要超过总水量的 5%。换入新水时一定要缓慢、轻柔，最好将盛水容器放在水族箱上方，利用虹吸管将新水滴流到水族箱中。给魟鱼换水每次需消耗的时间较长，一般在 1 ～ 5 小时不等。

现在有些爱好者在水族箱过滤器上安装自动滴流换水设备，用浮阀控制，24 小时不间断向水族箱内滴入新水，再通过溢流管路将多余的水排出。这种设计大大减少了人工消耗，但安装较复杂，成本比较高。

② 喂食

魟鱼的饵料一般采用泥鳅和虾仁为主。幼年期的魟鱼可以喂食红虫或碎虾肉。10cm 以上的个体可以喂食剪去尾巴的小河鱼，让小魟鱼自己捕食，训练捕食能力。成年魟鱼爱吃活泥鳅。但泥鳅生命力顽强，被吞食后可能还活着，造成魟鱼穿肠死亡。所以要严格控制喂食的数量，不要太多，泥鳅可以打晕后投喂。每次投喂以魟鱼能够马上吃完为原则，若有残饵应马上捞起来以免败坏水质。

③ 清洁

每周要对水族箱进行清洁，擦去玻璃内壁的污物，同时更换或清洗过滤棉。每 2 个月还要定期清洗底沙，以免滋生有害的细菌。

④ 疾病预防

在饲养环境良好的情况下，魟鱼会十分强壮，不容易生病。生病的原因大多是水质变化过于剧烈引起的，只要水质稳定，魟鱼自然会转好。一些活饵带有体内寄生虫，因此一定要做好饵料的消毒工作。其实适应环境后的魟鱼对水质、饵料的要求都不高，而且硬骨鱼类容易患的疾病也基本不会传染给魟鱼，唯一要反复强调的就是饲养环境的稳定。

四、淡水魟鱼生产性养殖技术

淡水魟鱼因为市场需求大、价格高，目前仍是热门的观赏鱼养殖品种。如果能掌握优秀的养殖技术，相信淡水魟鱼给养殖户带来的利润一定相当可观。

大规模养殖的魟鱼

魟鱼养殖水泥池

1. 养殖条件

淡水魟鱼是热带大型观赏鱼，需要使用大型水槽或水泥池进行养殖。养殖水槽或水池必须建设在有加温设备的室内，四季可控制水温在 28℃～30℃。魟鱼采取自由交配，因此可以多条亲鱼混养在一个水槽中让其自然交配。通常繁殖槽尺寸在 180cm×150cm×60cm（长 × 宽 × 高）左右，另外，还需设置一些小型的水槽以便饲养出生不久的幼鱼。

2. 亲鱼选择

繁殖淡水魟鱼时，应选择 1 龄以上，体盘在 30cm 以上，颜色鲜亮、鱼体强健，无疾病的个体作为亲鱼。因雄鱼可以和多尾雌鱼交配，所以在选购雌鱼时，数量可以是雄鱼的 3～6 倍。

淡水魟鱼的雌雄容易分辨，雄鱼的臀鳍特化出了两个用来交配的外生殖器。

一般来讲视品种不同，魟鱼从出生到性成熟可分为 1 年成熟类和 3 年成熟类。1 年左右成熟的品种有：珍珠魟、三色魟、黑帝王魟、花魟等。3 年左右成熟的品种有：黑白魟、黑白满天星魟、帝王魟、金点魟等。总体来讲，体形越大的魟鱼性成熟越晚，体形越小的魟鱼性成熟越早。观察雄鱼是否性成熟时，可看其臀鳍特化出的外生殖器是否开始膨胀而定。分辨雌魟是否性成熟则要看成熟雄魟是否对其进行追咬求爱。

3. 魟鱼的交配

选择好亲鱼后，就可以将它们放入繁殖槽中，这期间要精心投喂，保证亲鱼发育所需的营养。成熟的雄鱼在放入繁殖槽后不久就开始追逐雌鱼，有时会咬雌鱼的身体边缘，这是雄鱼在求偶。求偶过程可能会持续 2～3 周。如果雌鱼发情了，二者就会交配。此期间若发现雄鱼撕咬雌鱼现象过于严重，说明雄鱼并没完全成熟或有一些疾病，应对其进行隔离或淘汰掉。魟鱼的交配通常在晚上进行，因此很难观察到。交配时，雄鱼

五、淡水魟鱼的疾病及防治

淡水魟鱼一般不易患病，但其对水质变化颇为敏感，因此魟鱼患病的主要原因多是从原产地刚刚进口或饲养水质的恶化造成的。另外，由于淡水魟鱼对很多药物敏感，例如孔雀石绿、硫酸铜和磺胺类等药物。因此，在初次使用某种药物时，先要用 1/3 ~ 1/2 的药量进行实验，随时观察淡水魟鱼的状态，否则容易导致魟鱼药物中毒而死；其次，在应用抗生素后，需要补充硝化细菌等微生态制剂，这样有利于改善水质，能起到较好的防病效果。

淡水魟鱼的主要病害有：细菌性肠炎、水霉病、指环虫病、鲺病，以及紧迫症、繁殖咬伤等综合性疾病。

淡水魟鱼一般不易患病

1. 细菌性肠炎

[病因]病原为气单胞菌等细菌。

[症状]病鱼初期食欲减退，不活泼好动。患病中后期，体态日渐消瘦，直至死亡。

[防治方法]清洗过滤棉和部分滤材；使用土霉素等抗生素；泼撒粗盐。

2. 水霉病

[病因]该病是霉菌感染造成的，多见于魟鱼的尾部和棘刺上。该病多因捕捞和运输过程中处理不当造成鱼体外伤而导致的。

[症状]病鱼体表附着棉毛状物质。由于霉菌能分泌出大量蛋白质分解酶，机体受刺激后分泌大量黏液，使病鱼焦躁不安，游动迟缓。

[防治方法]预防此病需注意勿使鱼体受伤；有研究称高浓度 NaCl 溶液浸泡对预防魟鱼水霉病也有一定的效果。

3. 指环虫病

病因、症状和防治方法可参见龙鱼的指环虫病。

4. 鲺病

病因、症状和防治方法可参见龙鱼的鲺病。

5. 紧迫症

[病因]淡水魟鱼从南美洲河流到人工饲养前，经过捕捞、集中运输以及分送等多道手续。捕捞的伤害、水质恶化以及长时间的饥饿，都会造成魟鱼的紧张和伤害，使其抵抗力减弱。

[症状]在紧迫因素的影响下，魟鱼易出现体盘边缘的胸鳍向上蜷缩的症状。

[防治方法]换缸前需注意水质，若已发生紧迫症但未继

发感染，则需尽量改善水质，消除紧迫因素；若已继发感染，则需针对继发感染类型，用药治疗。

6. 繁殖咬伤

［病因］魟鱼雄性个体达到性成熟后，会对雌鱼展开求偶，即轻咬雌性体盘边缘，以达到交配的目的。若雌鱼没有交配意愿，则可能会导致雌鱼体盘被咬伤。

［防治方法］若发生咬伤的情形，需要立即隔离，并在鱼缸中加抗生素以预防伤口感染。呋喃类药物对魟鱼有较好的治疗效果。

中国引进的观赏鱼类一览表

学名（拉丁文）	商品名及英文名	原产地	繁殖	备注
一. 鲤科				
日本锦鲤 *Cyprinus carpio*	锦鲤、日本锦鲤 Koi	日本 *	★★★	原引中国鲤育成
斑马鱼 *Brachydanio rerio*	斑马鱼 Zebra Danio	印度 孟加拉国	★★★	著名实验动物鱼
豹纹斑马鱼 *Brachydanio frankei*	豹纹斑马鱼 Leopard Danio	印度 马来半岛	★★★	
大斑马鱼 *Danio malabaricus*	大斑马鱼 Giant Danio	印度	★	
玫瑰无须鲃 *Puntius conchonius*	玫瑰鲫、玫瑰鲃 Rosy Barb.	印度	★	
双色野鲮 *Labeo bicolor*	红尾黑鲨 Red-finned Black Shark	泰国	★	
红鳍野鲮 *Labeo erythrurus*	彩虹鲨 Rainbow Shark	泰国	★	
黑鳍袋唇鱼 *Balantiocheilus melanopterus*	银鲨 Tricolor Shark	东南亚	★	
多鳞四须鲃 *Barbodes schwanenfdi*	红鳍银鲫、红翅鲫 Tinfoil Barb	东南亚	★	
侧纹四须鲃 *Barbodes lateristriga*	丁字鲫、扳手 Spanner Barb	东南亚	★	
四间鲃 *Barbus tetrazone*	虎皮、四间鲫 Tiger Barb	东南亚南部	★	
黄金鲃 *Barbus sachsi*	黄金鲃 Golden Barb	新加坡	★★	
角鱼 *Epalzeorhynchus kalopterus*	飞狐、金线飞狐 Flying Fox	苏门答腊 婆罗洲	★	
高体波鱼 *Rasbora heteromorpha*	三角灯 Harlequin Fish	东南亚	★	
红线波鱼 *Rasbora pauciperforata*	红线波鱼 Red-striped Rasbora	马来西亚 苏门答腊	★	

学名（拉丁文）	商品名及英文名	原产地	繁殖	备注
二. 脂鲤类				
拟唇齿脂鲤 *Paracheirodon innesi*	红绿灯 Neon Tetra	亚马逊河水系	★★	
唇齿脂鲤 *Paracheirodon axelrodi*	宝莲灯、新红莲灯 Cardinal Tetra	亚马逊河水系	★	
眼斑半线脂鲤 *Hemigrammus ocellifer*	头尾灯 Head and Tail light	亚马逊河水系	★	
红吻半线脂鲤 *Hemigrammus rhodostomus*	红鼻剪刀 Red-nose Tetra	亚马逊河水系	★	
罗氏半线脂鲤 *Hemigrammus rodwayi*	黄金灯 Gold Tetra	非洲	★	
红目脂鲤 *Moenkhausia sanctaefilomenae*	银屏灯、红目鱼 Red-eyed Tetra	亚马逊河水系	★	
血鳍玻璃鱼 *Prionobrama filigeras*	红尾玻璃 Glass Bloodfin	亚马逊河水系	★	
丽鲃脂鲤 *Hyphessobrycon callistus*	红鳍扯旗 Callistus Tetra	亚马逊河水系	★	
玫瑰鲃脂鲤 Hyphessobrycon rosaceus	玫瑰扯旗 Rosy Tetra	亚马逊河水系	★	
红点鲃脂鲤 *Hyphessobrycon erythrostigma*	红印、红心灯 Bleeding Heart Tetra	哥伦比亚	★	
断线脂鲤 *Phenacogrammus interruptus*	刚果扯旗 Gango Tetra	非洲刚果河	★	
氏银脂鲤 *Metynnis hypsauchen*	银板、银币鱼 Silver Dollar	圭亚那 巴拉圭	★	
短盖巨脂鲤 *Colossoma brackypomum*	淡水白鲳 Silver Pacu	亚马逊河水系	★★★	也作食用鱼
纳氏锯脂鲤 *Serrasalmus nattereri*	食人鲳、红肚食人鲳 Piranha	亚马逊河水系	★	
旗尾真唇脂鲤 *Semaprochilodus insignis*	飞凤、美国旗鱼 Kissing Prochilodus	亚马逊河水系	★	
胸斧鱼 *Gasteropelecus sternicla*	银燕、银石斧 Silver Hatchetfish	亚马逊河水系	★	

学名（拉丁文）	商品名及英文名	原产地	繁殖	备注
三. 花鳉科				
花鳉 *Poecilia reticulata*	孔雀鱼 Guppy	亚马逊河水系	★★★	已流入本土自然水体
宽帆鳉 *Poecilia latipinna*	帆鳍玛丽 Sailfin Molly	墨西哥等地	★★	
剑尾鱼 *Xiphophorus helleri*	红剑鱼 Swordtail	墨西哥等地	★★★	正培育成实验动物鱼
斑剑尾鱼 *Xiphophorus maculates*	月光鱼、月鱼 Platy	墨西哥等地	★★	
四. 丽鱼科				
神仙鱼 *Pterophyllum scalare*	神仙鱼 Angelfish	亚马逊河水系	★★★	
盘丽鱼 *Symphysodon aequifasciata*	七彩神仙鱼 Discus	亚马逊河水系	★★	
马拉维金鲷 *Melanochromis auratus*	非洲凤凰 Golden Cichlid	非洲马拉维湖	★	
雷氏蝶色鲷 *Papiliochromis ramirezi*	七彩凤凰、荷兰凤凰 Ram	亚马逊河水系	★	
阿氏蝶色鲷 *Papiliochromis altispinosa*	玻利维亚凤凰 Bolivian Ram	玻利维亚	★	
眼斑星丽鱼 *Astronotus ocellatus*	猪仔鱼、地图鱼 Oscars	亚马逊河水系	★★	
绿面皇冠 *Aequidens rivulatus*	红尾皇冠 Green Terror	厄瓜多尔 秘鲁	★	
布氏罗非鱼 *Tilapia buttikoferi*	非洲十间 Hornet Tilapia	西非	★★	
庄严丽鱼 *Cichlasoma severum*	金菠萝 Gold Severum	亚马逊河水系	★	
焰口丽鱼 *Cichlasoma meeki*	火口鱼 Fire mouth	中美洲	★	
蓝点丽鱼 *Cichlasoma cyanoguttatum*	德州豹、金钱豹 Texas Cichlid	美德州南 墨西哥	★	

学名（拉丁文）	商品名及英文名	原产地	繁殖	备注
隆头丽鱼 *Cichlasoma citrinellum*	火鹤、红魔鬼 Red Devil	中南美洲	★	
联斑丽鱼 *Cichlasoma synspilum*	紫红火口 Fire-head	中美洲	★	
斑斓丽鱼 *Cichlasoma festivum*	画眉 Flag Cichlid	美德州南 墨西哥	★	
王冠伴丽鱼 *Hemichromis guttatus*	红宝石、星光鲈 Jewel Cichlid	刚果河	★	
黄唇色鲷 *Labidochromis caeruleus*	非洲王子 Yellow Labidochromis	非洲马拉维湖	★	
血鹦鹉 *C. synspilum* × *C. citrinellum*	血鹦鹉 Blood Parrot	台湾	★	
彩鲷 *Cichlasoma sp.*（杂交种）	花罗汉、花角 Rajah Cichlasoma	马来西亚	★	
五．攀鲈类				
五彩搏鱼 *Betta splendens*	彩雀、暹罗斗鱼 Siamese Fighting Fish	泰国	★	
丝足密鲈 *Colisa lalia*	丽丽鱼 Dwarf Gourami	恒河水系	★	
丝足鲈 *Osphronemus goramy*	红招财、古代战船 Giant Gourami	东南亚	★★	也作食用鱼
吻鲈 *Helostoma temmincki*	接吻鱼 Kissing Gourami	马来西亚等地	★	
珍珠丝足鱼 *Trichogaster leeri*	珍珠马甲、蕾丝丽丽 Pearl Gourami	东南亚	★★	
三星丝足鱼 *Trichogaster Trichopterus*	蓝曼龙、三星曼龙 Three-sport Gourami	东南亚	★★	
三．鲶类				
多条鳍吸口鲶 *Hypostomus multiradiatus*	清道夫、琵琶鱼 Suckermouth Catfish	亚马逊河水系	★	已流入本土江河
拟宽口鲶 *Pseudoplatystoma fasciatum*	虎皮鸭嘴、虎鲶 Tiger Shovelnose	亚马逊河水系	★	

学名（拉丁文）	商品名及英文名	原产地	繁殖	备注
红尾鲶 *Phractocephalus hemioliopterus*	红尾鸭嘴、狗仔鲸 Redtail Catfish	非洲马拉维湖	★	巨型鱼
玻璃鲶 *Kryptopterus bicirrhis*	玻璃猫 Glass Catfisah	婆罗洲 爪哇 泰国	★	
水晶巴丁 *Pangasius sutchi*	青鲨、白鲨 Black Shark	东南亚	★★	也作食用鱼
四．其他观赏鱼				
美丽硬仆骨舌鱼 *Scleropages formosus*	金龙鱼、红龙鱼 Arowana	马来西亚 印尼	☆	
双须骨舌鱼 *Osteoglossum bicirrosum*	银龙鱼、银带 Silver Arowana	亚马逊河水系	☆	
弓背鱼 *Notopterus chitala*	东洋刀、七星刀 Clown Knife	东南亚	★	
细鳞拟松鲷 *Datnioides microlepis*	泰国虎鱼 Siamese Tiger Fish	泰国	★	
射水鱼 *Toxotes jaculator*	高射炮 Archer Fish	东南亚	★	
绿色太阳鱼 *Lapomis cyanellus*	绿色太阳鱼 Green Sunfish	美国	★★	也作食用鱼
金边双孔鱼 *Gyrinocheilus aymonieri*	青苔鼠、暹罗食藻鱼 Siamese Algae Eater	泰国	★	
卵斑河魟 *Potamotrygon motoro*	珍珠魟鱼 Freshwater Stingray	亚马逊河水系	☆	
巨骨舌鱼 *Arapaima gigas*	海象 Pirarucu	南美洲	☆	
雀鳝 *Lepisosteus osseus*	牙龙鱼、竹签 Longnose Gar	北美洲 墨西哥	☆	
丑鳅 *Botia macracantha*	丑鳅 Clown Loach	北美洲 墨西哥	☆	
象鼻鱼 *Gnathomemus petersi*	象鼻鱼 Ubangi Mormyrid	印尼 苏门答腊	★	
彩虹鱼 *melanotaenia maccullochi*	电光美人、石美人 Rainbow Fish	非洲	★	

（本表由罗建仁提供）

参考文献

刘雅丹：《七彩神仙鱼》（北京：海洋出版社，2013）
刘雅丹：《龙鱼》（北京：海洋出版社，2013）
朱丽萍：《龙鱼》（北京：化学工业出版社，2012）
白明：《家养淡水观赏鱼》（北京：海洋出版社，2013）
白明：《家庭水族箱》（北京：海洋出版社，2013）
白明：《七彩神仙》（北京：化学工业出版社，2013）
RUDIGER RIEHI. Baensch Aquarium Atlas 1. HAMBURGER：MERGUS. 2005.

图书在版编目（CIP）数据

名贵热带观赏鱼品鉴 / 孙向军主编. — 北京：中国农业出版社，2016.5

ISBN 978-7-109-21742-3

Ⅰ. ①名… Ⅱ. ①孙… Ⅲ. ①热带鱼类－观赏鱼类－鱼类养殖 Ⅳ. ①S965.8

中国版本图书馆CIP数据核字（2016）第115820号

中国农业出版社出版

（北京市朝阳区农展馆北路2号）

（邮政编码 100125）

责任编辑　马春辉

北京通州皇家印刷厂印刷　　新华书店北京发行所发行

2016年5月第1版　　2016年5月北京第1次印刷

开本：889mm×1194mm　1/16　印张：18.5

字数：400千字

定价：180.00元